自然復元特集7

農村ビオトープ

― 農業生産と自然との共存 ―

自然環境復元協会　編／杉山惠一・中川昭一郎　監修

信山社サイテック

はじめに

　1960年代後半から1970年代にかけては、高度経済成長から生じた弊害に対応して、自然保護運動と公害闘争が最も尖鋭化した時期であった。その自然保護の主な対象は第一級の自然、おおむね深山幽谷の原生的自然であった。当時は、そのような地域にも開発の波が容赦なく押し寄せたからである。

　その時代、農村環境は依然として伝統的景観を保ってはいたものの、一方では食糧増産へ向けての農業技術の近代化や農地改良事業が急速に進められつつあった。しかし、農村環境の自然はあまりにも豊富な生物相を擁し、その広がりは無限とも考えられていたことから、当時は保護・保全の対象とは考えられてもいなかったのである。

　1980年代に入ると、第一級の自然に対する保護思想は一般化し、それらに対する粗野な破壊は姿をひそめていった。しかしながら、この時期の農村に関しては、自然環境としての意義を全く考慮されることはなく、いわゆる近代化へ向けて激しい変貌の只中にあったのである。

　1990年代になると、日本における都市的土地利用がますます進み、農地は都市周辺を中心に急速に改廃される一方、農産物貿易の自由化や食生活の変化に伴う米あまり現象によって減反面積もますます拡大されていった。また、農村の内部では過疎化と高齢化による生産人口の減少が深刻化してきた。これらの諸現象は、農業や農村の将来に暗い陰を落とすとともに、自然環境としての農村を一層大きく損なう恐れが高まってきていた。

　かつては、ほとんどの種が普通種とされるほどに豊かであった農村の生物相が、この時期までに多くの農村で壊滅的な状態におかれるようになり、多数の種が絶滅を危惧されるようになった。また一方、生産力増強のみに偏してきた農業諸施策は、農村の景観を変化させてその美観を失い、日本人の心の故郷としての価値や人々の行楽の場としての意味を消滅させようとしていた。

　しかしながら、1990年代は、それまで原生的自然にのみ向けられてきた自然保護運動の中から、農村環境の保全にも眼を向ける流れが生じたことは画期的なことであった。そしてその流れは、従来の保護運動がオフリミット的に地域を保全しようとするのに対して、人為による復元・管理を含む行為としての新たな展開を必要としている。それは、いまや農村的自然が昔日の内容を失ってきたこととともに、その対象とする自然が農耕という人為と共生的に成立し、また今後ともそれが永続的に引き継がれる必要があることによっている。

　20世紀末の現在、日本の農業・農村は多くの解決すべき問題を抱えており、昨年新たに食料・農業・農村基本法が制定されたところである。その中でも、旧基本法では触れられていなかった自然環境の保全など、農業の持つ多面的機能の重視、環境保全型農業の推進、基盤整備における環境との調和への配慮などが盛り込まれた。この具体化にあたっては農業生産の場を維持改善するとともに、その自然性をも保全するという困難な問題の解決が求められており、農村ビオトープの保全・復元・管理に関する研究的・技術的・運動論的解明が急務となっている。

はじめに

　しかし、この解明にあたっては関係する専門分野も多く、分野を異にする専門家による共同作業が不可欠であり、特に生物・生態学・農学・農村工学と言ったこれまで交流の少なかった各分野の協力が求められている。その意味で、本書はこれら専門家の協力によって作られた農村ビオトープに関する最初の書とも言えるものであり、これを契機として関係分野の協力が一層促進されることが期待される。

　本書は、自然環境復元協会(旧研究会)機関誌の特別号第7巻として出版されるものであるが、同研究会は本文にも述べた自然環境の保全・復元・管理の研究に携わる会である。1989年に研究会として結成されて以来十年間、身近な自然環境でもある農村環境の保全に関してさまざまな活動を続けてきた。本号では上述したように、最近特にその重要性が急務として広く認識されつつある農村事情に鑑み、農業・農村政策や農村のおかれているさまざまな状況にまで立ち入って、人間と自然の共存の場である農村環境について総合的な検討を加えようとしたものであり、関心のある方々のお役に立てれば幸いである。

2000年　盛夏

監修者／杉山　惠一・中川昭一郎

執筆者一覧

監修者　杉　山　惠　一　　静岡大学教育学部生物学教室教授
　　　　　中　川　昭　一　郎　株式会社 山崎農業研究所代表、東京農業大学客員教授

（執筆順）

冨　田　正　彦　　宇都宮大学農学部農業環境工学科教授
宇　根　　　豊　　農と自然の研究所代表、元農業改良普及員
水　谷　正　一　　宇都宮大学農学部農業環境工学科教授
藤　井　　　貴　　大阪ガス株式会社 技術部プロセス技術チームマネジャー
田　渕　俊　雄　　元東京大学農学部教授
下　田　路　子　　東和科学株式会社 生物研究室室長
立　川　周　二　　東京農業大学農学部昆虫生態学研究室助教授
板　井　隆　彦　　静岡県立大学食品栄養科学部生物環境学教室助教授
清　水　哲　也　　環境科学株式会社 東京事務所技師
千　賀　裕　太　郎　東京農工大学農学部地域生態システム学科教授

目　次

はじめに ………………………………………………………… 杉山　惠一・中川昭一郎

1章　農業と農村環境 ………………………………………………… 冨田　正彦　1
　1．水田開発を軸に形成されてきた原風景とその変貌 ……………………… 1
　　1）日本の原風景と農業 ………………………………………………… 1
　　2）二次自然を支えて来た農地と農村 ………………………………… 3
　　3）農村環境の急変 ……………………………………………………… 5
　　4）水田随伴型二次自然：日本の原風景の崩れ ……………………… 7
　2．生態系の急変を抱える現代文明とはなにか ……………………………… 7
　　1）現代は人類文明の初の大ジャンプ期 ……………………………… 7
　　2）大ジャンプ期・現代社会の過渡期性 ……………………………… 8
　　3）豊かさの中で崩れゆくモラル ……………………………………… 9
　3．明日の農村環境の姿をさぐる ……………………………………………… 10
　　1）原風景環境の急変への対処の三つのスタンス …………………… 10
　　2）明日の農村環境の姿への拘束条件 ………………………………… 10
　　3）農業近代化の落ち着く形をさぐる ………………………………… 11
　　4）農村近代化の落ち着く形をさぐる ………………………………… 11
　　5）共生構造からの新たな農村環境構造への接近 …………………… 12
　4．農村環境の整備と管理のあり方 …………………………………………… 13
　　1）基盤整備における環境への配慮 …………………………………… 13
　　2）狭義の農村環境整備事業の望ましいあり方 ……………………… 13
　　3）望まれる生産・生活・環境の一体的整備 ………………………… 14
　　4）背景に望まれる土地利用計画法制度の整備 ……………………… 14
　　5）環境との共生に問われるニューモラル …………………………… 14

2章　生態系としての農村環境 ……………………………………… 杉山　惠一　17
　2.1　農村環境の概況 …………………………………………………………… 17
　2.2　農村ビオトープの各要素について ……………………………………… 22
　　1．水　田 ………………………………………………………………… 23
　　2．灌漑施設 ……………………………………………………………… 24
　　3．里　山 ………………………………………………………………… 25
　　4．集　落 ………………………………………………………………… 26
　2.3　農村生態系の復活に向けて ……………………………………………… 29

3章　百姓仕事から見た自然環境 …………………………………… 宇根　　豊　35
　3.1　水田の生物 ………………………………………………………………… 35
　　1．生きもののにぎわいはどこへいった ……………………………… 36
　　2．生物多様性の発見は、そんなに簡単ではなかった ……………… 37
　　3．虫見板の三大発見 …………………………………………………… 37
　　　1）第一の発見：田んぼの個性の発見（多様性レベル1） ………… 37
　　　2）第二の発見：益虫の発見・関係性の発見（多様性レベル2） … 38
　　　3）第三の発見：ただの虫の発見・自然環境の発見（多様性のレベル3） … 38
　　4．農業にとって「自然」とは何だったのか …………………………… 39
　3.2　農業生産技術 ……………………………………………………………… 40
　　1．土台技術と上部技術 ………………………………………………… 40

目　次

  2．土台技術の崩壊と自然環境の破壊 ……………………………………………………… 41
  3．生きもののにぎわいは、管理しやすいか管理しにくいか ………………………………… 41
  4．技術の多様性をどう見るか ……………………………………………………………… 42
  5．生産に関係しない生きものの存在をどう考えるか ………………………………………… 43
  6．生産の概念を変える ……………………………………………………………………… 44
  7．土台技術という概念の有効性 …………………………………………………………… 45
  8．「自然」の土台に横たわる百姓仕事 ……………………………………………………… 46
 3.3　農業のもつ多面的機能 ……………………………………………………………………… 46
  1．多面的機能はどこに存在するのか？ …………………………………………………… 46
  2．結果でもいいじゃないか、でいいか？ …………………………………………………… 48
  3．機能ではなく、めぐみであった ……………………………………………………………… 49
  4．機能ではなく、百姓仕事であった ………………………………………………………… 49
  5．環境をどう評価していくか ………………………………………………………………… 50
  6．まとめ ……………………………………………………………………………………… 51

4章　基盤整備と農村環境 …………………………………………………………………………… 55
 4.1　農業水利と農村環境 ……………………………………………………… 水谷　正一　55
  1．農業水利の性格 …………………………………………………………………………… 55
   1）地域の用水としての農業水利 ………………………………………………………… 55
   2）水利権 …………………………………………………………………………………… 55
   3）農業水利の灌漑排水への特化 ……………………………………………………… 56
   4）国家命題としての米の増産と農業水利 ……………………………………………… 56
   5）食糧増産の終焉と圃場整備事業の開始 …………………………………………… 57
  2．水利をめぐる人々と農村環境 …………………………………………………………… 57
   1）水利を拓く ……………………………………………………………………………… 58
   2）水を管理する …………………………………………………………………………… 61
   3）洪水と闘う ……………………………………………………………………………… 61
   4）西鬼怒川用水の成立 ………………………………………………………………… 63
   5）1950年代の人々の水域とのかかわり ………………………………………………… 65
  3．農業水利が創る農村環境 ………………………………………………………………… 67
 4.2　圃場整備と生態系保全 ………………………………………………… 中川　昭一郎　70
  1．農村の生態系悪化の要因 ………………………………………………………………… 70
  2．水田圃場整備の概要 ……………………………………………………………………… 71
   1）圃場整備の歴史的経緯 ……………………………………………………………… 72
   2）水田圃場整備の内容 ………………………………………………………………… 73
  3．水田圃場整備における生態系保全上の問題点と対策 ………………………………… 75
   1）区画の拡大整備に伴うビオトープ空間の喪失と対策 ………………………………… 75
   2）湿田の乾田化による生物生息環境の悪化と対策 …………………………………… 76
   3）用・排水路のコンクリート化に伴う問題と対策 ………………………………………… 77
  4．圃場整備に伴う二次的・三次的自然の保全と創出 ……………………………………… 79
  5．今後の研究課題と検討事項 ……………………………………………………………… 80

5章　農村ビオトープの保全・造成管理 — 敦賀市中池見での事例 — ……………… 藤井　貴　83
 5.1　中池見の自然環境 ………………………………………………………………………… 83
  1．中池見の歴史と農業 ……………………………………………………………………… 83
  2．大阪ガスLNG基地計画と中池見の自然環境の保全 …………………………………… 84
   1）中池見の自然環境 …………………………………………………………………… 84
   2）保全対策と知事意見 ………………………………………………………………… 85

5.2　保全および造成管理 ……………………………………………………………………… 86
　　1．環境保全エリアの整備 ……………………………………………………………………… 86
　　　　1）整備の方針 ……………………………………………………………………………… 86
　　　　2）維持管理試験 …………………………………………………………………………… 86
　　　　3）水系・土壌・水質の調査 ……………………………………………………………… 90
　　　　4）「中池見：人と自然のふれあいの里」の整備 ………………………………………… 90
　　　　5）整備3年後の調査結果 ………………………………………………………………… 99
　　　　6）環境保全エリア整備後の動き ………………………………………………………… 102
　　　　7）今後の課題 ……………………………………………………………………………… 104
　　2．二次的自然としての中池見の保全に対する議論 ………………………………………… 106

6章　水田の物理的環境と生態 ……………………………………………………………… 109
　6.1　水田の物理的環境 …………………………………………………… 田渕　俊雄　109
　　1．水田の構造と水管理 ………………………………………………………………………… 110
　　2．水田の土層と地下水位 ……………………………………………………………………… 111
　　3．水田の水収支 ………………………………………………………………………………… 111
　　4．水田の中の水の動態 ………………………………………………………………………… 113
　　5．浸　　透 ……………………………………………………………………………………… 114
　　6．水田下層土中の水分状態 …………………………………………………………………… 115
　　7．排水改良と暗渠 ……………………………………………………………………………… 116
　　8．水田の類型 …………………………………………………………………………………… 117
　　　　1）低平地の水田 …………………………………………………………………………… 118
　　　　2）台地の水田 ……………………………………………………………………………… 118
　　　　3）谷地田 …………………………………………………………………………………… 119
　　　　4）傾斜地の水田、棚田 …………………………………………………………………… 119
　　　　5）干拓地の水田 …………………………………………………………………………… 119
　　　　6）休耕田 …………………………………………………………………………………… 120
　　9．水田地帯の湛水域の特徴 …………………………………………………………………… 120
　6.2　水田の植物相 ………………………………………………………… 下田　路子　123
　　1．水田雑草の種類 ……………………………………………………………………………… 123
　　2．水田の環境と植物 …………………………………………………………………………… 124
　　　　1）春の水田雑草 …………………………………………………………………………… 124
　　　　2）夏の水田雑草 …………………………………………………………………………… 126
　　　　3）秋の水田雑草 …………………………………………………………………………… 126
　　3．稲作技術の変化が植物相へ与えた影響 …………………………………………………… 127
　　　　1）雑草防除法の変化と植物相 …………………………………………………………… 127
　　　　2）耕地整備技術の変化と植物相 ………………………………………………………… 128
　　4．絶滅のおそれのある種 ……………………………………………………………………… 129
　　5．耕作放棄水田の植物 ………………………………………………………………………… 130
　　　　1）米の生産調整の開始と耕作放棄水田の発生 ………………………………………… 130
　　　　2）耕作放棄水田の植物 …………………………………………………………………… 130
　　　　3）耕作放棄水田の環境と植物 …………………………………………………………… 131
　　　　4）絶滅のおそれのある植物 ……………………………………………………………… 132
　　6．水田の植物の保全と問題点 ………………………………………………………………… 133
　6.3　水田の昆虫相－水生昆虫類とその指標性 ………………………… 立川　周二　135
　　1．水生生物の衰退 ……………………………………………………………………………… 135
　　2．水田を調べる ………………………………………………………………………………… 135
　　3．各地の水田 …………………………………………………………………………………… 136

目　次

　　　4．水田の昆虫がみえてきた 136
　　　5．水田のトンボ類 138
　　　6．水田の水生カメムシ類 140
　　　7．水田の水生甲虫類 142
　　　8．その他の水生昆虫類 143
　　　9．水生昆虫類の多様性 144

7章　農山村の野生生物 147
7.1　淡水魚類の生息環境 .... 板井　隆彦 147
　　　1．農業地域 148
　　　2．中山間農業地域 148
　　　3．中山間農業地域の魚類と生息環境 149
　　　　1）天竜川と一雲済川 149
　　　　2）天竜川下流域の河川環境と魚類相 149
　　　　3）一雲済川の河川環境と魚類相 152
　　　　4）ダム―用水路システムのひとつの問題点 158
　　　4．平地農業地域の魚類と生息環境 160
　　　　1）太田川と古川 160
　　　　2）太田川の河川環境と下流域の魚類相 160
　　　　3）古川の魚類相と生息環境 161
　　　5．農業水路の問題点と今後 164
　　　6．今後の農地整備と水路整備 167
7.2　フラクタルエコトーンと鳥類の生息環境 .... 清水　哲也 172
　　　1．鳥類相と地図 172
　　　2．環境の分類 173
　　　3．エコトーンと鳥類の生息環境 174
　　　4．フラクタルエコトーン 175
　　　5．フラクタルを理解する物理学の寄り道 178
　　　6．フラクタルエコトーンからみた自然保護の視点 181
　　　7．日本人と自然 184
　　　8．まとめ 186

8章　農村の未来像 .... 千賀　裕太郎 187
　　　1．N町での生活日誌：2020年7月某日 187
　　　2．岐路に立つ地域社会―あたりまえの農村像 188
　　　3．美しい村の条件―生態系と地域文化の健全性 189
　　　4．地域ビジョンの策定とソフト施策―N町の場合 191
　　　　1）ビジョン策定に向けて委員会の発足 192
　　　　2）ライフスタイル計画：どんな生活がしたいのか 192
　　　　3）産業経済計画：どんな仕事がしたいのか 193
　　　　4）子育て計画：どのように、どのような子どもを育てたいのか ... 194
　　　5．ビジョン実現のための基盤整備 196
　　　　1）水辺のビオトープネットワークの修復 196
　　　　2）有機性資源堆肥化と土壌試験室 197
　　　　3）生産・生活基盤の整備 197
　　　　4）馬の遊歩道の整備から乗馬文化と乗馬産業起こしへ 198
　　　　5）建築物のデザインと集落空間の美化 198
　　　　6）グランドデザインと土地利用計画 199

1章　農業と農村環境

冨田　正彦

はじめに

わが国の農村生態系は原生自然ではなく、水田農業の展開と響きあって、長い時間をかけてゆっくりと変化して形成され維持されてきた二次自然である。したがって、農業生産や農村の人々の暮らしのかたちは近代化とともに現在大きく変化しているが、その農村環境、とりわけ生態系との関係は長期的な変化過程の視野の中でないと正確には捉えられない。本稿では、環境保全との関係でこの問題を考察した拙稿(冨田、1999)に補加筆する形で、生態系との良好な関係を再形成しうる農業と農村のあり方を考察する。

1. 水田開発を軸に形成されてきた原風景とその変貌

1) 日本の原風景と農業

a. 原生自然から二次自然への遷移

日本列島が大陸と陸続きとなっていたヴュルム氷期に多くの大陸の動植物種が入ってきて、15,000年前頃に氷期が終って列島が再び海で隔てられると、気候に合わなくなった北方系動植物種の相当数は行き場を失って絶滅し、南方系のものは勢力を広げて、今日につながる日本列島の原生自然となった。縄文の自然である。すなわち関東平野あたり以西はミャンマーの山岳地帯まで続く照葉樹林地帯の北端で、カシ、シイ、クスノキなどを高木として下にツバキやウルシやヒョウタンなどが茂る原生林で覆われており、湿地にはサトイモやクワイなどの原種も自生していた。しかし蛋白源となる大型動物に乏しいことから人口密度は低かった。また、本州の中部高地部から北海道中部にかけては落葉広葉樹林帯となっており、ナラ、ブナ、クルミなどを高木とし下には低木のクリやウドやの茂る森林で覆われていた。森の中は、ドングリをはじめ豊富な木の実などを餌とするイノシシやシカ、クマなどの大型動物が、また川には大量に遡上してくるサケが豊富に生息し、採集・狩猟・漁労とクリの半栽培などの複合生業で多くの人口を支えることができて縄文人の主要な生活空間となっていた。一方、北海道の北部はシベリアに続く常緑針葉樹林帯で、トウヒなどを高木とする植生の原生林に覆われていて、川にはサケが、山にはクマもいたが寒冷なため人々の定住はまばらだった。

原生自然に支えられていた縄文人の人口は列島全体で30万人程度だったと言われている(佐々木編、1986)。青森の三内丸山遺跡の出土品などから縄文人は相当グルメではあったらしいが、木の実や野生動物や魚などの再生産量に照らすとその程度が限界になるらしい。とはいえ縄文時代にもすでに初歩的な焼き畑は存在していたし、イノシシの飼養も試みられていたから、人口圧の増大や野生動物の減少への対応策として、ポスト縄文の

生業が、西日本では南から入ってきていたキビ、東日本では北から入ってきていたソバなどを作物とする有畜畑作農業に進んでゆく可能性がなかったわけではない。

しかし、3,000年ぐらい前から何波にもわたってもたらされた稲は、雑穀類よりはるかに単位収量や栄養価が高く、夏が高温多雨な日本列島の気候条件にかなってもいた。稲は、縄文の原生林を拓き、灌漑排水施設の建設を伴いながら水田稲作の形でまたたくうちに拡がり、それにつれて人口が急増し、列島に水田稲作社会が築かれていった。こうして江戸時代末には人口3,000万人（縄文時代の100倍）、明治以降には近代技術による農地開発の追加や反収増によって昭和30年頃には9,000万人が300万haの水田で食べてゆけるまでになった。日本には他に200万haの畑があるが、その多くは自然流下では水の乗らないところでやむなく選択されているマイナーな土地利用であった。野菜や豆類をはじめ重要な作物の基盤ではあったが、日本の文化と環境を根底で規定したものではなかった。

こうして、シカやイノシシの住処だった縄文の原生平野は水田に変わり、その中には水田雑草群やゲンゴロウなどの水生昆虫やカエルが住みつき、湿度の高い水田畦畔にはヒガンバナなどの里型野草群が展開した。また灌漑排水のために営々と築かれてきた農業用水路やため池にはトンボやホタルなどの水生昆虫やタニシ、コイ、フナ、ドジョウ、ウナギなどの泥土型の淡水魚が展開し、水分の多い農業用水路際にはヤナギが定着した。守山は水田は栽培期の淡水状態と非栽培期の乾田状態を周期的に繰り返すことから、北方起源生物は田植え前に、南方起源生物は田植え後に繁殖する形で時期的に住み分けていることがわが国の生物相を一層多様なものにしていることを指摘している（守山、1997a）。これに加えて、人口増と文化の発達の相乗効果によって燃料や建材や造船材用に近在の原生林は伐採され、荒れ地に強い杉や松やコナラなどの二次林が形成されてきたと考えられている。縄文の原生自然は、水田農業社会に共生する二次自然に変わったのである。

b．農地開発から免れてきた山林

農業用水路や川に豊かな淡水魚の生態系が形成されたこともあって、コメとサカナでバランスのよい栄養をとれたので畜産や酪農を展開する必要がなかった。それで、山の斜面をはるか高地まで牧畜用地に拓いてきたヨーロッパなどと違って、丘陵や斜面が草地開発から免れてきた。また山林は農業用水を確保するための水源涵養のためにも重要であった。こうして、二次林には変わったものの、国土の約7割が山林の形で残り、里山を背に田んぼと小川と藁屋根のの農家が織りなす日本の原風景が形成された（森山、1974）。

c．江戸時代に成熟した日本の原風景

新たな水田の開発は江戸時代中頃から急減した。自然流下型の灌漑水路を人力で築くことで水田化できるところはほぼ拓ききってしまったことによる。そうした閉塞状況のもとで人々は限られた地域資源を様々な繊細な工夫をこらして極限まで利用し尽くす文化を育むことになった。糞尿の全てが貴重な肥料として農地へ還元されていたばかりでなく、紙も木材も繊維類も繰り返し繰り返し再利用され、最後には燃料に利用された上で、その灰も肥料として農家に買い取られた。このため江戸だけでも千軒以上の人々が様々な廃品回収で生計をたてていて、街路にはゴミ一つ落ちてなかったといわれる。上階の窓から汚物が歩道に降ってくる当時のパリやロンドンからやってきたヨーロッパ人たちが感嘆したわけであった。

稲作農業に随伴して形成された二次自然と全面

的に共生し、完璧な物質循環のもとで生きていた人々のつましい生きざまの美しさが、自ずと繊細で清潔な国土のかたちの美しさともなっていたということである。今日、世界の環境研究者の多くから江戸時代の日本が"エレガントな文明"と注目されているのももっともなことになろう。

そのような過程で水田稲作社会とそれに随伴する二次自然は成熟してゆき、今日急速に崩れつつある日本の原風景を完成させた（農業土木歴史研究会、1988）。

2）二次自然を支えて来た農地と農村
a．日本の国土の特徴と農地

わが国の国土は、北緯25°弱の八重山列島から北緯45°強の宗谷岬に至る20°余もの緯度幅に散開する島々から成っている。低緯度部は亜熱帯気候で、高緯度部は亜寒帯気候である。稲は亜熱帯起源の作物なので低緯度の西南日本に馴染んだのは当然であるが、耐寒性の品種改良に伴って作付可能地域は北進し、霧で日射量の不足する北海道東北部を除く全国で栽培可能になっている。そのような条件の下で、水稲の作付可能な土地は可能な限り水田に開発されてきた日本の国土開発史は前述したとおりであるが、忘れてはならないのは、水田は水田面積の十倍余の集水地域を背後に持たないと維持できないことから、この集水域がおもに森林として保全されてきたことである。

わが国の国土3,777万haの今日の土地利用内訳は森林2,526万ha（66.9％）、水田290万ha（7.7％）、畑（樹園地・草地を含む）248万ha（6.6％）、市街地159万ha（4.9％）その他となっていて、瑞穂の国というものの水田面積は7.7％にすぎず、畑を含めた農地全体でも14.3％にすぎない。国土の過半が農地『草地を含む』になっているヨーロッパの国々と比べると、わが国はあたかも森の国である。

しかし、急峻な地形のせいで河川勾配のきついわが国では、この森林に貯留され、緩やかに流出する水資源を目一杯活用することで290万haの水田利用が可能になっている。わが国は、森と水田がセットの、やはり瑞穂の国なのである。

b．瑞穂の国、日本の農業と農村

東大農学部の前身である駒場農学校の農業経済学の講義は、「わが国の農業は500万町歩の農地を500万戸の農家が……」で始まったとの言い伝えがあるが、この数字は百年余を経た今も基本的に変わってはいない。一戸あたりの平均耕作面積が1町歩（ha）という零細性は、人口増と水田開発のいたちごっこで形成されてきた稲作小農社会に共通する特徴であり、500万戸の農家が、平均40戸の集落を形成して水路の維持管理や道普請の共同作業や冠婚葬祭の互助の単位としてきた。そのような農業集落が13.4万まんべんなく散在して瑞穂の国、日本の農村地域は形成されていた。明治以来の近代化によってわが国は農業国から工業国に変わり、人口は4倍増したが、端的に言えば、芽生えた商工業が農家の次三男を吸引して成長し、商工業都市を形成する形で推移した。人口増は都市を成長させつつ推移して、今日の都市化日本を形成した一方で、都市に余剰人口を送り込んだ農村部では、農家と農業集落がおおむね温存された。

とは言え、農家や農業の態様が昔のままだということではない。都市化は、その物理的拡大が周辺の農村集落を取り込んで都市の一部と化したばかりでなく、その都市機能の農村部への波及によって農家に兼業を可能にし、農業への工業技術化（機械化、化学化）を押し進め、農家の生活文化を都市住民のそれと大差のないものともした。けれども、稲作小農社会というわが国の農村部の本質は、文化的にも生態的にもおおむね温存されて

きた。

　文化的本質は本論の対象外であるが、その生態的特質である水田が開いた湛水世界には前述の水生生物が豊かに生息し、随伴する畑（樹園地も含む）が築いた花の世界には様々な昆虫が展開した。また、農家屋敷の集合たる農業集落はヒトと生物の共棲世界を形成して、ネズミやツバメや様々の家畜を身近なものとした。

　そして、それら二次自然の生態系を織りなす農村世界は、水田や畑や樹園地や山林が秩序ある土地利用のパターン・モザイクを示し、そこを縫って走る水路や道路の並木や、点在する溜め池や鎮守の森などが、水生動物や昆虫や小鳥に広がりのある行動を可能とさせた。農村部のそのような水や緑の空間や繋がりは、今日ビオトープ、さらにはビオトープネットワークと捉えられ、その機能への認識が高まっている。

c．農業・農村の置かれている現状

　二次自然をはぐくみ、維持してきたわが国の農業・農村は、都市化、工業化の過程で稲作小農社会の骨格を温存してきたことのツケが回ってきた形で、自給率の極端な低下、その一方での水稲作付調整や耕作放棄地の増大、後継者不足、中山間地域の過疎化など、さまざまな困難な状況に今日取り巻かれている。

　食料は人間生存の基礎として、自給されるのがまっとうな社会の本来の形であり、近代化以前のわが国も、米飯に僅かな魚介類と野菜という貧しい内容ではあったものの自給はされていた。しかし工業化につれて豊かになったわが国の食事は急速に肉食に傾斜していった一方で、零細営農規模のまま家計の向上を兼業収入の増大に頼るほかなかった農家は、機械化による省力の可能な水稲単作に営農を特化せざるをえなかった。その結果、需要の急増する畜産物のための飼料の輸入が急増する一方で、肉食に代替されて需要の減少した米のみが生産過剰となる事態を招いた。水稲の作付調整はこの事態への緊急避難措置であったが、この相対的な生産過剰は自ずと米価の頭打ちをもたらして稲作から魅力を奪い、結果として耕作放棄地の増大や若者の農業離れにつながっていった、という関係にまとめられる。

　こうして、現在のわが国は国内米産800万トン3倍余の穀物を飼料や加工用に恒常的に輸入している。これはあたかも国内農地に3倍する幻の国土を海外に有しているに等しく、表1-1に見るように全世界の飼料と油糧穀物貿易量の四分の一をわが国が独占するに至っている（冨田ほか、1997）。

表1-1　世界と日本の比較

		全世界（A）	日　本（B）	B／A比（%）
人　　　　　口		56億人	1.25億人	2.2
近未来の静止人口		約70	1.25	
全　陸　地　面　積		149億ha	0.37億ha	0.2
う　ち　可　耕　面　積		32	0.08	
農　地　面　積		13億ha	0.04億ha	0.3
食料輸入シェア*	小　麦	10,924万t	635万t	6
	油糧種子（大豆）	3,015万t	473万t	16
	飼料雑穀（とうもろこし）	6,221万t	1,593万t	26
G N P **		18.7兆ドル	4.25兆ドル	22.7

注）　＊FAO「Production Yearbook 1994」
　　＊＊世界の統計 1995
〔出典〕農村計画学、農業土木学会刊（1997）、p.19より。

この異常な食料輸入大国ぶりが、その安価さと相まって国内農業を圧迫し、ひいては国土環境の維持活動への圧迫となっている。また長距離海上輸送に備えて混入されるポストハーベスト農薬が食品の安全性を脅かしている。加えて、主要な食糧輸出基地であるアメリカ中部平原の地下水枯渇や世界人口の増大に伴う需要増が相まって21世紀中葉にも懸念されている世界的な食料逼迫の見通しのもとで、現在のような食料輸入大国ぶりが何時まで続けられるか自体が危惧されている。

そのような様々な困難の打開を目指して、政府は昨年、1961年に制定されていた農業基本法を抜本的に改正する形で新たに「食料・農業・農村基本法」を制定し、食糧自給率の改善と、国土環境の保全を、営農の地域的組織化と、農山村部を単なる食料生産機能のみでなく、多自然居住地域と位置づけること、および食生活の見直しなどを柱に、社会全体の責任で実現しようとしている。都市化・工業化社会の成熟段階を、自給型零細稲作から脱皮した新たな農業と再結合することで、できる限り地域資源に依拠した、持続的な循環型社会に形成してゆく端緒がようやく開かれたものと解される。

3）農村環境の急変

農村生態系（生態系と景観）の変化の形には以下のようなものがある。

- 昔の水田農業と共生していた生き物たちの激減（ホタル、トンボ、ドジョウ、ウナギ、イナゴ、スズメ、トキなど）
- 昔の人々のくらしと共生していた生き物たちの激減（家ネズミ、ハエ、チョウ、ツバメ、マツタケ、ヨシ、タケなど）
- その他の生き物の減少（結核菌などの病原菌、蚊、ブナ林、メダカ、タヌキやキツネ、サシバ、オオタカなど）
- 在来植物・動物の外来種との入れ替わり（タンポポ、セイタカアワダチソウ、ブラックバス、アメリカザリガニなど）
- いくつかの生物の急増（エイズ菌、アオコ、ホテイアオイ、ゴキブリ、ドブネズミ、街中のハト・カラス、スギ・ヒノキなど）
- 縄文の原生自然へ戻る動き（マツクイムシの蔓延によるマツの減少、里山や耕作放棄水田の雑灌木の密生など）

自然が変わりゆく原因は、大別すれば、①地球の状態変化への適応（氷河の出現・消滅、造山運動、水食・風食などで、極めてゆっくり長期的）と、②生物自体の進化（狼から犬へ、大腸菌の新変種O-157の出現などで、やはり一般には極めてゆっくり長期的）と、③人間活動の変化への対応の三つである、

近年とみに速くなっているのは、③の部分であり、人間活動による他の生物の生態系の圧迫（年間1,000種が絶滅しているともいわれる）は、(A)農地や都市や人工林の拡大による生息空間の縮小、(B)海岸線の埋め立てや森林伐採による生息空間の縮小、(C)狩猟や漁労の搾取による個体数の減少、(D)環境汚染化学物質による健康障害、繁殖障害や死滅、の4種類がある。

以下では、そのような見地から農村地域の生態系の急変を整理してみよう。

a．農業の近代化整備に伴う変化

紙数の制約から略記にとどめるが代表的な変化は以下のようである。

① 水利施設の近代化に伴う変化

かっては木と石と土で築造されていた水路や堰がコンクリートと鉄に変わり、ホタルをはじめ多くの水棲昆虫が産卵、生育場所を失ったほか、堰による生物通路の遮断によって魚類の分

布域の縮小や生息種数の減少が進んでいる。さらにポンプ揚水とパイプライン送水が増加して、生物の棲める開水路やため池そのものが減少しつつある。

　また、パイプラインによる加圧送水が可能になって、畑地灌漑による台地の利水型農地開発が進み、歴史的に温存されてきた林野の減少、ひいてはそこに生息していた小動物類の減少につながっている。

② 圃場整備に伴う変化

　末端用排水路の用排分離・U字型コンクリート化によって、かっての素堀の用排兼用水路では水田と行き来しながら生息していたドジョウやゲンゴロウなどの様々な水田水棲動物が生息できなくなった。また区画の整形・拡大によってかっての土の畦畔に形成されていた里型野草とそこにすむ昆虫類の数が急減した。また乾田化の徹底によってかっての湿田が様々な湿地昆虫を育み、野鳥の格好の餌場になっていた機能が消滅した。そして農道が個別圃場へ沿接されるようになって、かっての田越し灌漑のもとで容易であった生き物の田越し移動が困難になっている。

③ 機械化に伴う変化

　役畜の牛馬がいなくなって、稲藁を厩舎の敷材に用い堆肥として田圃に戻すサイクルが消滅して土壌中の有機物が減少し、土壌微生物生態系が貧化している。また、飼料用の草刈り場であった畦畔や用水路法面は雑草が繁茂するままになっている。

④ 化学化に伴う変化

　化学肥料への依存による土壌有機物の減少で貧化している土壌微生物生態系を農薬がさらに痛めつけている。加えて農薬は地表の益虫をも殺傷し、さらに流出して用水路、河川、湖沼の水棲生態系をも損傷している。また除草剤も植生の単純化を介して土壌微生物相の劣化につながっている。最近の農薬の改良はめざましく、毒性は低減されていて、かつ選択毒性化が進んではいるものの、農薬が毒物であることに変わりはない。

b．生活様式の変化に伴う変化

① 建築様式・建材の変化

　屋根材が茅・藁から瓦などに変わったことによって野鳥の営巣地でもあった茅場が消滅し、用材の多くが外材や工業製品に変ったことによって林業が衰退し、膨大な手入れもままならない状態に陥っている。また集落の景観が変わった。

② 燃料革命

　薪炭からガス、石油、電気への転換によって薪炭林でもあった800万haの里山が遊休化し、ノウサギすら動きがとれないほど下草や灌木が繁茂するに至っている。さらに、前項の用材需要の衰退とあいまって林業労働と炭焼きを主な生業としていた山村が成りゆかなくなり深刻な過疎化に陥っている。

③ 生活用具のプラスチック化

　木・竹・藁細工からプラスチック製品への転換によって用途に応じた多様な樹種の雑木林でもあった前記の里山の遊休化につながっている。

④ 上水道の普及

　野菜や食器の洗い場でもあり洗濯場でもあった農業用水の多目的利用が消滅して人々は用水の汚濁に無関心になり、ごみ捨て場になっているところすらある。

⑤ 合成洗剤の普及

　石鹸から中性洗剤への転換によって水路の泡公害、リン汚染をもたらしている。

⑥ 水洗トイレの普及

汲み取り便所が消滅して糞尿が農地還元されなくなって土壌の劣化につながっている一方で、処理場からの排水が水系の富栄養化につながっている。

⑦ 自動車の普及

　徒歩・牛馬車から自動車への変化によって、前出の役畜の消滅と同様の影響に加えて、集落内道路の拡幅などで集落景観の調和が崩れ、ガードレールやスタンドなどが周囲の農村景観と違和感を生んでいる。そして危険な車の横行によって道路が子供達の遊び場ではなくなっている。また、車の重量の25％は最終的にはシュレッダーダストとよばれる破砕ゴミになるが、日本の産業廃棄物の50％は廃車シュレッダーダストであり、その捨て場である最終処分場が続々と農村部の山林を破壊しながら造られ続けている。

c．その他の農村開発に伴う変化

① 人工造林の進展

　燃料革命などで遊休化した里山へのスギ、ヒノキ林化が昭和40年代に爆発的に進んで、多様で重層的だった雑木林の生態系が貧相になった。ところがその後の木材価格の低迷でこれらの人工林は手入れが行き届かなくなり、間伐されないまま過繁茂した樹下では下草が消えて表土の流出、ひいては斜面崩壊を招いている。

② 都市的施設の地方放散

　自動車輸送と電話など情報手段の充実に支えられて工場や倉庫、学校などの農村部への立地が進み、それらの用地として膨大な面積の農地や山林が消滅した。

③ リゾート開発の進展

　里山を拓いて建設されたゴルフ場の総面積は今や30万haと水田面積の一割にも達し、スキー場開発によって伐採された山林も相当な量に及ぶ。別荘地やテーマパーク、リゾートホテルな

どがこれらに続いている。

4）水田随伴型二次自然：日本の原風景の崩れ

　以上の、農業技術、生活様式の変化と都市化によって、農村社会と地域自然の関係はずたずたに切れ、人間活動が資源供給先を世界中に広げて近代化した一方で、人間の需要の薄くなった自然環境は痛めつけられ、かつ人間の管理を失って二次自然の状態に安定していることが困難になってきた。日本の原風景は、いま、その存続理由を失う形で急激に崩れつつある。

2．生態系の急変を抱える現代文明とはなにか

1）現代は人類文明の初の大ジャンプ期

　石油石炭やウランなど賦存量が有限なエネルギー資源に依拠している現代の技術文明は必然的に永続性を有していない。この現代技術文明は、太陽エネルギーの光合成に依拠して永続性を有していた近代化以前の準定常な経験文明と、今は未だ特定できない何らかの新たな永続的エネルギー技術・資源に依拠して永続性を再確立することになるのであろう準定常な科学技術文明の安定段階の狭間に位置する、人類文明史上初の文明の大ジャンプ過程にあるのであろうと考えられる。図示すれば図1-1のようになる（冨田、1984 a）。

　準定常だった農業（採取・狩猟を含む）文明では、衣食住は光合成産物で、力仕事は人力（奴隷労働を含む）と畜力であり、食物を経由しての光合成エネルギーに依拠していた。その地域性から、ローカルで歴史的に熟成された暮らしの文化が世代継承されてきた。

　準定常性が回復されると考えられる科学技術文明の安定段階では、衣食住は工業製品と光合成産物として、力仕事は持続的な新エネルギーに依拠

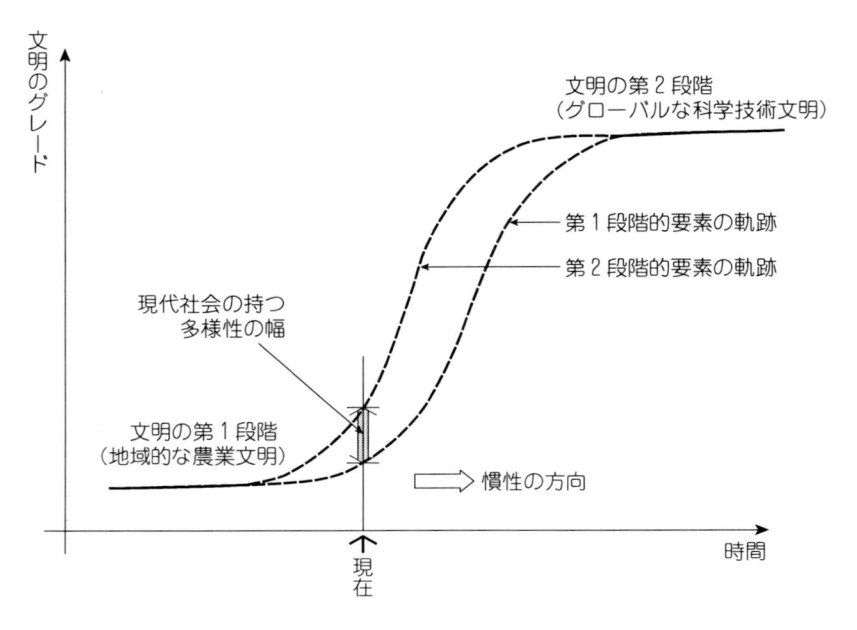

図1-1 文明の大ジャンプ過程

した機械奴隷(エンジン、電動機)となり、その文化は、グローバルな普遍性をもって形成され、世代継承を経て成熟して行くのであろうと考えられる。

二つの準定常状態の狭間で大ジャンプしつつある現代の人類文明は、衣食住も力仕事も一見すでに次の準定常文明のものに見えながら、機械奴隷(エンジン、電動機)が化石エネルギーによって動いているところに根本的な違いがある。

2) 大ジャンプ期・現代社会の過渡期性

石炭・石油はせいぜいあと100年程度しかない。ウランは、高々30年間の発電から生じる、廃炉を含む膨大な放射性廃棄物を安全レベルまで低下するのに数千年も隔離しておかねばならないようなものを使い続けていてよいのか、が問われている。いずれにせよ、これらの埋蔵エネルギー資源に依存できているうちに代替エネルギー技術を開発せねばならない。永続性のある新エネルギー技術に依存できるようになったとき、初めて工業文明は永続的で準定常的な科学技術文明に達したことになるのであろう。

そして環境問題は、抜本的には、それによって達成される科学技術文明の準定常性のもとで初めて解決が可能になるのだと考えられる

すなわち、第3ミレニアムの課題として、いずれ永続的新エネルギー技術を完成せねばならない。そこで、文明の大ジャンプ過程上での"21世紀"は、化石エネルギー資源の枯渇と永続的新エネルギー開発達成までの間を生き抜く(survive)時代と位置づけられ、"生き抜く"に不可欠な、計画を方法とする"広義の工学"を創出する必要性が認識される。

21世紀を目前に控えて、改めて振り返ると、20世紀は、端的にいえば石油をエネルギー・原料とする工業化の時代であった。その恩恵は農業農村にも深く浸透し、機械化・化学化された農業は生産を大きく伸ばして、人口爆発とも称される急激な世界の人口増加を支えてきた。一方で、石油依

存型工業文明のマイナス面も急伸して、今日の地球環境問題や地域環境問題を顕在化させている。しかし、20世紀を繁栄の時代に導いた石油の資源量には陰りが見えはじめ、人類文明を持続的に支えるのはやはり太陽エネルギーでしかないとの認識が高まりつつある。その技術形態は、直接発電とともに植物光合成の新展開が重要になろう。石油は合成化学工業の出発物質として現代の物質文明を支えてもいるが、光合成による有機物生成量は世界の化学工業の総生産量よりはるかに大きく、石油に代わって糖や蛋白質を出発物質とする新たな合成化学工業が成立・展開しうる可能性を秘めているからである。すなわち、21世紀には、ポスト石油時代を見据えて、生物生産に係わる農林水産業が持続型科学技術文明の主要な基盤となってゆくべき必然性が展望される。

とは言え、現在の農林水産業は、なお古い構造や属性を引きずっている面も多く、21世紀にそのような役割を担い得るためには様々な面での脱皮や新たな研究開発が不可欠である。すなわち、文明の持続性を担保しうる物質循環の技術体系、人間福祉のための生物生産と自然生態系との共生のあり方、それらを地域環境条件のもとで追究するフィールド科学の精緻な構築と展開、などクリアせねばならない課題は山積している。

3）**豊かさの中で崩れゆくモラル**

教育と環境は密接に関係しているが、その今日の状況は、(A)自然との関わりの乏しい人工環境で育つ現代の子供の偏った感性、(B)モノの豊かな生活の中で育つ現代の子供のガマン力の低下、(C)競争社会の中で育つ現代の子供の利己的感覚の増大、(D)身のまわりの環境（大気、水、土）の汚染と自然（動植物生態系）の貧弱化、および(E)現代文明の営みの総和がもたらしている地球環境問題の顕在化、と整理されるが、筆者は、これらを、"自然人間"として生まれてくる子供を"技術人間"社会がとりまいていることに起因していると考えている。

すなわち、工業製品の大量生産によって自動車や電話やテレビが全構成員に行き渡った社会では、ヒトは時速5kmで歩き、100m先の人と話し、1,000m先の人を見分ける"自然人間"から、時速50kmで移動し、距離の制約なしにコミュニケートする、いわば"技術人間"に進化したと捉えられるが（冨田、1984b）、技術人間社会は大量生産・大量消費システムのアンチ環境保全性のもとで、自然人間が社会を形成・維持するに要して確立し継承してきた諸ルールを見失った（豊かさの中で崩れゆくモラル）。

企業サイドの外部不経済を無視した利潤追求型体質（"資本主義・自由主義"の不完全性）と、消費者サイドの拝金型利己主義の蔓延（権利のみの平等に走りがちな"民主主義"の不完全性）が相まって、生活様式と意識の変化に伴う社会・文化環境の"汚染"と"破壊"へと進んでいる。土地空間における都市の無秩序な拡大、里山の荒廃、平地林の消滅、ゴルフ場乱開発などや、社会基盤における生活ゴミの大量発生、産業廃棄物の不法投棄、交通災害、核廃棄物の累積など、そして文化環境における地域社会の崩壊、伝統建築と近代建築の混在による景観の崩壊などである。

そうした中にあって、"自然人間"家庭（地域コミュニティ）に普遍的だった教育機能も衰退しつつある（モラル継承システムの崩壊）。

すなわち、(a)家庭（地域コミュニティ）の教育機能の外在化、(b)家庭の機能の外在化と家事の家電代替で主婦（母親）が存在感を喪失し子供を自己同化している、(c)外在化システムとしての公教育の知識伝授機能のみへの偏り、(d)共（コモ

ン)意識の衰退による「公」と「私」の乖離(公的サービスへの依存意識の蔓延)、および(e)家庭・地域の、歴史を踏まえたアイデンティティの薄弱化などである。

3．明日の農村環境の姿をさぐる

1）原風景環境の急変への対処の三つのスタンス

a．原風景環境への復元論

日本の原風景の完成が江戸末期だったとはいえ農村の環境は昭和初期まではそう変わっていなかった。そこで杉山恵一氏などは昭和初期の自然環境への復元を論じられている(杉山、1997)。それには意識や生活様式の見直しが伴わねばならないが、それについては、最近の人々の自然への関心の高まりを江戸末期の原風景どころか"縄文時代への回帰"と捉える鈴木茂氏の見解(鈴木、1997)すらある。

b．現況環境の保全論

崩れつつあるとはいえ、まだわが国には自然が豊かに残っている。この自然をこれ以上壊さないよう守ってゆこうというのが、いまの社会に求められている一般的な姿勢である。

c．新たな望ましい環境への整備論

これが現在の環境整備公共事業のスタンスであろう。しかし、事業によってどのような新たな環境を創出するのが妥当なのか、言い換えれば、達成目標像が客観的に明らかでないままで事業が一人歩きしているところに問題があるように感じられる。

2）明日の農村環境の姿への拘束条件

前項の三つのスタンスを止揚した形で皆が合意できる明日の農村環境像が必要なことになるが、それはしかし必ずしも自由に選択できるわけではなく、農村環境の今後には以下のような拘束条件があると考えられる。

a．自然人間から技術人間へのヒトの進化

日本の原風景の崩れは、技術人間が農業機械や家電機器を操ることと関係している。そこでそうした機器に頼らない生活、いわば自然人間に戻るべきだとする意見もある。しかし技術人間への進化が科学技術情報の増大に伴う必然だとすれば、自然人間への回帰は、やはりもはや非現実的なのであろう。

b．生活様式のグローバルな普遍化

自然人間の社会はそれぞれの地域資源に依存してローカルな生活様式を有し、固有の文化景観を形成していた。白壁に黒瓦の家並みを背に和服姿の人々が行き来していたのが日本の文化景観であった。しかし和服が洋服に変わってすでに久しく、食生活も住まい方も洋風化が進んでいる。洋風とは欧州のローカルな生活様式・文化景観ながら、今や世界中で男性は背広にネクタイ、女性は洋服を着ていて、その新作には日本人を含む世界中のデザイナーが携わっている。建築や車のデザインも然りである。現代の生活様式はルーツが欧州であったとはいえ、もはや世界中の人々の共有になっている、いわば世界普遍的な生活様式が形成されつつある(冨田、1993)。日本の農村にはまだ固有の文化景観が色濃く残っているにも拘わらず、人々とくに若者の意識は世界普遍的な生活様式のものになっている。とすると、今後の農村景観は伝統美の保全もさることながら、やはり、技術人間文明の健全な成熟への努力とあいまって、近代の普遍性と伝統的な個性を止揚した、新たな日本型国土美を創出してゆくしかないのだろうと思われる。

c．化石エネルギー資源の有限性への対処

技術人間社会を支えているのは有限化石エネルギー、とくに石油であり、その保全的利用に努め

ねばならない点で農業・農村も例外ではないのは当然であろう。しかし、地球全体での光合成によるバイオマスエネルギー固定量が現在の世界の化石エネルギー消費量の約10倍に上ることからすると、ハイテク化されたバイオマスエネルギーがポスト化石エネルギの本命になる可能性を秘めており、加水分解によるメタノール製造等の原料としてのバイオマス生産を、21世紀の農林地の利用形態として視野に入れておくことも重要なことになろう。

d．優良農地保全の国際関係論的義務

世界の食糧需要に生産が追いつかなくなる事態が21世紀中葉には現実化する懸念が深まっている(Brown, 1996)。わが国の水田は世界の農地の0.2％でしかないが2,000年連作を続けて地力の低下しない優良農地であり、工業大国日本だからといって工場などに全て転用して、食料は外国から買うというのでは国際関係が成りたたない。

e．地球環境問題の解決への整合性

大気中のCO_2濃度の増大、酸性雨、砂漠化、生物多様性の低下などの地球規模の環境問題への対処は現代文明の大課題であり、農業・農村の今後の態様もその解決につながる形でなければならないのは当然であろう。

3）農業近代化の落ち着く形をさぐる

以上の五つの拘束条件のもとで水田稲作のゆくえを考えると、機械化・化学化と30a区画圃場整備で省力化された自作農家の兼業化と後継者の農業離れに至った技術人間社会にあって、290万haの水田を省エネルギー的に維持してゆくには、やはりその過半を企業的な営農組織にゆだねざるをえないはずで、その基盤は直播技術や自動水制御技術などに支えられた10ha区画程度の大区画圃場になると考えられる(冨田・山路・藤崎、1998)。

その部分はいわば"産業農地"として効率優先の空間となり、残りの水田が自家飯米作など効率を旨としない稲作に用いられて地域環境・生態系との多様な関わりを再確立してゆく場となるのであろう。他に、畑作農業では化学肥料や農薬をめぐる問題、林業では間伐が焦眉の急務になっている人工林の手入れに加えて、国土の67％を占める山林を木材・バイオマスエネルギー生産空間として再確立してゆく重要な課題があるが紙数の都合で省略する。

4）農村近代化の落ち着く形をさぐる

a．日本の原風景の乱れのゆくえ

圃場整備による農地景観の単調化に加えて、農村に様々な施設が建ち込んできて農村景観を激変させたとはいえ、いずれも世界普遍的な生活様式に従う技術人間に変わった地域住民の必要に応じたものである点でやむをえないところがある。問題なのはそれらがもっぱら利便性や経済性の見地から進められてきた点で、結果として日本の原風景が有していた豊かな生態系や景観的調和を失ったことである。しかし、和洋折衷というユニークな住宅様式を作り上げた日本文化は、水田稲作を内包する農村空間についても、世界普遍的な生活様式の日本型基盤空間として、独自の調和様式を作り出せるはずだと考えてる(冨田、1999)。

b．社会基盤整備の充実によって

都市的施設の地方放散ポテンシャルは高速道路や情報ネットワークの完成に伴っていっそう高まり、農村は、環境豊かなもう一つの都市的活動空間といった性格を併せ持つようになるのであろう。そして、そうした活動の従事者は"環境豊かな"という側面に惹かれて定住してくるわけだから、地域環境水準向上の大きな牽引力となってゆくものと期待される。

c．グリーンツーリズムの開花

オランダの歴史学者ホイジンガは人間文化の本質が"遊び"にあると喝破し，1938年に大著「ホモ・ルーデンス」を著した(Huizinga, 1973)。けれども，まだ生産活動の多くを肉体労働に頼っていた当時にあっては，ましてナチスの台頭下のヨーロッパにあってはあまり省みられなかった。しかし，食べるための労働からかなり解放された今日の技術人間社会に至って，ホイジンガの指摘は現実味を帯びてきたといえる。ヨーロッパで一般的な長期夏期休暇にはほど遠いにせよ，週休二日制になっただけで日本も遊びが生活の一環になりつつある。近年機運の高まっているグリーンツーリズムの背景をそのように捉えると，今後の農村環境はホモ・ルーデンスの遊び場としても整えてゆかねばならないことになろう。たとえば，水田面積の一割にも及ぶ30万haのゴルフ場も，遊休化の進んでいる800万haの里山からすれば4％弱で，ゴルフ場の建設も一概に環境破壊とばかりもいえずホモ・ルーデンス社会へ向かう一つの必然なのかもしれない。しかし本命は，やはり，技術人間化の過程で見失った自然との交歓－農的いとなみの楽しさ－の新たな形での再構築にあるのではなかろうか。

5）共生構造からの新たな農村環境構造への接近

自然人間の水田稲作と共生していた二次自然は，技術人間の水田稲作農業（とそれを内包する社会）のもとではどうなるのだろうか？　ノスタルジアや願望によってではなく，客観的にそれを見定める枠組みを筆者は図1-2のように考えている。高度経済成長の始まる前まで存続していた人間活動と二次自然の共生構造を整理した上で，近代化の安定段階に達した技術人間の人間活動の態様を前述の拘束条件のもとに見定め，これに先に整理されている共生構造を当てはめることによって，新たな共生関係を結び合う地域自然環境の構造に迫れるのではないかということである。

図1-2のアプローチで把握される新たな農村自然環境では，かっての二次自然の要素のうちのかなり多くのものが農業生産活動などとの共生関係から外れているはずで，現在進行中の農村自然の荒廃もその過程の一つの現れと解される。そして一方で，ホモ・ルーデンスとしての新たな人間活

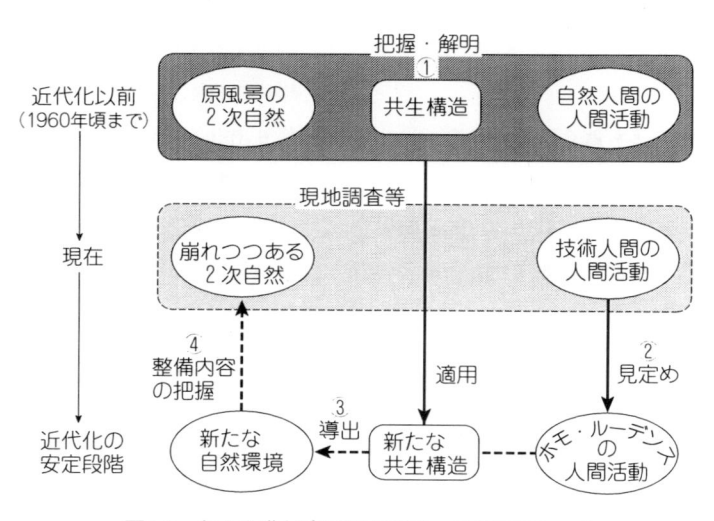

図1-2　新たな農村自然環境構造への接近フレーム

動などと新たな共生関係を結び合う新たな環境要素が加わっていることになろう。その具体像として、ノスタルジックに日本の原風景の昭和初期の自然を期待する人もいれば、水田農業とのリンクの薄くなった農村自然は二次自然たる拘束を離れて原自然（縄文自然）へ回帰するのが自然だと考える人もいよう。あるいはゴルフ場のグリーンやテーマパークのような人工自然を期待する人々も多いのかもしれない。このように考えることで、前述の農村環境に対する復元、保全、整備の三つのスタンスは一つに止揚されるように思われる。

4．農村環境の整備と管理のあり方

1）基盤整備における環境への配慮

農村環境の最大要素である農地の改良にかかわる圃場整備事業や灌漑排水事業は広義の農村環境整備事業に他ならない。水田の造成は自然状態で洪水が起こす物理的攪乱を代替する形で後背湿地の浅い水辺を維持して豊かな生態系に生息空間を供してきたわけであるが、そうした生態系は、水田・屋敷林・二次林の空間的配置など農村環境の一定の規則性の中で維持されてきた（守山、1997b）。前項3）で必然性を展望した水田の大区画化整備においても、保全・復元が妥当な生物生息空間を避ける、といったエリアの取り方が配慮されるようになってきた。また、末端水路内や幹線水路、河川への繋ぎ込み部分の落差工に工夫を加えることで河川や海と水田との間を魚類が往来できるよう配慮されるようにもなってきた。さらには、水生昆虫や野鳥の広域移動に必要なところに水辺や林を新設するビオトープネットワークの創出なども始まっている。こうした生態系に配慮した農業空間構造の創出に加えて、そこで営まれる農法も環境への負荷の小さい形を前提とする配慮が今後望まれる。

たとえば川廷謹造がかって提唱したコメ・ムギ・豆科牧草の2年3作型輪作などは大規模営農でこそ現実性を帯びてくる（川廷、1962）。この輪作は連作障害を回避し豆科牧草の働きで温室効果ガスや水質富栄養化の原因物質の一つである窒素肥料を軽減できる点で、大規模農業と環境保全を高次に調和する一つの形でもある。他にも有機廃棄物の農地還元システムの創出整備など、環境調和型の農業農村基盤の形を様々に追求して行く必要があろう。

2）狭義の農村環境整備事業の望ましいあり方

1992年以来の水環境整備事業に続いて1995年には農村自然環境整備事業が発足したことは農村環境の今後にとって喜ばしいことであるが、その計画実態にはいくつかの問題点が感じられる。第一には、生態系豊かで景観的にも優れているところに木道を設ける等の手を加えて都市からの入り込み客を含めた人々の鑑賞や自然体験に供しようとする形のものが多いことである。しかしこれではせっかく温存されてきた良好な自然を痛めつける一方で中途半端な鑑賞・体験空間しか作れない恐れがある。第二には地元の要望（地域の活性化であることが多い）にいささか安易に応えて事業内容が計画されていることで、第一の問題もこのことと関係していよう。しかし、農村環境への取り組みにの復元、保全、整備の三つのスタンスのうち、もし復元や保全が妥当な所であれば安易に人々の利用に供すべきではないかもしれないし、保全といっても、かって人為的に導入され維持されていたがいまや不要になったものなどは無理矢理保全することはないのかもしれない。逆に鑑賞や自然体験の場づくりを目指す整備にあっては残存自然の利用に留まらず積極的に新たな自然を創出することがあっていいのかもしれない。そして

第三に、事業費の使途に用地買収費が認められていないことがある。原風景への復元や優れた残存自然の保全は当該地を買収して当たるのが一番のはずであるが、その途が開かれていないばかりに、あらずもがなの工事を施してかえって自然の質を低下させる結果になってはいないだろうか。ともあれ、事業で復元、保全、整備すべき場所を仕分け、それぞれに叶った計画を策定することが望まれる。

3）望まれる生産・生活・環境の一体的整備

農業基盤整備、生活環境整備に続いて農村環境整備が事業化されたわけであるが、復元や保全するに値する農村自然環境が基盤整備事業などで消えてきた例も多いことからすると、復元、保全、整備すべき場所の仕分けは個別事業計画の前に行うことが重要になる。いいかえれば、生産と生活と生態系の三側面を総合的にカバーする農村土地利用計画をあらかじめ策定することが重要である。そして、その実現に諸々の個別事業が連携して当たる一体的整備が望まれる。

4）背景に望まれる土地利用計画法制度の整備

以上を適切に展開するには、制度的枠組みとなる土地利用法体系にも問題があり、筆者は都市計画法や農振法などのゾーニング関係の諸法律を整理して、国土空間を"高密度都市間"、"産業農林地空間"、"保全自然空間"と、多様な人間活動をコミュニティ主体の詳細土地利用計画のもとに展開する"都市田園融合空間"、の四空間種に仕分けるのが妥当だと考えている。しかし本書の主題からは外れるので詳論は控える。

5）環境との共生に問われるニューモラル

子供（大人もだが）には、個人としての自分と、地域社会の一員としての自分と、人類の一員としての自分の、行動の規範レベルを異にする三つの側面がある。環境への"自分"の取り組み（行動）の形は規範レベルごとに違うこと、人間社会と自然環境の関係が再び調和を回復するためには一人一人がこの"自分の三側面"をバランスよく生きねばならないことを理解させることが必要である。

すなわち、第一には、個人（家庭）レベルでの「修養」であり、アメニティの高さを大切にする心と生活、自然に親しむ心と生活、地域産物を食べるよう心がける食生活や省エネ・省資源型の生活態度を身につけること。第二には、地域（コミュニティ）レベルでの「協力」であり、リサイクルシステムの構築・運営、様々なコミュニティ活動の展開、地域生態系と共生する土地利用の展開・維持や美しい地域景観の創出・維持にコミュニティの一員として参画すること。そして第三には、世界レベルでの「負担」であり、有害物を出さない生産技術の開発・普及や脱石油型代替エネルギー技術の開発などに必要な資金を炭素税などで賄う税負担の甘受である。

この、化石エネルギーによって維持されている現代社会にあって、農業をはじめとする生産活動と地域自然の辛うじての折れ合いは、人々の、そうしたニューモラルの確立をもって初めて可能になるものだと銘じねばならない。

おわりに

"農業と農村環境"のよりよい将来の関係の構築を目指しては、圃場整備の付帯工や用排水路の構造を生態系と親和性の高いものとするに要する追加的工費や完成後の施設の維持管理費についての社会的分担のあり方など、重要な問題は多々あるが、2章以下に期待して割愛した。拙論ではあ

るが地域生態系と高次に調和した農業生産環境の　　　れば幸いである。
再構築をめざす幅広い討論のたたき台の一つとな

参 考 文 献

冨田正彦（1999）：農業生産環境と生態系、農業土木学会誌、**67**(6)、pp.1-6.
佐々木高明 編（1986）：縄文文化と日本人－日本基層文化の形成と継承－、p.109、小学館.
守山 弘（1997a）：水田を守るとはどういうことか、農山漁村文化協会.
たとえば、森山和子（1974）：水と緑と土、中公新書、p.107、中央公論社.
たとえば、農業土木歴史研究会編著（1988）：大地への刻印－この島国は如何にして我々の生存基盤となった
　か－、(社)土地改良建設協会.
冨田正彦ほか（1997）：農村計画学、p.19、農業土木学会.
冨田正彦（1984a）：現代農村計画論、p.248、東京大学出版会.
冨田正彦（1984b）：現代農村計画論、p.13、東京大学出版会.
杉山恵一（1997）：昭和初期の自然を、環境新聞（5月28日版）.
鈴木 茂（1997）：縄文時代への回帰、環境新聞（5月28日版）.
冨田正彦（1993）：農村文化景観の今後の推移とそれへの計画的対応の再検討、農村計画学会誌、**12**(1)、pp.3-6.
L. Brown（今村奈良臣 訳・解説）（1996）：食糧破局、ダイヤモンド社.
冨田・山路・藤崎（1989）：大区画水田の現状と考察、農業土木学会誌57（3）、pp.49-55.
冨田正彦（1999）：国土の美しさ、学術の動向4（9）、pp.21-27.
J. Huizinga（高橋英夫訳・解説）（1973）：ホモルーデンス、中公親書.
守山 弘（1997b）：むらの自然をいかす、岩波書店.
川廷謹造（1962）：トラクタの利用を前提とした畑作作業体系の確立に関する研究、東京大学農学部付属農場
　研究報告、No.1.

2章　生態系としての農村環境

杉山　惠一

2.1　農村環境の概況

　わが国の農村は平野部から山間部に至る広大な面積を占め、地形的条件は様々であるが、可能な限り水田経営を営んできたことから、その環境条件は意外なほど均質である。本来は異なる植生の場であったと考えられる山間部傾斜地においても、いわゆる棚田によって階段状の平野を造成することによって、その環境条件を平野部の農村と類似したものとしてきた。

　水田経営による環境の平均化は、南北に長く連なる日本列島の全域についても言えることで、本来は熱帯的作物であるイネが、品種改良などによって、北海道奥地にまで栽培されるようになったことにより、比較的均質な水田環境が沖縄から北海道まで切れ目なく連続することになった。

　もちろん、そこに生存するイネ以外の動植物は本来の分布域を反映して多少づつ異なるのは当然であるが、その相違は水田以外の場所での相違と比較するとごくわずかであると言ってよい。

　一方、水田は多量の水を必要とすることから、その補給路としての灌漑施設が付帯する。溝、小川、中河川、大河川あるいは貯水池などを網羅する複雑な水系で、歴史的に営々と維持されてきたものである。これらの水路や池沼に住む生物は当然水田との間を往復するものである。このようなコリドーとしての役割を含め、水田の生態系の維持にとって水路は欠かせない存在である。

　農村は当然水田からだけなるものではない。イネ以外の作物も多く栽培されている。しかし、それらはイネと異なりきわめて地域的な特色を持つものである。たとえば、沖縄県におけるサトウキビ、静岡県における茶とミカン、北海道における甜菜などである。それらについて総括することは本文においては困難であるが、一方それらの栽培地は水田とは異なり、栽培種以外の野性生物による豊富な生態系を形成することはない(写真2-1)。

　一方、平野部を含む多くの農村は、水田に隣接した樹林地域をもつものが一般的である。完全な平野部においては平地の林であるが、多少なりとも起伏のある地域では、その起の部分、つまり丘陵地に樹林が存在することになる。このような丘陵地と水田がモザイク状に存在する地域では、その組み合わせによるヤト(谷戸)と呼ばれる特色ある環境・景観が形成される。関東平野などに広く存在した環境である。

　山間地においては、このように独立した丘陵ではなく、奥山に連なる山域の農村に隣接した部分

2章　生態系としての農村環境

写真2-1　水田、集落、里山などからなる典型的な農村風景

がそれに相当するのであるが、それを含めてこのような樹林地は歴史的には入会地と呼ばれ、燃料や家畜飼料、緑肥などの供給地、あるいは救荒用の樹木の自生地として共用されてきた。樹木相は地域によって相当の差異があるであろうが、共通して言えることは、このような樹林が水田環境と補完的な役目を果たし、両者の生態系を極限にまで高めていたことである。このような樹林地は最近では里山の名で総括されるようになってきた。

最後に農村を農村たらしめている最大の要素は、人間の居住環境である。農家が主なものであるが、それに付帯した様々な構築物、神社、水車小屋などもそれに含めて集落と呼ぶことにする。

つい最近まで、これらの構造物はすべて木材や石材などの自然材によって手づくり的につくりだされてきた。そのことによって、これらの構造物はいわゆる多孔質環境を形成し、多くの野生生物に生活の場、とりわけ営巣の場を提供してきた。これは水田そのものにはまったく存在しない環境条件であり、大きな附加条件となったのである。

ごく一例を示すならば、ツバメという小鳥は水田にも樹林にも営巣場所をもたない。農家の周辺のみに営巣可能なわけであるが、一方、仔育てのために必要とする昆虫類は水田の上空に豊富に存在するのである。農家と水田の間を往復するツバメは、両者の補完的役割を端的に示すものである。

以上、生態系としての農村環境の大まかな構成要素として、水田と灌漑施設、里山、集落について述べてきた。それらの各々についてさらに詳細に説明するのが本章の目的であるが、それに先立って、今までに述べた農村の本来の姿が最近の数十年間に大幅に変化してきたことについて述べなければならない。それは歴史的に未曾有の変化とも呼べるもので、生態系について言うならば一途の衰退凋落と言ってよい。その復元に向けての提案が本書の目的であるのだが、その原因の解明は日本社会・全体の変貌を大背景とする農村社会の根本的変化によるものであるだけに容易なことではない（写真2-2）。

ここでは端的に、農村の自然環境の変化にかか

写真2-2 ゴミの埋立地とされた水田農地荒廃の一例

わる現象のみを取り上げることとしたい。

　その第一のものは、農村の近代化の一環として、農業に大幅に工業的要素が取り入れられたことである。それは最初、牛馬に代わる耕耘機の導入などであったが、機械類の導入は年を逐って量、種類ともに増加していった。それと並行して、それらの使用に適した形への水田の改変、圃場整備が進行した。当然それは給水排水施設にも及ぶものであるが、そのことによって水田の大面積方形化、水路のコンクリート化と直線化が一般化した（写真2-3）。このことはひとえに環境要素の単純化であり、生態系にとってはひたすらな貧弱化を招くものであった。

　このような物理的条件の変化と並行して農薬・化学肥料の多量使用は、水田の化学的条件を一変させた。化学肥料のように毒性をもたないものであっても、堆肥・緑肥の減少を伴うことによって、土壌生物相の貧弱化を招くものであるが、農薬類は、きわめて積極的に水田におけるイネ以外の生物を排除していったのである。それは自然生態系

写真2-3 コンクリート化された農業用水路

2章　生態系としての農村環境

の絶滅を目指すものであると言って過言ではない。この方向の極限として想定されるのは、水田の温室化と、その中でのイネの水耕栽培であろうが、さすがにそれは経済的に不可能であり、実現しなかった。しかし、実現された程度の工業化ですら農家に大きな経済的負担を生じさせるものであり、他の諸々の理由による米の買い上げ政策の破綻とも関連して、農業の衰退を招いたのは皮肉である。

　一方、農村に隣接する樹林地、里山の状況も良好であるとは言えない。

　前述のように、里山は歴史的には入会地として集落の様々な生活材あるいは水田肥料などを採取する場所として利用され、また維持管理されてきた。しかしながら、農村の近代化とともに、そこで得られるほとんどすべてのもの、とりわけかつてはその主要な位置を占めた燃料が、石油製品、電力の普及によってまったく利用価値を失った。また、近年里山の多くは杉、桧等の植林地とされてきたのであるが、それらの木材が輸入材との競合に負け、その経済性を失ったこと。さらに暖地におけるミカン、タケノコ、シイタケ等の作物の価格低迷なども加わり、里山の存在意義は極度に低下し、そのことによって里山の管理放棄の状況が一般的となった。その結果、里山の荒廃と呼ばれる現象が全国的に出現することになったのである。そのことは、自然生態系にとっての有利さ、つまりその復活を意味することのようでもあるが、必ずしもそうではない。このことは放棄された水田についても言えることであるが、自然生態系とは何か、という困難な問題を含んでいる。文章の流れから少々逸脱するが、ここでその問題について少々論じておくことにしたい。

　自然生態系と聞いて、まず頭に浮かぶのは原生的自然環境であろう。尾瀬湿原、白髪山地、屋久島などの自然である。そこには太古からの自然が手つかずの形で残されていると考えられているのである。それら原生的自然環境と対比して、わが国の平野部の大部分を覆う農村的環境は、とうてい原生的とは言えない、つまり自然度のきわめて低いものである。その大部分は数百年以上も前から水田化されたものであり、徹底的に維持管理されてきたものである。しかも、年間に亘る農耕のサイクルは水環境の激変を伴うもので、この点でも他の作物の耕地とは比較にならないものである。

　里山に関しても、程度は異なるものの原生林とは比較にならない維持管理を受けてきたと言ってよい。

　問題は、このように人手による維持管理による環境に成立した生態系が自然生態系の名に価するかということである。確かに農村環境は自然度において低次元のものである。ちなみに、自然度という尺度は環境庁によって示されたもので、ある環境に加えられる人為の程度の低いもの順に10段階に設定されている。この基準の背後に存在する思想は、明らかに自然と人間とを対立的なものとする思想、いわゆるヨーロッパ的思想であると思われる。今日もなおそれがヨーロッパでの思想であるかは疑問であるが、それはさておき、この基準・尺度を金科玉条とするかどうかということは、人間つまりヒトという一種の生物の存在を自然といわれるものから全面的に除去するか否かという、きわめて哲学的な問題にかかわりを生じることになる。

　しかし、私は本文においてそのような哲学的議論を展開する意図をもつものではない。むしろ百尺竿頭を進めて、自然度以外の評価基準を想定することによって、農村環境の生態的意義を論ず

ことにしたい。

　自然度という評価基準は、一見きわめて妥当なもののようであるが、実は非常に大きな欠落をもつものであるように思われる。その尺度において第1級にランクされる原生的自然環境は、熱帯雨林、珊瑚礁、マングローブ林などを含むものであるが、それらはもちろん地球上で有数の豊富な生態系である。構成種の多様性、現存量の大きさでも超一級であると言える。しかし、原生的自然環境は決してそのような環境だけを言うのではない。南極大陸の雪原、サハラ砂漠の中心部もまた、人為の及ぶことの最少限の環境であることによって、第1級の原生自然であると言ってよい。しかし、その環境に住む生物はほとんどゼロであろう。同じ第1級の自然度としてランクされる中で、たとえば熱帯雨林と砂漠とは、生物的状態に関して極端なまでに異なるものである。むしろその中間に様々な人為的環境を挿入することに妥当性が見出されるであろう。このような序列を想定するとき、ここに自然度とは異なる評価基準、つまり種の多様度という尺度の妥当性が認識されるであろう。そしてここでは環境に加えられる人為の程度は一応問題外とされる。つまりヒトの存在は自然と対峙するものとはされない。つまり人間の営為が加えられる環境であっても、そこでの野生生物の多様性が高ければ、そのことによってのみ上位に評価されることになる。よって、ここに共存的自然環境という概念が成立することになる。農村環境、残念ながらかつての農村環境と言わなければならないのだが、はそこに存在する野生生物の種の多様性において最もきわだったもののひとつであり、共存的自然環境の典型的なものであった。そのことの理由の説明も兼ねて、文脈を元に戻し、農村環境の要素の残りのひとつ、集落とその周辺について述べることにしよう。

　集落の主要な環境要素である農家やその付帯的構造物、神社など建築物のすべては木や草あるいは石などの天然素材を手づくり的に造成したものであった。このような天然素材自体も多くの小動物、昆虫類にとってのハビタットを形成するものであったが、それらが組み合わされることによって、無数の大小の隙間が出現し、さらに多様なハビタットを提供していた。それらは原生環境には存在しない、ハビタットの一大集積とも呼べるものであり、営巣場所を求めて集合する小ー微小動物類の大都会とも言える状況を成立させていた。

　農家の周囲の納屋には薪やソダの束が積まれ、牛や馬、鶏や兎などが飼育され、それらの糞が供給されることによっても多種多様な生物が発生することになった。このような適度な乱雑さ不潔さは、共存的自然環境のひとつの特徴であるが、今ではあらゆる農家からそのような状況は払拭されてしまった。それは水田におけるイネ以外の生物の排除と並行して進められた、村落におけるヒト以外の生物の排除であった、と言うことができよう。

2.2　農村ビオトープの各要素について

　前章で農村環境の概況と、その生態系の位置づけについて述べてきたが、ここではその各構成要素の各々における生態系の状況を、近年における変遷とともにさらに詳しく述べることにしたい。そのためにはまず、本書の表題である農村ビオトープのビオトープの語について解説することとする。

　ビオトープの語は、実は正式な生物学用語として確立したものではない。わが国で最も権威あるとされる岩波生物辞典にはその項目がなく、「生息場所」の項の説明の中に「性状・状態によって分類された生息場所はビオトープといわれ、砂漠、泥沼、カシ林、葉上、糞塊などはその例である。いわば生物が生息できる場所としての自然空間の質的区分にほかならない」とある。また、別の箇所では、ビオトープとは「生物群集（biocoenosis）の生息空間を指すとする見解もある」と記されている。

　しかし、ビオトープの語は、純理的世界でよりむしろ自然環境保全・復元の具体的目標として用いられつつあり、ごく一般的な妥当性が問題とされている。私はそこでR.ヘッセ（1924）等の定義に私見を加え、「野生生物の種によって特徴づけられる、一定の景観をもつ地形的あるいは地理的な空間単位」をもってビオトープの定義とすることにする。

　この定義によって農村環境を考えると、全体をひとつのビオトープと考えることはむずかしいことがわかる。しかし、先に分類した水田、灌漑施設、里山、集落などをひとつのビオトープ単位とすることは可能であるように思われる。農村全体はこれらに畑作地などを加えたビオトープの有機的集合、つまりそのようなものとして定義されるひとつのエコトープと考えてよい。各ビオトープ要素を含むその一般的景観を図2-1に示した。

図2-1　農村エコトープ景観

1．水　　田

　水田はわが国の農村環境の主な構成要素である。浅い一律の水深をもつ湿地環境といってよい。自然の湿地と大きく異なる点として、秋の稲刈り以前に水を落とし乾燥させ、その後初夏の代掻きまでの半年以上をそのままの乾燥状態に置くことである。以前には鋤起こしの後寒風に晒すことや、それをならして麦畑とすることも行われた。

　このように水田は季節的に水条件の激変する環境であることが大きな特徴である。それは生物にとって決して安定した環境であるとは言えない。だがそれにもかかわらず、工業化以前の水田は比類なく豊かな生態系の場であった。種類数、個体数ともに自然湿地と同様あるいはそれをしのぐ生物相を擁するものだったのである。特定の作物の栽培地としてそれはきわめて異例のことであって、他のどんな作物の栽培地でも決して起こり得ない状態である。これはひとつには湿地という環境の特性であろうが、水田が先にも述べたように、季節的に湛水状態と乾燥状態とを繰り返す激変の環境であることにもよっているのではないかと私は考えている。少々横道にそれるが、そのことについて少々述べてみたい。

　私は約十年ほど前から自然環境復元の運動に従事してきたものであるが、積極的な復元の場として公園的ビオトープの造成にも関与してきた。都市化した地域では、ビオトープは小面積でしか許されないことが多く、そのような場所にできるだけ密度の高い生態系を出現させるために、水陸両用の微環境を造出する必要があることから、大部分のビオトープに池や湿地部分を設計してきた。

　このような水系部分の生態系の年々の推移を観察すると、当初の期待、つまり、造成時から次第に生態系の豊富さが増加していくという期待や必ずしも一致しないことがわかってきた。とりわけ動物相はせいぜい4、5年後に種数、個体数のピークを迎えた後、徐々に減少に向かうのである。このことは陸上部分でもある程度同じなのであるが、水系ではきわめて顕著である。そしてこのことは、私だけではなく、この種のビオトープの造成にかかわってきた多くの人々の観察とも一致し、ビオトープの老化という表現さえささやかれるようになった。その原因については現時点では明確に述べることはできないが、老化の対策として「撹乱」の必要性が唱えられはじめている。これは止水部分の池、湿地においてはいったん水を抜き、底部の泥をさらうなどのことを意味するが、流水部においては「フラッシュ」、つまり洪水のように水を流すことであるとされる。

　つまり、少なくとも水系の生態系に関しては、いったんの破壊はむしろその豊富化の維持につながるということが言えるのである。そこで、先に水田に関して、季節的に激変する環境であるにもかかわらず、と述べたのであるが、むしろそのことによって水田の生態系の豊富さが維持されてきたと言えるかも知れない。それを相当明確に実証した事例が、福井県敦賀市の大阪ガスの所有地内で、3年間に亘って行われた大規模実験であるが、その詳しい報告は本書中（7.2節）において下田路子氏によって述べられているので本文ではこれ以上触れない。ついでながら水田生態系の構成種に関しても下田氏らによって別の章で詳しく示されているので、ここでは割愛することにする。

　水田は以上述べた耕作部分が主要なものであるが、それらを区画する畦について少々述べておきたい。畦という文字が示すようにそれは本来は水田の土を盛り上げて作った細い土手ないし通路である。畦が水田生態系にとってきわめて重要な役割を果たしていることは明らかで、それは代掻き

写真2-4　耕地に残された自然コリドーとしての畦

以後水田が湛水化した状態で陸地として残されること、縦横に連絡し、周囲の別のビオトープとも接続するものであることによる(写真2-4)。先のことは、激変する耕作部分に対して、比較的安定した部分を構成することにより、水系陸系の生物にとってのシェルターの役割を果たすということである。ここでは各種に亘って詳述する余裕をもたないが、このわずかな部分で産卵、蛹化、越冬する、昆虫を主体とする動物類は多数にのぼるのである。後のことは、つまりコリドーとしての役割である。湛水の後、陸上生の昆虫類、たとえばオサムシ科の甲虫などが畦を伝って移動するのはよく見られることである。

水田生態系を構成する動植物の多くは、自然の湿地を本来の生活域としてきた種であるに違いない。しかしその全部というのではなく、幾度とな

く述べた季節的に激変する水田環境に適応した生活様式をもつもの、草本類ではパイオニア的な性質をもつものである。水田耕作の幾百年の歴史の過程で、自然環境中からスクリーニングされてきたのが水田生態系の生物であったといってよい。つまり、自然の側からヒトとの共存環境を選択した種であると言えよう。

2．灌漑施設

水田にとって、給水排水のための水路が必要不可欠なものであることは言を待たない。それ他は直接的には水田周囲の溝であるが、それらは小川から中河川、大河川などと連絡し、一端においては山地渓流や湧水、貯水池などと、他端においては海と接続する複雑で厖大な水系の一部をなすものである(写真2-5、写真2-6)。この水系は当然コ

写真2-5　水田に給水する小川

写真2-6　小川と水車小屋

リドーとしての役割を果たすもので、水田にも稀に出現するウナギなどは、深海までとの往復を果たしている。それほどではなくても、多くの水生生物が水系コリドーによって移動し、そのライフサイクルを完了する。また、水田の水が落とされるとき、多くの水田生物が水路に逃れることによって死を免れることになる。

一方、水田付近の小川には、止水である水田には見られない流水性の生物が見られる。トンボ類などではこの条件の違いはかなり決定的なものであるらしく、たとえばカワトンボ類はその生活域が小川など流水部に限定される。

このように重要な役割を担う水系の破壊は、水田部分よりむしろ甚だしいものがある。コンクリート化による水草類の排除、単純化によるハビタットの喪失などがその主なものである。水田に用いられた農薬類もその生態系の貧弱化に拍車をかけるものであることは言うまでもない。

3．里　山

集落に附属する樹林地は、かつて非常に豊富な生態系の場であった。現在60歳を越える私などの世代が、そのような状況を知る最後の世代であろう。筆者が昆虫採集に専念していた高校生の頃、東京の杉並区、練馬区、世田谷区などに、かつての武蔵野の面影をとどめるクヌギ林が多く残されていたが、それらは薪炭林として利用されてきたものである。一種の植林地であるから自然度の高いものではないが、多様度において極めて高いものであることによって、かつての水田と同じく共存的自然環境の典型であったと言ってよい。クヌギ、コナラの樹木が常に若木の状態であったのは、その頃までは何年かおきに伐採され、燃料に供され、その切り株からのヒコバエによって樹林が再生されていたからである（写真2-7）。当時は東京の市街地にも薪炭を商う店が見られた。したがって、林床は陽光や雨水が充分もたらされ、多くの草木類に覆われていた。キンラン、カタクリ等も稀ならず見られたものである。昆虫類の豊富さについては特筆するまでもない。

筆者はその後、早稲田大学に進学したが、市街地に囲まれたその環境に耐えられず数カ月で不登校に陥り、翌年自然環境を求めて入学したのが町田市の玉川大学であった。

当時の玉川大学は、里山の名に最もふさわしい薪炭林に覆われた丘陵地に囲まれていた。大学の気風もおおらかなものであったから、筆者は大学での勉学よりむしろ、自然すなわち里山の中でその4年間を過ごしたと言ってよい。

里山の状況は全国的にも似たものであったと言ってよいだろう。杉や桧の植林地も拡大造林後

写真2-7　手入れのゆきとどいた里山

の年月も浅く、下草も比較的豊富であり、生物相も現在のように極端に乏しいものではなかった。静岡県下ではそのような場所でギフチョウなどがまだ見られたのである。

里山の不利用化によって維持管理が放棄されたことについては先にも述べたが、その後の3、40年間における変貌には著しいものがある。それは一口に言って、植林地の荒廃と、薪炭林の原生化である。

先に述べたように、植林木の主体である杉・桧は経済的価値を減じたことにより、間伐等の管理を放棄され、次第に過密化に陥ったのである。林床はまったく下草を失い、大雨の際には土壌流出が進行することになった。外観的には緑豊かに見えるのであるが、植林地としての荒廃と生態系の貧弱化が急速に進行しつつあるというのが現在の状況である。

一方、かつての燃料の供給地であった薪炭林は、雑木の混入とともに自然林、それも密林の様相を呈しつつある。樹林としての豊富化も現在では見られるが、暖地ではやがてシイの純林に遷移し、原生的であるが比較的単純な植生の場となることが予想される。下草の消失は植林地の場合と同様である。

このような里山の状況は、おそらく平安時代以降には見られなかったもので、極端に言えば縄文時代への復帰であると考えられるのである。自然度においては向上の方向ととらえることができるかも知れないが、豊富な種を伴うかつての共存的自然環境とは全く異なる方向であると言ってよいであろう。

4．集　落

集落は農村的環境の中で最も人為的要素の高いビオトープであると言えよう。しかしながら、集落はその付近の生態系の結節点とも言うべき役割を担うものであった。集落はそれ自体水田生態系の構成種とは異なる種によって特異な生態系の存在する場であった。それは集落が家屋や石垣等を含め、自然材による構造物から成り、それらが全

2.2 農村ビオトープの各要素について

図2-2 ハビタットを豊富にそなえた村落の一例

写真2-8 屋敷林

体として、いわゆる多孔質環境をなすことから、大小無数のハビタット、とりわけ営巣の場を提供していたこと、集落における人間の様々な営みが多様な有機物を生じ、それらが野生生物の食料とされていたことなどが主たる原因であった。生態系の基礎となる植物が、屋敷林や菜園などできわめて多くの種類栽培あるいは維持されていたこともそれに加えられるであろう。里山は水田と補完的なビオトープであるが、屋敷林は集落内でのミニ里山として水田と最も直接的なかかわりをもつものであった(図2-2、写真2-8)。

伝統的な集落の家屋、つまり農家の典型的なも

2章 生態系としての農村環境

写真2-9 石垣の上の農家

のは藁やカヤ葺きの屋根をもつ木造のものであろう。それらに隣接して納屋や家畜小屋等をもつのが普通であった。母屋の横手や裏手には薪やソダ、竹の束などが蓄えられていた。村落の多くは水田を見下ろす傾斜地に位置するのであるが、その場合、屋敷地の基礎が石垣で固められるのが普通であった（写真2-9）。

これらの構造物のすべてが各種小動物に隠れ家、あるいは営巣の場所を提供していた。そのひとつひとつについて触れることは不可能であるが、昆虫少年時代の私にとって、このような農家の周囲は、終日を費やしても飽きることのない採集の穴場であった。私は昆虫類の中でとりわけ蜂類に大きな関心を抱いていたので、本書の他の執筆者によっては扱われることのないこのグループについて少々のべることとする。

まず、集団生活を営む蜂類として、スズメバチ、アシナガバチ、野性ミツバチなどがある。

スズメバチの仲間のキイロスズメバチが農家の軒などにフットボールのような大型の巣を懸ける

写真2-10 農家の軒のスズメバチの巣（池田二三高）

のはよく知られている（写真2-10）。樹木などに営巣することは滅多にないので、やはり集落の蜂と言ってよいだろう。アシナガバチ類も同様で、やはり雨水を受けない場所として人家を好むものと思われる。野性ミツバチは自然界では木のウロなどに営巣するが、好適な場所はそれほど多くないようで、農家の壁の空所などによく営巣する。

単独で営巣する狩猟蜂、花蜂の仲間は、自然界では樹木に穿たれた甲虫の脱出孔などのトンネル状の空所に、連続した育児室を営むものが多種存在する。自然にはほとんど存在しない細竹の切口や麦やカヤの切口などは、以前農家の周囲に無数に存在した。カヤ葺き屋根の軒や竹垣その他であるが、それらのトンネル状の空所は、これらの蜂にとって絶好の営巣場所であったため、自然界では見ることのできない数の蜂が農家の周囲でいわば自分たちの集落を形成していたのである。まさに共存的自然環境の典型であると言えたのである。それらの蜂の名前だけ列挙すると、青虫などを幼虫の餌とする、オオフタオビドロバチ、オオカバフスジドロバチ、ミカドドロバチ、フタフジスズメバチ、ホソドロバチ類、チビドロバチ類などのドロバチ類、クモなどを搬入するルリジガバチ、モンキジガバチ、ジガバチモドキ類などのジガバチ類。花粉と蜜で幼虫を養う花蜂では、オオハキリバチ、バラハキリバチ、ホソハキリバチなどが主なものである。また石垣のくぼみなどには、数種のトックリバチ類が壺状の泥の巣を作った。

このような農家は現在までに次々といわゆる近代的家屋に改築されてきた。昔のままの農家の周辺にも、薪やソダ、竹などの集積はほとんど見られず、生態系の賑わいは見ることが稀となった。

一方、かつての農家では、耕作に用いる牛馬をはじめとする家畜類を飼育していたものであるが、それらの排泄物も特殊な生物相を擁していた。また、落ち葉と混ぜて作る堆肥は、豊富な微生物相の場であると同時に、カブトムシ発生の文字通り温床となっていた。

最後に、農家の周囲に作られていた、日々の用をまかなうための小菜園は、農薬使用以前には、きわめて多くの害虫類によって食害されていたものであるが、それらは先に述べた農家の周囲に営巣する蜂類などにとっては、最も身近な食糧源となっていたのである。

2.3　農村生態系の復活に向けて

比類なく豊かであった農村の生態系は、今日見る影もなく凋落してしまったのであるが、それは様々な意味でわれわれにとって重要なものであった。今までに述べてきた生物学的意義に加えて、文化的な意味においてもかけがえのないものであったのである。わが国の文化は洗練されたものとされているが、そのルーツをたどると日本人の原環境とも言うべき農村環境の中にその起源を見出すことができる。それほど昔の話でなくても、われわれにとって身近な自然とは農村的自然であったと言ってよい。たかだか数十年前まで継承されてきた農村的自然は、太古からの歴史をもつ日本文化のバックグラウンドでもあったのである。

先に述べたような農村要素としてのビオトープの有機的総体は、生態学的にはひとつのエコトープと考えられるが、景観として美しいまとまりをもつものであり、われわれにとっての原風景とも

2章　生態系としての農村環境

言うべきものであった。近隣市民にとっては企まざる公園としての役割を果たし、とりわけ子供達にとっては様々の体験を通して自然を知り、能力を身につける場としてかけがえのないものであった。

このような農村的自然を以前の通りに復活させることができるならばそれに越したことはない。しかし、それは不可能に近いことと言わねばならないであろう。なぜならば農村は、第一義的には食糧生産、生活材獲得の場として永い歴史的期間を農民によって維持管理されてきたからである。生物の多様性、景観の美しさ、公園的機能などはいわば付随的に存在してきたものであり、それでなくてさえ労働力不足にあえぐ農民にその復元を期待することは無理な注文と言わなければならないであろう（写真2-11）。

水田を中心とした農村的自然環境を昔のままに復元維持する試みがいかに多くの労力と人手を要する困難なものであるかは、6章において、大阪ガスによる敦賀市中池見地区での、おそらくわが国での最大規模における実験の結果が藤井貴氏によって述べられている。

それでは、現在農村的自然の消滅を座して待つほかはないのかということであるが、幸いなことに、多少の希望を感じさせるいくつかの動向も見られるのである。それらの中で最も大きな期待が寄せられるのは、農水省などによって提案されている、いわゆるデカップリング政策である。わが国の具体的政策は未だ明確でないが、ヨーロッパにおけるそれによれば、農民による環境の維持管理そのものに補助金を賦与することを骨子とするものである。デカップリングの語は、米の政府による買上げ制度が米と代金をカップルとするのに対し、そのカップルを解消するという意味であり、当然それに代わるものとして環境保全のための補助金が支払われることになる。そして、水田の維持はその収穫を期待しない場合でも、水田耕作類似の作業が必要とされることになる。どの程度の作業に対してどの程度の補助がなされるかが問題であるが、本気で取り組まれる場合には全国的規

写真2-11　復元のモデルとしての農村環境

模での農村的自然の保全がある程度可能となるかもしれない。

このような行政の動きに先行する市民運動として、里山管理と棚田保全の活動が知られている。

里山管理運動は十年ほど以前から関西方面で活発化してきたものである。当時大阪府立大学に教鞭を執られていた重松敏則氏が理論的指導者として活躍されたのをその理由のひとつと考えてよいだろう。

里山の現状については先にも述べたが、そのような状況の進行した期間は、都市の未曾有の膨張の期間でもあった。その結果、かつては農村のものであった里山が、都市と市の、とりわけ新興住宅地に隣接、ないしはそれに取り囲まれる状態を生じたのである。そのような都市住民にとって里山の自然は貴重なものと感じられたのである。しかし、その現状は先に述べた通り、人間の利用はおろか侵入をも阻むものであった。そこで市民達が自らの手で里山の自然を昔の姿、つまり共存的自然環境に戻し、公園的に利用しようというのがこの運動の骨子である。密生した樹木を間伐し、林床に陽光と雨水を与え、下草の復活を図るのが主な作業であるが、間伐によって生じた材をどのように処分するかが工夫のしどころで、炭焼きがまをつくって炭にしたり、ベンチや土どめに用いたりするなどのことがされている。いずれにしても、生活の必然性から行うわけではないので、参加者の満足を確保するためのノウハウが重要なこととされるのである。

里山管理にやや遅れてスタートしたのが、棚田の保全運動である。棚田は山間地の急斜面に造成されたもので、最も労力を必要とするものであることから、真っ先に休耕田とされ、または放棄されてきた。しかし景観としては非常に美しく、その石垣は歴史を示すものとして喪失が惜しまれることから、市民が参加しての棚田の保全運動がこの数年間全国的に活発化しつつある。本書では、その主導者である東京農工大の千賀裕太郎氏による一章があるので、詳細はそれに譲ることとして、筆者自身も静岡県下3ヵ所で棚田保全運動にかかわっている。

次に水田の給排水路としての小川についてであるが、それらのコンクリート化、直線化は依然として続けられていると言ってよい。一昨年の河川法改正によって河川の自然性を考慮された河川工事が、少なくとも1、2級河川においてはやや目立つことになったが、水田周囲の小川については明らかな変化はない。それは農村の人手不足により、河川内外の草刈りが不可能になりつつあることから、農民側の要望によるところが大きいからである。

しかし一方、都市に近い小川では、市民団体による小川の自然復元が活発化しつつある。もはや農村環境と言えない状況ではあるが、ホタルの発生条件を整えるなどの運動が各地で見られ、現在筆者が執筆中の三島市内の源兵衛川でもホタル祭りが催されている。

水田の供給水を貯留する溜め池での自然復元の事例も増加しつつある。トンボ池などの名称でその種類の増加が図られているのであるが、その数はホタルの小川と比較すると多いものではない。

最後に、筆者が最近の十年間に亘って従事してきた、いわゆるビオトープについて一言したい。ビオトープの語はそれが一般化するにつれて厳密な学術的意味を離脱して、人間の手によって復元された、より自然らしい環境ほどの意味あいで用いられることが一般的となった。

しかも1ha以下の規模のものが大部分で、行政的には公園・緑地の範疇のものとして管理される場合が多いため、充分な地域自然を復元すること

2章 生態系としての農村環境

写真2-12 静岡大学構内のビオトープ

写真2-13 造成された水田環境

もなかなか困難である。しかし、復元を目標とする自然が本来の身近な自然環境であり、その生態系であるとするならば、そのモデルをかつての日の農村的環境とせざるを得ない。農業環境技術研究所の守山弘氏は、研究所構内に農村の要素的ビオトープを網羅した広大な農村エコトープの造成を行ったことで知られているが、小面積の場合、農村環境に存在した各種生物のハビタットのエッセンス的部分のみをつくることがせいぜい、ということになる。私が静岡大学構内に造成したビオ

2.3 農村生態系の復活に向けて

写真2-14　小屋に設置された竹筒

写真2-15　営巣された竹筒の内部　餌は食い尽くされ、蜂の幼虫等が見える。

トープでは(写真2-12)、500m²という狭い場所に、一応三つの池とそれを連ねる流水部分をつくって水系とし、農家の納屋としての丸太小屋をつくり、その南の側面に薪やソダを積み上げ、竹管を並べた棚を設置した。北側にはシイタケのほだぎを並べ、石垣を模した石積み、屋敷林のミニ版としての植栽などを行ったのである(写真2-13、写真2-14、a15)。

この程度の規模のものであっても、野生生物相の復活に関しては予想以上の結果をもたらした。

33

2章 生態系としての農村環境

自然林を背景とする有利な立地条件にもよったであろうが、かつて昆虫少年時代に出会った昆虫類の多くが出現することになったのである。例えば蜂類に関しては、各種アシナガバチ、単独性のドロバチ類、ジガバチ類、ハキリバチ類の多くが竹筒に営巣し、それに伴って、それらの中で近年絶えて見ることのなかったハラアカハナバチ、トガリハナバチ等を見たときは感激であった。

このように、見る影もなく衰退した自然生態系のメンバーも、決してまだ絶滅したわけではなく、われわれがそれらに最少限の援助の手をさしのべるならば、まだ復活の可能性は充分残されているのだと言うことができる。幸い現在、一般の人々の目も農村に残された貴重な自然や文化的遺産に向けられつつある。われわれはさまざまな点で日本民族の揺籃の地ともいうべき農村環境の復元に取り組んでゆきたいものである。

3章　百姓仕事から見た自然環境

宇根　豊

3.1　水田の生物

　最近「多面的機能」「生物多様性」という言葉が公的な場でよく使われる。しかし、こうした言葉が村の中で、日常生活で使われることはまずない。また、果たしてこうしたことが身の回りに実在しているのかどうかを考える機会も少ない。何よりほとんどの百姓にとっては、こうした言葉で、こうした概念を実感することなどない。だからこのような概念が、農業を豊かにしていく思想として役立つことはないように思われる。たしかに村の表層はそう見える。

　ところが百姓は実は「多面的機能」や「生物多様性」を、別の回路でちゃんと実感してきたのだ。それは従来の農学や農政が見落としていた回路である。しかもこの回路こそが、身近な自然環境をこれ以上荒廃させないための思想を構築していく、最後に残された道であろう。

　また残念なことに未だに次のような言説に出会う。「村の中では、環境問題よりも重要な、米価の下落や減反強化や担い手不足といった重要な問題が山積みされている。」相も変わらず、「生産か環境か」といった二者択一論の類である。しかしそれは「環境」の理解が従来通りの表面的なものだからである。環境は生産の土台に豊かに横たわり生産を支えているものである。二者択一に提起するものではない。実は「生産」は環境をも生産しているという構造を見えるようにしないと、二

写真3-1　メダカ（雄）
（湾岸都市の生態系と自然保護、信山社、1997）

写真3-2　ニホンアカガエル
（千葉県環境衛生局パンフレット資料）

3章　百姓仕事から見た自然環境

写真3-3　ドジョウ
（湾岸都市の生態系と自然保護、信山社、1997）

写真3-4　ヘイケボタル
（千葉県環境衛生局パンフレット資料）

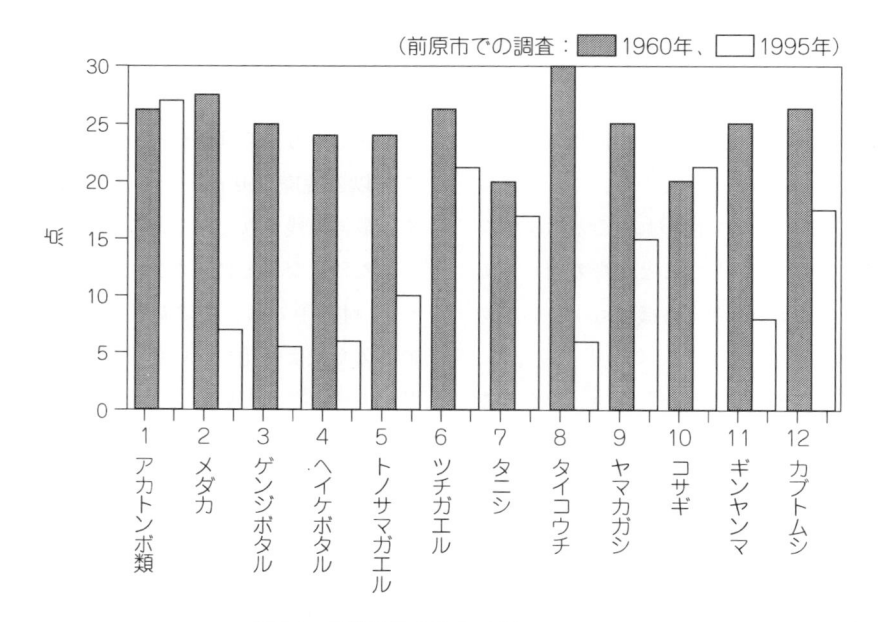

図3-1　農業生物の変化（宇根、1996より）

（前原市での調査：■1960年、□1995年）

1 アカトンボ類　2 メダカ　3 ゲンジボタル　4 ヘイケボタル　5 トノサマガエル　6 ツチガエル　7 タニシ　8 タイコウチ　9 ヤマカガシ　10 コサギ　11 ギンヤンマ　12 カブトムシ

多いもの：30点、やや生息するもの：20点、少なくなったもの：10点、いなくなったもの：0点、として回答を得た。

者択一論は後を絶たないだろう。

1．生きもののにぎわいはどこへいった

　1960年代ほどの危機感はないが、事態はもっと深刻なのかもしれない。あんなに慣れ親しんだ生きものが、いつの間にか姿を消してしまった。天然記念物のような生きものの絶滅なら、みんなが関心を持つ。しかし、田の回りのメダカやカエルやホタルやゲンゴロウが絶滅しかかっていることに対しては、そこに住んでいる住民ですら関心が薄い（写真3-1～写真3-4）。だから、種の減少は、地域ではまだ進行中だ。たとえばPCPに代表される魚毒性の強い農薬が幅をきかした時代にも生き延びて、復活してきたメダカやドジョウが圃場整備によって息の根を止められようとしているし、手植え田の苗代の消滅はトノサマガエルやイモリに決定的なダメージを与えようとしている。図3-1は、福岡県糸島地区で、環境を豊かにする稲作

をめざす「糸島環境稲作研究会」(藤瀬新作会長、会員105人)が、身近な生きものの消長を、聞き取り調査した結果だ。減農薬や有機農業で、「環境稲作」技術で、赤トンボやツチガエルは復活してきたが、ホタルやトノサマガエルやギンヤンマは、なかなかよみがえってはくれない。

百姓は私に言う。「メダカやトンボやホタルじゃ、メシは食えない」と。しかし、同じ百姓が「もう一度、孫をこの川で泳がせてやりたい。あのホタルの乱舞を見せてやりたい」とつぶやくのだ。こうした屈折した心情に、私は出口を提示したいのだ。いつのまにか家の前の小川からメダカが見えなくなる。そのことに感じる違和感を、いとも簡単に流してしまうこの国の日常がある。ここにこそ、くさびを打ち込む議論がほしい。

2. 生物多様性の発見は、そんなに簡単ではなかった

百姓は、稲の生育が、田ごとに異なるのは当然だと思っている。だから、追肥の量などは、田ごとに違うのがあたりまえだ。ところが、田ごとの生き物の差異は、農薬による近代化技術によって、無視され続けてきた。だからその差異や個性の実体は、ほとんど明らかにされていないどころか、明らかにする価値さえ自覚されていない。これでは、田の中の「生きもののにぎわい」の意味など、意識にのぼることなどあるわけはない。だからこそ、あるいはその結果、画一的な共同防除・一斉防除がまかり通り、農薬多投の構造ができあがり、作物の生育阻害要因としての「害虫」だけに目がいくようになったのだった。村の表層はそう見える。しかし、ほんとうに百姓は、生きもののにぎわいに意味を感じることはなかったのだろうか。そんなことはない。従来の農学では、農業観ではそこまで射程が及ばなかっただけの話だ。

たしかに、生きものの多様性の発見は、1970年代の農業技術研究所の桐谷圭治らの「総合防除」の研究によってもたらされ、農業技術の中に組み込まれようとしたが、百姓仕事の中にまでもたらされることはなかった。それは「虫見板」を武器にした百姓たちの「減農薬運動」(1980年代)を待たなければならなかった。減農薬運動をただ単に農薬を減らし、安全な食べものを「生産」する技術改良運動だととらえているうちは、別の回路に出会うことはないだろう。では、どうして減農薬運動は「生物多様性」を農業技術の中に組み込むことに成功したばかりか、百姓仕事の中に自然環境を形成する側面を発見していくことになったのだろうか。

3. 虫見板の三大発見

「虫見板」[注1]は農薬散布の要否を、百姓自らが確かめるための農具として、1979年に福岡県の百姓篠原正昭によって発明され、私が改良し命名した。ところがそれが百姓によって使われはじめると、多くの発見と言葉をもたらし、減農薬運動を幅の広い、奥の深い運動に育てていくことになった。ここでは虫見板がもたらした発見の中から、三つをとりあげ、田んぼの生き物の多様性に接近してみよう。なお、虫見板は1999年末で、全国に約12万枚販売されている。

1) 第一の発見:田んぼの個性の発見(多様性レベル1)

虫見板を手にして、減農薬に取り組む百姓たちは他人の田まで入って、虫をみる(稲作研究部会

注1) 20×30cmほどの大きさの板で、稲の株元につけて反対側から稲株を2、3回叩くと、虫の半数ほどが虫見板の上に落ちてくる．これらの虫を観察して、防除の要否を判断するための農具．

員数：JA福岡900人、JA糸島450人）。「どうしてこんなに、虫の種類と量が違うんだ。」というのが、何より百姓には驚きだった。畦一本隔てているだけなのに、田ごとに虫の種類も、密度も異なるのが不思議だった。そんなことはちょっと考えればあたりまえのことなのに、指導員から指示される共同防除・一斉防除の技術体系にどっぷり浸かってきた身には、新鮮に感じられたのだった。しかもそれまで、こうした虫たちをつぶさに観察する道具も機会もなかったからだ。

この発見は、「田ごとに防除の判断が異ならねばならない」という重要な結論に結びつく。しかも田一枚一枚それを判断するのは、普及員や営農指導員には不可能である。その田を耕作する百姓が判断するしかない。つまり、田んぼの個性の発見は、技術を担う百姓の「主体」の発見でもあった。それにしても、こうした個性と主体性を無視した技術が、40年以上も続いてきたことの責任を誰がとるというのだろうか。

2）第二の発見：益虫の発見・関係性の発見（多様性レベル2）

それまでは、害虫は怖いものだった。どんどん増えていくあの被害を受けたときの記憶がいつもよみがえってくる。ところが虫見板を使い、防除をひかえ、「様子を見る」ようになって、害虫が日に日に減っていくのが見えてきた。虫見板の上で、クモにくわえられたウンカや、寄生虫が腹の中から出てくるウンカをみる度に、益虫が多ければ害虫も増殖しないことを実感できたのだった。さらにへたな農薬散布が、かえって害虫を増やすリサージェンスも目のあたりにすることもできた。

「かつて、クモは害虫だと思って、手でつぶしていました」という百姓の後悔は、農業改良普及員としての私の痛恨でもあった。防除要否が田ごとに異ならねばならぬのは、こうした田の中の生きものの多様性の反映であることが、はじめて見えてきたのだった。虫たち同士の関係性にまで、意識がたどり着いた百姓は、そもそも害虫・益虫という分類すらがおかしいと気づく。「害虫がいなければ、益虫も困る」という認識は虫見板から生まれたのだった。益虫の発見によって虫たちの「多様性」は、積極的に肯定されることとなる。このときの百姓の感動は私に伝染し、「田の虫図鑑」[注2]（1989年）という新しいスタイルの図鑑の製作を決意させてくれた。

さらに、百姓の育苗法や田植え法や施肥法や水管理などの手入れの差異によって、虫たちの数や種類も異なることまでわかるようになると、「減農薬稲作技術」というものが形成されていった。

3）第三の発見：ただの虫の発見・自然環境の発見（多様性のレベル3）

やがて、百姓も虫見板の上の害虫でもない益虫でもない虫たちの存在が気になりだしてきた。生産と関係ないこれらの虫たちの存在が、実は益虫の餌にもなっていて、田の中をにぎあわせ、安定させているのではなかろうか、と好意を持ったときに、突然のように「自然」が発見されたのだ。そういえば、メダカもドジョウもホタルもタニシもゲンゴロウも、益にも害にもならない「ただの虫」だけれど、どうして私たちは好きなんだろう。どうしてこれらの田んぼの生きものを、農業が育てた生きものを「自然」の生きものだと思って育ってきたのだろう、と思ったとき、生産に寄与

注2）この図鑑は、害虫とその点滴をセットで、しかも水田の中で撮影した生態写真で示している．また、害虫でも益虫でもない「ただの虫」という分類も提案している．この図鑑によって、虫たちの世界は百姓の掌中にのったと言える．

しないもうひとつの農業世界の豊かさが見えてきたのだった。つまり、メダカやホタルがいない川よりいる川のほうが、蛙やトンボがいない野辺よりいっぱいいる野辺のほうが、好ましいと思う自分を発見したのだった。そのほうが自然に恵まれている、自然が豊かだと感じる感性がよみがえってきたのだ。ここに来て、生き物の多様性ははじめて、人間が生きていく環境の価値として、百姓によってとらえられたのだった。

こうした日常の感動を表現することなく、評価することなくただ単に「生産」の技術だけが説かれてきた40数年を振り返るのだった。虫見板の使用がなければ、未だに田んぼの中の生きものの多様性は発見されることなく、眠り続けているのかもしれない。

4．農業にとって「自然」とは何だったのか

ところで日本人にとって、とりわけ百姓にとって「自然環境」とくに農業生物でもある「自然」の生きものはどうとらえられてきたのだろうか。「赤トンボ」（ウスバキトンボ・アキアカネ等）を例にとってみよう。私たちの調査では、多い田では、10aで5,000匹の「ウスバキトンボ」が羽化している（このトンボは東南アジアから飛来し、田んぼに産卵して増殖する）。八郎潟では秋アカネが15,000匹/10aという報告もある。図3-2は、「赤トンボが田んぼで生まれていることを知って

いましたか」という問いに対する、平均年齢74歳の百姓の老人クラブでの回答である。この「無知」は決して驚くべきことではない。百姓の青年たちに尋ねたら「無知」率は80％を越える。さらに、田んぼで見て知っていた、と答えた百姓に「では、そのことを誰かに話したことがあるか」と問うと、ほとんどの人が話したことはないと言う。

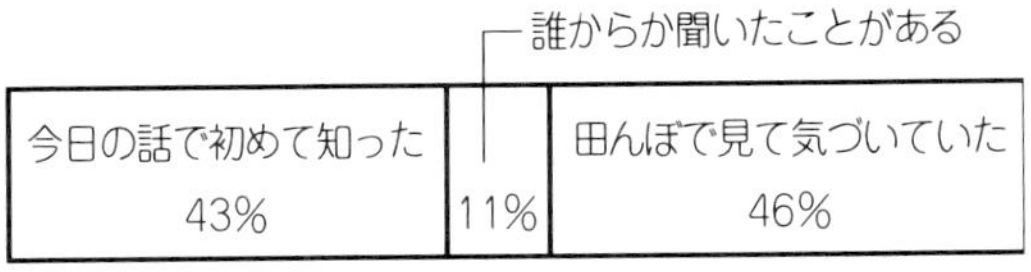

つまり、百姓にとって、赤トンボなどの農業が生みだす自然環境は、ことさら対象化するものではなかった、と言っていい。未だに多くの「自然環境」は農学や農業技術の外にある。「生産」の外にあると言ってもいいだろう。これは百姓の責任ではない。まして戦後の近代化技術は、狭い「生産」の技術に堕していったから、ますます「自然」が社会の表面に登場することがなくなった。少なくとも百姓仕事の成果としては。

ところで、「自然」という言葉が明治20年代に、Natureの翻訳語として使われる前までは、「自然」は「コト」「モノ」としか呼ばれていなかった、そうだ。よく今でも使う「そんなものだよ」「そういうことだよ」というモノ・コトに近い。つまり所与のモノ・コトとして、そこに当然のようにあるモノ、当たり前におきるコト、なのだから、意識的に観察されたり、分析されたり、対象化されることはなかった。赤トンボにしても、風物として鑑賞されるだけだった。水田稲作がこの国で開始されて2400年間、赤トンボが田んぼで生まれていること、百姓仕事によって育てられてきたことは、一度も自然の要素として、あるいは自然に影響を与えるものとして表現されたことはなった。だから、このことを表現し、評価することは、新しい営みだと言えよう。しかもそれは、新しい評価を求めることにつながっていく。

今日の話で初めて知った 43%	誰からか聞いたことがある 11%	田んぼで見て気づいていた 46%

図3-2　赤トンボ類（ウスバキトンボ、アキアカネ等）が水田で生まれていることについてのアンケート（宇根、1996より）
（対象：前原市、平均年齢74歳の百姓28人（1995年））

3.2 農業生産技術

1．土台技術と上部技術

そこで農業技術を図3-3のように、「土台技術」と「上部技術」に分けてみる。村には、指導員が指導しない技術がある。技術書に載っていない技術が、厳然としてある。マニュアル化できない技術がそれである。生産に直結しないので、省かれやすい技術がある。一人一人の百姓の思いに支えられた技術がある。それを「土台技術」と私は命名する。たとえば、1日何回田の見回りをするか、畦草切りはいつするか、畦塗りの厚さは何cmにするか、オタマジャクシをどう生かすか、などという土台技術は、技術指導の対象にはならない。指導できないのだ。それは普遍性がないからではない。科学的に解明できないからではない。多様な個人によって、多様に展開されているから、一括りにするだけの力のある技術論や指導論がないだけの話である。

一方、指導員が指導し、試験場が研究するのは生産を直接上げる技術である。これを「上部技術」と呼ぶことにする。「葉色が4であれば、窒素は3kg追肥」というマニュアル技術は単なる上部技術だが、「うちの田は下層土が肥えているので、追肥は基準の半分でいい」というのは土を経験で把握するという土台技術がなければ形成できない。こういうように土台技術と上部技術が密着している状態をかつて「技能」と表現した。本来農法は、上部と土台に分解できないものであった。

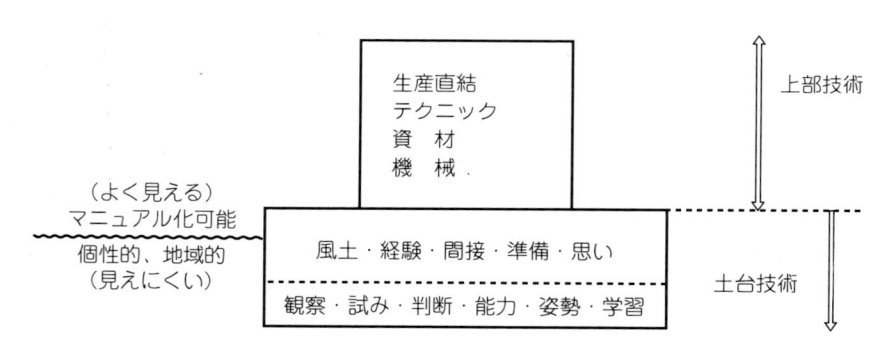

図3-3　「土台技術」と「上部技術」のイメージ

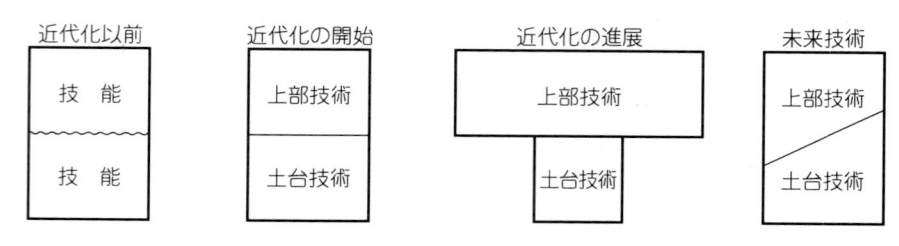

図3-4　農業技術の時代変化

ところが近代化技術以降、平気で切り離し、しかも上部技術だけを独立して扱うようになった。したがって近代化技術は例外なく「上部技術」である。この変化を図示すると図3-4のようになる。こういう土台技術があったから、化学肥料による追肥技術（上部技術）は百姓によって、使いこなすことができた。

「土台技術」は直接作物に働きかける技術ではないが、「土台技術」がなければ「上部技術」も成り立たない。一見土台技術なしに上部技術だけで成り立っているように見える技術もある。それは、土台技術が希薄になっているか、もしくは土台技術が見えなくなっているに過ぎない。近年百姓の手抜きをとがめて「基本技術の励行」なるスローガンが掲げられているのを見る。しかし主要な上部技術を「基本技術」だと位置づけして、その実施だけを迫る指導では、いよいよ土台技術は空洞化していき、上部技術すら成り立たなくなることがわかっていないのである。

2．土台技術の崩壊と自然環境の破壊

農業の近代化は、「上部技術」の高速化し、「土台技術」を省力化することによって成り立ってきたと言えよう。ところが、農業が生み出す「自然環境」はこの土台技術によって、支えられてきたのである。たとえば畦草切りのタイミングによって彼岸花は美しくも見苦しくもなる。畦は田回りの百姓の足に踏みしめられて、崩れなくなり、植生も安定していく。毎日田回りするから、オタマジャクシの成長も目に留まる。しかし、とうとうこの「土台技術」までも崩れはじめている。近代化農業の「上部技術」偏重は「土台技術」までも腐食させ、百姓の誇りまで奪っていく。「土台技術」の特徴は、それがきわめて個人の「意欲」に直接起因しているということだ。何しろ手抜きし

ようと思えばいくらでもできる。その人ならではの動機があればこそ、その人は毎日でも田に足を運ぶ。つい畦草切りも丁寧になる。他人から言われてする仕事ではない。1日に2回田まわりをするか、2日に1回するかは、本人が、くらしの一部として決めることだからだ。だから、マニュアル化しにくい。しかも、その技術は「上部技術」よりもさらに、個別的、個性的になる。

それにしても、自然環境を豊かにする技術は、上部技術には見あたらず、なぜ土台技術にあるのだろうか。なぜ「自然環境」は上部技術ではつかめず、土台技術でつかめるのだろうか。むしろこう考えてみたらどうだろうか。「近代化技術」には上部技術のみで、十分成り立つものだ、という思いこみがあった。「上部技術」だけ見ていると、農業が形成する「自然環境」がいかに多様であるかという、理由がわからない。つまり田植えの方法や肥料の量や品種が同じなのに、どうして田ごとの生物に差があるかが、わからなくなるのだ。休閑期の百姓の手入れの違いと、立地条件の違いに目が行かないからだ。しかも、近代化された「上部技術」によって、自然環境が破壊されてきても、それを復元する技術が「上部技術」にはないことに気づいたとき、「土台技術」の存在に目を向けるべきだったのに、そうしたまなざしが（技術論が）これまで存在しなかった。たとえば、「総合防除」の理論はあっても、虫見板による観察と判断がなかったから、農薬を減らしていく技術は形成できなかった。

3．生きもののにぎわいは、管理しやすいか管理しにくいか

ところで、生きもののにぎわいはほんとうに望ましいことなのだろうか。駆除・排除・防除の技術が隆盛を極めていた戦後の長い時期、虫一匹い

ない田、草一本生えていない田が、理想のように見えてしまったのも事実だ。殺虫剤や除草剤がそれを可能にしたように見えた。たしかに、上部技術だけで見るなら、生きもののにぎわいは邪魔だ。生育に影響する要因は少ないほうが、コントロールしやすい。しかし、百姓は虫や草を根絶することは、不可能だと経験で知っていた。いかに、折り合うかが技術の要諦だった。生きもののにぎわいをうけとめ、うけ容れざるをえなかったのだ。そのために土台技術が発達した。それらは「上農は草を見ずして草を取る」「夏虫はこやしになる」「腹八分目の肥が肝要」「田をつくるより、畦つくれ」という具合に表現されてきたものだった。現在でも、土台技術が深まれば、生きもの多様性を生かした技術が生まれる。ジャンボタニシやカブトエビによる除草がいい例だ。カブトエビでいかに水を濁らせるかは、細心の観察と深い洞察、大胆な試みと貪欲な情報収集力の結果、見事に福岡の百姓藤瀬新策によって技術化された。また前原市では、イネを食害する「害虫」で駆除の対象でしかなかったジャンボタニシに「稲守貝」という愛称までつけて、地域ぐるみで活用するようになったのは百姓田中幸成らの「稲守貝研究会」のまなざしの深さによる。

メダカがいる川のほうが、いない川よりいいと思う感性はどこからくるのだろうか。なぜ日本人は、夏空を群れ飛ぶ赤トンボをいいなあと思うのだろうか。なぜこの国の国民はホタル好きになってしまったのか。私たちは考えたことがあったろうか。そうした感性を軽視し、無視してきたパラダイムを転換しなければならない。農が生み出した生きもののにぎわいを対象化する科学は、生きもののにぎいをいつくしむ文化に支えられてこそ可能になる。

「生きもののにぎわい」こそが、田畑のみならず農村の生態系を安定させるという仮説を実証しようという研究は、あるいは村の中の生きもののにぎわいにダメージを与える環境の変化の研究は、守山弘の先駆的な業績にもかかわらず、ダイナミックは展開を見せてはいない。それは環境を農業技術(百姓仕事)に組み込むことが困難を極めているからである。それを百姓の土台技術に求める回路を発見できないでいるからである。

4．技術の多様性をどう見るか

土台技術が深ければ、画一的な上部技術もとりいれることができる。田ごとの地力差にもかかわらず、化学肥料による穂肥が村中に普及しているのがよい例だ。また土台技術が深ければ、多様な上部技術もうけいれることができる。同じ地域で、合鴨や紙マルチやジャンボタニシやカブトエビによる除草法が咲き乱れることができる。そして、実はこの「農法の多様性」が地域レベルで生きもの多様性を保存していくときに大事になっていく。いくら風土や土台技術が多様(個性的)であっても、上部技術が同じなら、生きものの多様性も幅は狭まらざるをえない。合鴨の田では蛙やトンボが減り、ジャンボタニシの田では草や草につく虫たちが激減し、紙マルチの田ではカブトエビが減っていく。これは良いか悪いかという問題ではない。それぞれの農法はそれぞれの特長のある環境を形成するということだ。もちろん好き嫌いはあるだろう。

だから、表3-1のように、同じ地域の中で多様な農法が花咲くことはいいことだ。では農薬という上部技術はどうだろうか。土台技術の差異を超えて、あまりにも周辺の生きものに影響を与えすぎる。土台技術で御しきれないのだ(同じ農薬を使用しながら、散布後の生きものに差異があることは、農薬の免罪にはならない。むしろ風土の、

表3-1　福岡県糸島地区の無農薬・有機農法における除草法の多様性

除草法	実践者数(人)	普及面積(ha)	生息面積(ha)	今後の可能性(ha)
ジャンボタニシ	74	100	1,200	500
カブトエビ類	12	8	1,500	50
合鴨	24	12		20
紙マルチ	3	1		5
赤浮草	12	2		20
米ぬか	8	3		10
中耕深水稲作	11	3		25

水田面積は、前原市：2,000ha、二丈町：600ha、志摩町：700ha。

田んぼの多様性の力を示しているものだろう）。

5．生産に関係しない生きものの存在をどう考えるか

ただの虫の存在が「自然」の発見につながったことは前述したが、そうした生きものをただ好ましいというだけで、農業技術の中に埋め込むことができるだろうか。ここに厄介な問題が浮上してくる。こうした自然の生きものの生死に、農業技術がどう影響しているかを把握することは、土台技術の役割とはいえ、なかなかしんどいことなのだ。なにしろそういう研究はほとんど皆無だったから。しかし、私にはこれからの試験研究にとって「環境の技術化」は避けて通れないどころか、農業技術の最大の課題であるように思われる。

先日ある地区の稲作研究会で、田んぼの中のヒメモノアラガイ・逆巻貝をホタルの餌だと知っていた百姓は72人のうち一人もいなかった。「作物」は対象化したのに、未だに「環境」は対象化されてはいない。これではいけないと思う。ヒメモノアラガイなど視野の外に置きながらひたすら百姓仕事にいそしむだけではもはや環境は守れない。それほど上部技術が肥大化してしまったからだ。どうしても環境を対象化して、意識の中心部に押し出していかねばならない。ただ対象化するというと、どうしてもこの国では、科学的に分析するという手法になってしまう。科学信奉が行き渡っているからだが、科学的な手法は有効だが、やはり一枚一枚の田んぼや村々の環境を、そこに住んでいる住民や百姓が実感し、自ら評価する営為が伴わないと、「土台技術」が形成されないだろう。赤トンボを、メダカを、平家ボタルをも育てる稲作技術ができたとして、それに価値を見出し、自ら主体的に行使する百姓が増えていかねばならないからである。

カブトエビの作り出す濁り水による除草作用の技術化によって、有機物、ミジンコにはじまる食物連鎖に、百姓の目がいくようになった。合鴨稲作の技術化によって、田んぼの中の生きもののにぎわいは、資源（合鴨の餌）として見えるようになった。

ただ、生きもののにぎわいを取り戻すこと、つまり環境を豊かにする課題を農業技術だけがひきうけるわけにはいかない。むしろその前に、そうした生産に必ずしも寄与しない「農業生物」に代表される「自然環境」を、国民みんなのタカラモノとして評価し大切にする文化（それはそうしたものを生みだす農業を大事にする文化と同義だが）を育てなければならない。ただ、そういう「環境の社会化」は最終的には政策に反映されなければならないとは言え、当面は農業生物の豊かさを言葉にして、国民に発信していく百姓の努力

が必要だ。頭の中から生まれる言葉ではなく、実感として語るためには、技術化の質が問われるのかもしれない。昔は当然のようにそこに存在していた農業生物を、農が生みだしたものだと胸を張り、表現していく百姓たちの姿は、まぎれもなく今までなかった新しい文化なのだ。そのことに農学者や行政は手を貸さねばならない。

6．生産の概念を変える

　生きものの多様性や環境を視野に入れてくると、どうしても従来の、といっても戦後の近代化による「生産」という概念の貧困さが気になりだす。つまりこれまでは、生産力が高い状態とは、生産量（収量）が高いことを意味していた。近代化技術はいかに収量を上げるかを目的としてきた。しかしその結果、土はやせ、水や空気は汚れ、生きものは激減し、風景は荒れ、エネルギー収支は化石エネルギーの多投により、投入したエネルギーの方が生産した食べ物のカロリーより多くなってしまった。また農業の衰退はとくに都市部や山間地の地域社会の活力をそぎ、多くの百姓は生きがいを見失い、そもそも安全であるはずの食べ物の安全性さえ疑われている。これは果たして、生産力が向上したと言えるのだろうか。さらにこうした「農的環境」が貧困になることによって、収量を維持することも困難になってきている。図3-5では、未来の技術は収量だけでなく、これらの環境をも豊かにしていかねばならないことを表現してみた（八角形の外側にふくらむほど、その指標が豊かであることを示している）。このように、生産力のパラダイムを転換していく中で、はじめて生きものの多様性もまた、生産の大切な一翼を構成していることが認知されていくだろう。

　これからの農業は、有機減農薬栽培による「安全性」の追究からさらに進んで、自然環境を形成する農業技術としての体系を持たねばならないだろう。戦後の近代化技術の開発は、上部技術に偏っていた。だから、普遍性を持ちえたのかもしれないが、画一化に陥っていった。あれほど先駆的な「総合防除」の技術も、試験研究機関内で上部技術として完成させようとしたために、百姓の土台技術をあてにしようとしなかったために、多様な展開ができなかった。総合防除つまり、IPMで言うManagementの主体は百姓でなければならなかったが、その位置づけが不十分であったためだ。

　これからの環境形成を射程におさめる技術は、土台技術をベースにするから、人間的で風土的、個別的で多様に見え、普及性や普遍性がないように思えるだろう。また画一的な「指導」やマニュアル化が、しにくいものになるだろう。県下全域に通用する技術ではなく、その地域、その田んぼ、その百姓にしか通用しない技術こそが、最良の技術かもしれない。だからこそ、試験研究の態勢もそれに対応した姿勢と思想を持たねばならないだろう。完成された上部技術を百姓に普及しようとする姿勢ではなく、土台技術を刺激するだけ、素材を提供するだけ、問題点を鋭くえぐるだけの研

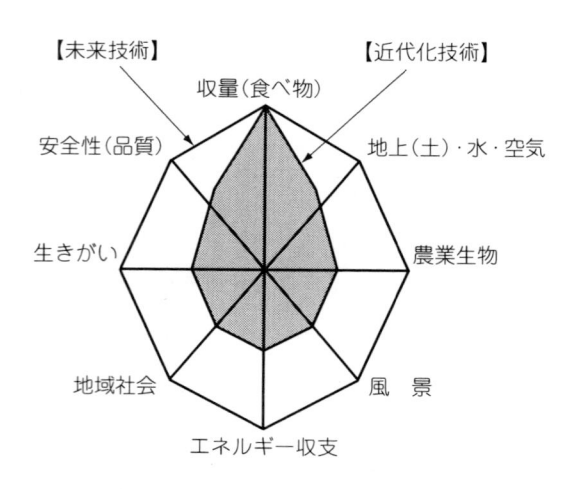

図3-5　生産力の概念の脱構築のモデル

究でもいいと思う。それを受けて、百姓がボールを投げ返せばいいのだから。「まだ研究段階だから」などという排他性は葬らねばならない。土台技術は百姓の田畑でなければ深まらないのだから、少なくとも試験研究の土台となる情報は、田畑に降り立たねば得られない。そこには人間と「自然環境」の豊穣さが手を広げて待っている。自然環境の対象化という面から見ると、すべての田畑が形成途上の「研究田」である。もちろん研究員とはその田の百姓である。

7．土台技術という概念の有効性

ところで、土台技術は百姓だけのものではなかった。「土台技術」が子どもたちや消費者の感性に、よくうったえることがわかってきた。ここに人間にとって大切なものがあるからなのだろう。田んぼは2400年間、ずっと稲を育てる仕事をするところであった。ところが最近になって田んぼを、学んだり、遊んだり、楽しんだりするところにしようとする試みが全国各地ではじまっている（写真3-5）。かつて、村の子どもたちにとって、田んぼの仕事を手伝いうことが、学び、遊び、楽しむことであった。それを新しいスタイルでよみがえらせようというのである。これを「田んぼの学校」と呼ぶことにしたい。主催者は百姓でも、農協・生協・役場でも、小学校・中学校あるいは大学でも、かまわない。

意外なことに、稲作のことや田んぼのことは、表面的なことしか伝わっていない。だから「農」のことをもっと広く深く教える新しい「理論」が必要なのに、相変わらず面積や生産高などの数値化できる世界や、技術にしても田植や稲刈りという上部技術の体験に終始している。私は「土台技術」こそ伝えるべきだと提案したい。農業の近代化は、田んぼから子どもだけでなく、人間を引き離してしまった。いよいよ百姓仕事の土台部分は見えなくなっている。

百姓仕事の中の、驚きや楽しみ、難しいところ、迷うところを、工夫して、子どもたちに体験させたい。たとえば「共生」という言葉がある。でも

写真3-5　地域の住民も参加した棚田での田植え（伊豆松崎町、提供：秋山恵二朗）

「自然との共生」ということを、頭の中だけで理解していると、「向き合う」「つきあう」「折り合う」「ゆるす」、あるいは「あきらめる」「ほっとする」「誇りに思う」などという、自然との共生を仕事の中で支えている百姓の実感が見えて来ない。「生物多様性」という考えも、自分自身で実感できなければ、何になるだろうか。また農業の「公益的機能」「多面的機能」も、実は人間のかかわりのないところで発揮される「機能」ではなく、人間がかかわった「めぐみ」として実感していきたい。つまり「田んぼの学校」の深い目的は、百姓仕事を「自然環境」につなげていく"まなざし"を獲得することにある。

8．「自然」の土台に横たわる百姓仕事

従来の価値観で田んぼを眺めていても、現在の農業の荒廃した状況が見えるだけだ。厳しい労働、もうからない生産、後継者がいない村、不便な田舎、いつも農業は工業的な価値観や都市生活との比較によって表現されてきた。「田んぼの学校」は、農業のつらさや、不便さや、悔しさを一面的に教えようとは思わない。農業の優しさや、楽しさや、充実感や、安らぎを伝えようと思う。そのためには、生産という現象の土台にあるモノ、カネにならないコトに目を向けたい。百姓が、実感として感じている「農」からの「めぐみ」をあらためて見つめ直したい。百姓が自分だけのめぐみ、つまり私益と感じていることが、実は公益だというしくみを明らかにしたい。それを、子どもも都会人も「めぐみ」だと感じている事実に注目しよう。ここに「土台技術」を「教材」にする理由がある。

百姓が感じとれる世界は、必ず子どもたちにも伝わるものだという確信を持ちたい。朝露に稲の葉の上のクモの巣が輝く瞬間や、昼の田んぼの稲の香りにむせるような空気の濃さや、夕刻の田んぼの上に集まって群れ飛ぶ赤トンボに感じるあこがれにも似た感情、夜の田んぼの横の畦を通って家路を急ぐときのホタルの輝きの幽玄さ、これらの世界の土台に百姓仕事が横たわっていることは、表現されることはなかった。そのことを伝えなくては、人間がなぜ「労働」によって生きていけるのかの本質を、子どもたちがつかむチャンスは失われることになる。

だから生産よりも、その土台になっている「めぐみ」を生み出す「仕事」を具体的に伝えたい。相手が「感じとる」ように伝えたい。

3.3　農業のもつ多面的機能

1．多面的機能はどこに存在するのか？

「農業は環境にやさしい産業である」と言われているが、百姓は実感でいわゆる「多面的機能・公益的機能」＝「環境」を守る技術は、今までの生産技術にまったくないことに気づいている。こういう視点で多面的機能（公益的機能）と環境技術の関係を掘り下げてみよう。

【水田の「多面的機能発揮技術」の不在の実例】

① よく引き合いに出される水田の「洪水防止機能」は、稲作技術には存在しない。雨の激しい時には、百姓は田に水を張らないようにしている。それは稲と田を守るためである。洪水防止機能を高めるには、畦を高くすればいい。しかし棚田の畦は低い。わざとオーバーフローさせて、崩壊を防ぐのだ(写真3-6)。平坦地でも、百姓は田の水口を落として、できるだけ水を早く排出するようにする。畦の決壊を防ぎ、また稲を冠水させないためである(そうは言っても、結果的に水はたまり、洪水は防止される。それを、ちゃんと評価して、稲作技術にしようとする思想が不在であっただけである)。

② 「水質浄化機能」は、ほとんど冗談としか思えない。田は水の中の養分を、できるだけ稲に吸収させるように水管理されてきた。水は養分を溶かし込み、集める、いわば田んぼの手足であって、水質を浄化するというような発想は全く存在しなかった。まして、除草剤で草を排除する近代化技術によって、「浄化機能」は低下するばかりである。除草剤による水質汚染・土壌汚染はダイオキシン含有除草剤CNPによって、全国に広がっていることが明らかになっている。

またかつては、代かき後や田植後の田んぼから流れ出る水に含まれるプランクトンや養分は、多いほど川や海の生き物を豊かにしてきた。水田から流れ出る「負荷」によって、水系は豊かになっていた側面を見落としてはならないだろう(そうは言っても、BODが3ppm以上の汚れた用水では、結果的に水は浄化されてきた。ところが、BODがそれ以下のきれいな水のところでは水田は汚染源であるという言い方もできる)。

③ 「水源涵養機能」も技術化されてはいない。水田が水を、大事に大事に繰り返し繰り返し、使い続けてきたのは、水が足りないからである。たしかに田植えが終わると、井戸の水位は上昇する。しかし、百姓に水源を涵養しようという気はさらさらない。田植後の川の流量がいかに極端に減ってしまうかを思い浮かべるといい。

④ 「生き物を育てる機能」ぐらいは技術化されてもよさそうだが(現に福岡県糸島地域などでは先駆的な事例が現れているが)、ほとんど手つかずである。現在の稲作技術にオタマジャクシやメダカやトンボのヤゴやゲンゴロウやホタルを殺さない水管理の技術は全くない。農薬散布技術も減農薬運動による「虫見板」の登場以前は、害虫排除一辺倒であったし、いわゆる「農業生物」の実態は、ほとんどつかめていない。

つまり生産に直接寄与しない生きものを射程にとらえる「土台技術」が成立しなければ、農業が「生物多様性」を育て守っていくことは無理なのである。

⑤ 「風景を形成する機能」は実感しやすい機能にもかかわらず、技術に組み込まれることはなかった。畦草切りの労働はコストを引き上げていると、目の敵にされている。コンクリート畦

写真3-6 棚田では畦を低くし、大雨の際はオーバーフローさせて水を早く排水できるようにしている (伊豆松崎町、提供:秋山忠二朗)

3章 百姓仕事から見た自然環境

畔を理想とするような近代化思想から、棚田を愛する心が育つはずはないだろう。畔草切りが、水田生態系の維持にどれほど大きな役割を果たしているのかを、急いで解明せねばならない。それにしてもなぜ、現在の稲作技術はこうした「多面的機能＝公益的機能」を発揮させるような構造を持ち合わせていないのだろうか。

実は、こうした「公益的機能」は、もう一つの「公益」と対立する構造にある。もう一つの「公益」が、かつては唯一の「公益」であった。つまり、「食糧の増産」が、それである。したがって前述の公益的機能を、生産との関係で分析すると、①水を貯めすぎると、稲の生育が悪くなる。②水質をよくするために肥料を減らすと、稲の生育が悪くなる。③地下水を増やすために土の透水性が増すと、稲の生育が悪くなる。④田植え後の生き物を守ろうとして、水を貯めっぱなしにすると、稲の生育が悪くなる。⑤しっかり、頻繁に田んぼの足を運ぶようになると、稲作の労働生産性は低下する。

つまり新・農業基本法が言う「多面的機能・公益的機能」はいままで意図的に、近代化技術によって、視野の外に追いやられていたと言うべきではないだろうか。ここに多面的機能が技術化されていない原因がある。稲の生産性より「環境（新しい公益）」を重視しようとするなら、そのための農業技術と、そのための農業政策が必要であろう。決して「多面的機能」は空論ではなく、実体があるのである。それでは、そのための技術はどうしたら形成できるのだろうか。次にそれを考えてみよう。

2．結果でもいいじゃないか、でいいか？

その前に、世間に通用しているやっかいな言い分に反論しておかねばならないだろう。それは「農作業の結果として形成されているものであっても、形成されているのは事実だから、それはそれで評価すればいいじゃないか。そもそも農業技術とはそういうものなのだ。」という類いのものだ。こうした主張が無意味だとは思わないが、こういう地点にとどまっていては困ることが多いのだ。この主張には三つの無理がある。

① 意識しないものを胸を張って、自慢できるだろうか。

多くの百姓が、日常的に多面的機能を口にすることに躊躇する理由がここにある。

② 意識しないものは、実体を表現しにくく、まして百姓仕事との関係の本質をつかむことはできない。

したがってほとんどの百姓が、多面的機能を百姓仕事の中に埋め込むことに失敗している。

③ その結果、生産の技術と環境形成の技術が同じものだという誤解を与える。

現行の技術が一方でちゃんと環境も形成しているからいいという安易な位置に落ち着かせてしまう。

実は現行のほとんどの「環境論」「技術論」がこの地平に留まっている。このぬかるみに足を取られている。つまり「環境」が従来の生産の概念から大きくはみ出してしまうからである。この隘路を克服するには、三つの方法があるだろう。

① 従来の生産力概念の脱構築が必要だ。すでに前述したが、このことは農業の全体像を再構成することにつながる。そこでは「農業」ではなく「農」という概念が提起されるだろう。

② 上部技術だけで考えるのではなく、「土台技術」の概念を持ち込む。つまり百姓仕事のなかの自然環境を形成する、必ずしも意図的ではない仕事に光をあてるのである。このことは後で詳述する。

③ 生産とか、機能とかいう概念ではなく、生きていく場に大切な「めぐみ」として「環境」をとらえる習慣が、現に存在していることに注目すべきだろう。カネになろうとなるまいと、自然とかかわり続けねば、生きる場が荒れていくという無意識が伝統としてこの国にはある。それを再評価していくのである。

3．機能ではなく、めぐみであった

百姓は「多面的機能（公益的機能）」をどうとらえているのだろうか。農業の持つ「多面的機能」に着目する論は、この国の農業を守っていく新しい思想のように見える。しかし、「多面的機能」や「公益的機能」と呼ばれる考え方は、百姓仕事の中から出てきた思想ではない。その証拠に、いわゆる公益的機能を守る技術は、現代の稲作技術にはないことは前述した。次に、もっと大切なことがある。百姓は決して、こうした機能を「公益」だとは思っていない、ということである。なぜなら、これも前述したとおり、百姓にとって長い間、「公益」とは「生産をあげる」ことでしかなかった。「国民に食糧を供給するために、日本農業はある」と言われつづけてきた。そのためには生産に寄与しないものは犠牲にせざるをえなかった（言うまでもなく、百姓は決して国民や国家のために百姓し続けてきたのではなかった）。ところが現在「公益」だと言われはじめたものは、かつては「私益」として、かえりみみられなかったものばかりである。夏の熱い日差しを避けるために植えた緑樹（私益）や、ホタルが交尾しやすいようにと残した小川の横の茂み（私益）は、生産効率を上げるための圃場整備の邪魔になるといって、伐られてしまった。今となって都会からやって来た人にも木陰を提供するとか、ビオトープには茂みが必要だ、などと言われても困る、というのが本音なのである。

いつから、どういう理由で「私益」は、「公益」に格上げされたのだろうか。釈然としないままである。深い反省と後悔もないまま、世の中はいつの間にか、確実に変化して来たようだ。しかし、行政はともあれ、百姓にとっては、カネにならないモノ、つまり「私益」の大切さは身をもってわかっていた。「公益的機能」などと難しく言うから、つい百姓も借り物の言葉で、「洪水防止」「水源涵養」「大気浄化」「生物育成」「保健保養」などと表現してしまう。自分の言葉でないから、説得力に欠ける。そこで発想を変えて、「それでは、あなたが百姓をしていて、いつも感じている"めぐみ"とは何ですか」と尋ねてみるといい。言葉はとめどなく湧いてくる。「田の草取りをして、ふと顔を上げると、赤トンボが、集まって来てね、私のまわりを舞うのには、感激するね」「畦草刈りを終え、棚田の一番上の畦に腰掛けて、見下ろすときは、繰り返し繰り返し、田をつくってきた先祖からの時間の流れにジンとくるな」「家の前の水路で、子どもたちがメダカやフナをとっているのを眺めるのはいいもんだ」という具合だ。でも、こうした実感は自己満足の、きわめて個人的な感慨に過ぎなかった。もっともこうした「私益」が身近な地域を支えていることは、当たり前すぎて、公言する必要のないものだった。

4．機能ではなく、百姓仕事であった

機能というと、百姓仕事がなくても、百姓がいなくても、発現するような印象を与える。しかし機能でとどまっている限り、「環境」は百姓のものにならない。つまり技術の中に埋め込むことができない。そこで「仕事」の全体性をもう一度回復すべきではないだろうか。土台技術と上部技術に分離した技術をもう一度「仕事」として、まと

めていくのだ。ところがここに大きな困難が横たわっている。たしかにほとんどの百姓仕事は、カネにならない部分を多かれ少なかれ含んでいる。それは多くが「土台技術」である。ところが百姓にすら意識されていない場合、それは土台技術ですらない。

オタマジャクシを例にとって考えてみよう。オタマジャクシは田んぼの生物多様性の支える重要な生きものである。それはカエルの産卵数が並はずれて多いことにも表れている。田植後の田んぼの多くの生きものが集まってくるのは、エサが多いためである。そのエサとは、微生物であり、ユスリカであり、そしてこれらを食べて増えるオタマジャクシである。オタマジャクシがいなければ、田んぼの生きものは極端に貧相になっていく。しかしそのことはまったく技術的に表現されていないし、評価の対象ともなっていない。多くの百姓はオタマジャクシの生き死にに無関心である。そのように見える。でもほんとうにそうだろうか。

田植前に多量の雨が降って田に水がたまる。しかしカエルは鳴かない。代かき前には必ず田に湛水する。しかし、その日の夜にはカエルは鳴かない。代かきが終わった田だけが、夜になるとカエルが盛んに鳴きはじめる。カエルは代かき後の田でないと産卵に向いていないことを察知している。つまりカエルは百姓仕事を見ていると言ってもいい。生態学者なら、代かきという生態攪乱に適応していると表現するところだろう。もちろんカエルが代かき後かそうでないかを関知するしくみはいくつか考えられる。解明されてはいない。

一方、百姓はそうしたカエルを見ていない。従来の上部技術ではカエルは対象外である。これではカエルの繁殖は、単なる代かきという農作業の「結果」でしかない。しかし、百姓は必ずしも見てないわけではない。赤トンボの場合と同じ構造

がここにもあることに気づく。減農薬技術によって、百姓は赤トンボを意識しはじめた。同じようにオタマジャクシを意識する技術を形成すればいいのである。それはカエルを対象化し、カエルに価値を見いだす技術が生まれるまでは無理なのだろうか。そうではない。カエルが役に立とうと立つまいと、落水でオタマジャクシが死ぬのを、すまなく思う、嫌だと思った時に、もう「環境の技術」は形成され始めている。「オタマジャクシがいる間は、落水しない」という技術がそこにある。

5．環境をどう評価していくか

百姓仕事が生み出す「自然環境」を公言していくときに、環境をどう評価するかは難題である。そこで福岡県糸島地域の「環境稲作研究会」のメンバーの取組みを最後に紹介する。会員の水稲作付面積250 haは、地域の水田の約10％に及ぶ。しかも会員の水田の1/4の65 haが無農薬である。耕作水田の全部および一部を無農薬で栽培している人数は2/3を越える。彼ら自身によるCVM法による環境評価の結果を最後に見てみよう。ここには会員の自然環境への意識と、環境稲作技術のレベルが見事に反映している。これらの回答金額のばらつきに着目して分析してみた。

【質問1】あなたの家のまわりにの水路には、かつてはホタルが乱舞していました。しかし今はまったくいなくなりました。もし、かつてのように100 mに500匹ぐらい復活できるとすれば、あなたはどれくらい負担してもいいですか。

図3-6に示したように評価額の極端な違いは、対象への思い入れの程度が現れる。ホタルの群舞を体験していない30歳代以下の評価額は、極端

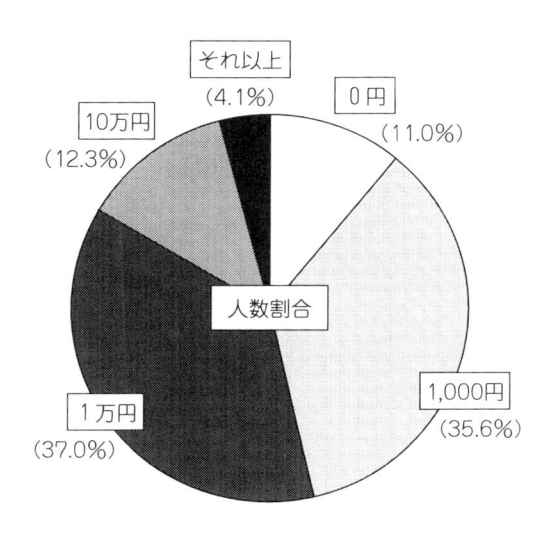

図3-6 ホタルの復活に対する負担

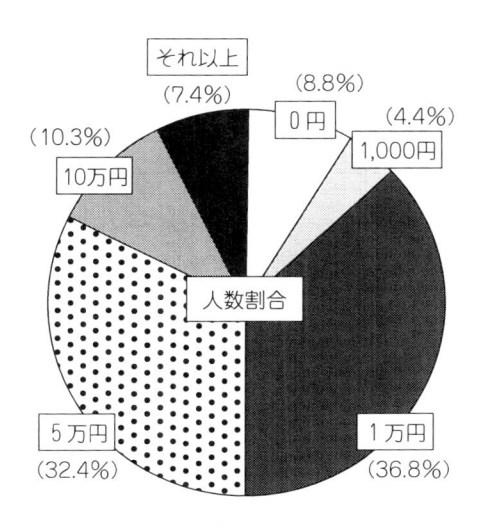

図3-7 環境稲作実行に必要な助成

に低い。このことは「環境」は実感でとらえないと評価は高まらないことを証明している。一方、50歳以上の世代のホタル復活への願いは強いものがある。また彼らは同時にホタル復活の困難性も自覚しているから評価額も高い。

ホタルの群舞を知らない世代が増えてきて、やっと農村でもホタル復活運動が広がってきた。このように環境悪化への危機感と環境復元への期待はあるが、残念なことに復元技術が村にはない。

【質問2】メダカやドジョウやカエルを増やすためには、田植え後の水管理や除草剤の選定にも気を配らなければなりません。そこで10a当たりいくらの助成があれば、これらの生き物の命を優先的に配慮した稲作が実行できますか。

この回答は図3-7に示した。除草剤に頼らない除草法を、すでに自分の田で確立している百姓は要求額は低く、まだまだ試行錯誤で自信のない百姓の要求額は高い。除草剤離れができない百姓の要求額は、とくに高くなっている。奇妙なことだが、自然環境を豊かにする技術を身につけている百姓ほど、無農薬技術に自信のある百姓ほど、環境の技術への助成に対して要求度が弱い。

これは未熟な百姓に助成が必要であることを示唆しているが、同時に高度な技術には別の評価が必要なことを教えてくれる。

6. まとめ

「機能」とは、百姓仕事と切り離しても成り立つ程度の概念だろう。しかし、環境を「機能」ではなく、百姓仕事と密接にかかわり合うものとして認識しない限り、多面的機能を評価し、維持する技術は形成できない。それではどうしたら、私たちは農業の「多面的機能＝公益的機能＝自然環境」を掌中にできるだろうか。それをまとめておこう。

① 百姓仕事の中の、環境にかかわる世界を自覚し、表現する。

当面は百姓や地域の負担で、環境の技術化に取り組むしかない。「環境に負荷の少ない資材」に切り替えることを支援するレベルから出発して、自然環境を射程におさめる技術の形成へと進みたい。田植後20日間の水田は、ミジンコ

をはじめとして、ユスリカやオタマジャクシ、それらをエサにする生きものたちが産卵して子が育つ生きものの揺籃期である。だから意識的に湛水し続ける技術は「環境の技術」だと言っていいだろう。こうした技術がやっと生まれてきた。生産の技術が見失った「生きていく場の技術」が本格的に生まれつつある。私たちの研究はこうした動きを支援したい。

② 環境を豊かにする百姓仕事を社会的に評価する。

　群れ飛ぶ赤トンボは古来、歌に詠まれ、文学に登場してきたにもかかわらず、「田んぼで生まれている」こと、百姓仕事の結果として生まれていることは、まったく表現されることはなかった。それは日本人の伝統的な自然観であるが（なにしろ、Nature＝自然という言葉が、明治中期までなかった国だから）、少なくとも農薬によって、赤トンボを殺してきたこの50年間は、農業技術者や農学の怠慢さは責められてもしかたがないだろう。赤トンボは、2400年目にして初めて、百姓仕事によって生まれていることが表現されたのである。それを住民が市民が、自分たちのタカラモノとして自覚することが「社会化」ということである。だから圃場整備によって激減したメダカやドジョウおよびナマズを社会化していくためには、圃場整備のありかたが再検討されねばならないだろう。

③ 新しい公的な支援を準備する。

　2000年4月から、この国でも中山間地帯の一定の条件の地区だけ、デ・カップリングがはじまった。まだまだ百姓仕事が生みだす自然環境を真正面から評価していこうというものではないが、「集落協定」をとおして、百姓仕事と環境の関係が表現されるきっかけになるように進めたい。しかし、環境の評価はいつまでも先延ばしにしておくわけにはいかない。「環境の維持とか、耕作放棄地の解消とか、行政は入らぬお節介はやめてくれ」と言う声を聞く。「大きな声では言いにくいが、減反をきっかけに条件の悪い山田を放棄してどんなに楽になったことか」と。それまでほとんどが「経営」的には成り立たない水田を耕作しつつづけてきた百姓の労に報いることなく、「環境」の重要性だけを強調する他者への嫌悪感には同感する。しかしそのような論理では、未だに割にあわない棚田を耕し続けている百姓のくらしを評価することはできない。

　ほとんどの百姓が「メダカやトンボやホタルではメシは食えない」と発言する。現状ではそのとおりだろう。しかし、同時にまたその百姓が「できることなら、メダカやホタルの水路ももう一度取り戻したい」と心の奥で真剣に念じてもいるだ。

　実は「自然環境」の評価とは、その人がどう生き、どうくらしており、どう働いているかを評価することでもあるのである。機能ではなく住民の「めぐみ」としてうけとり、機能ではなく百姓仕事の成果として実感し、機能ではなくそこに住む人間のくらしの土台としてうけとめるとき、どこに私的な、あるいは公的なカネをつぎ込むべきかも見えてくるだろう。その時に、この国の自然環境は新しい思想のむしろの上で寝そべって、私たちを迎えてくれる。

引用文献

宇根　豊（1987）：減農薬のイネつくり．農文協、東京．pp.1-168.
宇根　豊・日鷹一雅・赤松冨仁（1989）：田の虫図鑑．農文協、農文協、東京．pp.1-86.
宇根　豊（1996）：田んぼの忘れもの．葦書房、福岡．pp.1-195.
宇根　豊（2000）：田んぼの学校・入学編．農文協、東京．pp.1-192.
桐谷圭治・深谷昌次（1973）：総合防除．講談社．東京．pp.1-415.
守山　弘（1988）：自然を守るとはどういうことか．農文協、東京．pp.1-212.

4章 基盤整備と農村環境

4.1 農業水利と農村環境

水谷　正一

1. 農業水利の性格

1) 地域の用水としての農業水利

もともと水利という言葉は、灌漑のための水の利用という狭い意味ではなく、飲用、防火、舟運、筏流し、水車、養魚、醸造などといった人々の生活や商業活動、地場産業と密接にかかわる用語である。そうした豊かな内容を包含する水利という言葉が、農業における水利、すなわち農業水利という語法で使われるとき、水利が本来もつ内容の豊かさが失われるのかと言えば、私は次のような理由からそれに対して否定的である。

第一は、「わが国の稲作農業において、水は土地の付属物として機能し、独立した生産財としての意味をもたない」という玉城哲（1979）の見解に賛同するからである。水が土地資本の蓄積－井堰・溜池の築造、水路の開削、水田の開墾、およびそれらの継続的な管理－を媒介にして土地と合体し、ある広がりをもった土地の付属物になるとすれば、水は単に水田用水という地位に止まらず、地方（農村集落）の、場合によっては町方（城下町）の水として利用される性格を本来有していたのである。

第二は、明治期以前において、わが国で水利の開発と言えばほとんどの場合、水田の開墾と連動して実施されてきたのであり、近代社会の形成期に河川の渇水量はそれらによってほぼ利用し尽くされていたという事実である。もちろん、神田上水（天正18年、1590年布設）、玉川上水（承応3年、1654年布設）などの飲用目的を主とする水道の開発（堀越、1970）もあったが、圧倒的多くは農業水利として開発されている。

以上から、わが国では歴史的に見て農業水利が水利用の中軸にあり、開発された用水（養水ということもある）は「田の水」であるとともに、ある広がりを持つ「地域の水」としても機能する性格をもっていたと言うことができる。このことは、近代法制のなかで法定化が行われた水利権について、特殊な性格を付与することとなる。

2) 水　利　権

近代法では、河川や湖沼の水は公水とされ、公水を特定の者が利用するときは水利権を取得しなければならない。そして、公水は国家が管理するから、国家は一定の手続きのもとに利用者にたいして水利権を認可することとなり、これを許可水

利権という。ところで、慣習に基づいて継続的な水利用が行われている場合は、慣習法の精神から社会的な承認を受けた水利権とみなされる。わが国では明治期の河川法の成立段階(1896年)において、それ以前から水利用の事実があった農業水利にたいして許可水利権と同等の権利を認め、これを慣行水利権と称した。

先に見たように、旧慣として成立していた農業水利は、水田用水のみならず地域の水として多様に機能していたから、慣行水利権には当然の帰結としてこうした水利用の一切が内包されることになった。そして、慣行水利権は、内部的には多様な水利用をそのまま継承するとともに、外部的には社会慣習として確立をみた利水の方法、すなわち丸太胴木や蛇篭などを用いた堰立ての方法、樋門等の取り入れ施設の敷高と幅員、利用時期などがその権利の実質的な内容を構成した。こうして慣行水利権は、その一件毎に利用者と取水目的、取水量、取水期間が認定される許可水利権とは実態的に異なる権利として、その地位を確保したのである。

3）農業水利の灌漑排水への特化

慣行水利権として近代法制に組み込まれた農業水利は、許可水利権と併存しながら、その初期段階から灌漑排水に特化してゆく道を歩み始めたと考えられる。それは第一に、明治後期以降に旺盛に取り組まれるようになった農業水利の改良事業が、もっぱら水田の灌漑排水機能の充実を目的で行われたこと。第二に、そうした動きと並行しながら、農業水利の地域の水としての機能を代替する各種の取り組み、たとえば近代水道の創設、電力の普及、鉄道の敷設が進んだこと。第三に、上水道・工業用水などの新たな水需要の発生が、農業水利改良事業を契機として、慣行水利権から灌漑目的で水量を明示した許可水利権への切り替えを促したこと、などといった変化の中に確認できる。21世紀を迎えようとしている今日に至るまで、わが国の農村地域では農業水利の灌漑排水への特化が止み難く進んだといっても過言ではない。

4）国家命題としての米の増産と農業水利

なぜそれ程まで、農業水利の改良事業に取り組む必要があったのか。なぜ、農業水利の灌漑排水への特化が進んだのか。この点の事実的経過については、後に詳しく触れる予定である。が、ここで敢えて付言すれば、わが国では明治以降1960年代まで、主穀としての米が恒常的に不足していたという事実、そして長らく米の増産が国家命題だったことと無関係ではない。ここでは、明治期以降の近代化の初期段階における土地改良政策に立ち入りながら、農業水利の灌漑排水への特化の端緒について素描しておく（水谷、1987）

明治期に入ると地租改正によって地主が支払う地租は固定化し、日露・日清戦争に伴う工業化により米の需要が拡大するにしたがって米価の高騰が続き、小作米収納者としての地主の利得は増大した。さらに、田畑勝手作によって作付が自由となり、地主や自作農たちは生産意欲を盛り上げ始めた。こうした背景の中で1880年代から90年代にかけて、耕地の区画整理は「田区改正時代」といわれるほどの活発な時期を迎えた。その流れを受け継いで1900(明治33)年に耕地整理法が施行されている。

耕地整理法は1905(明治38)年に一部改正され、それまで目的に含まれていなかった「溜池ノ変更廃止」「灌漑排水」の工事が加えられ、さらに1908年からは耕地整理事業費に対する府県の補助金に国庫補助が行われるようになった。また、

1909(明治42)年に耕地整理法は全文改正され、耕地整理組合は法人格を持つようになる。これによって、多額な費用を要する耕地整理事業は、大蔵省預金部から低利資金の融資を受けるという安定した財源確保の道が開かれた。

大正期になると、耕地整理事業の限界を打ち破るために、国家による農業水利事業への大幅な補助が行われるようになる。1923(大正12)年に農商務省食糧局長通牒として府県知事宛に出された用排水改良事業補助要項がそれであった。この要項によりそれまで府県で行う耕地整理事業の国庫補助率15％は、一気に50％へひき上げられた。この要項が出された背景には、1914(大正3)年に勃発した第一次世界大戦以降、世界の列強はいずれも食糧自給を目指し始めたこと、併せて1917(大正6)年に米価の高騰によって全国規模の米騒動が発生したことがある。すなわち、第一次大戦後のわが国では、引き続く高米価のもとで、地主・自作農にとって灌漑開発投資が採算に見合うという経済条件と、国家による積極的な食糧自給政策が合体して生み出されたのがこの要項であった。昭和期初頭から、この要項に基づいて農業水利施設の系統的な改良が各地で次々に実施されていったのである。

5) 食糧増産の終焉と圃場整備事業の開始

第二次世界大戦の敗戦を経て、わが国の食糧自給策が1960年代まで続くことは先述した。とくに、敗戦直後のわが国は、戦後2年間で600万人を越える海外からの引揚者・復員者などを含む莫大な数の失業者が巷にあふれ、しかも1945(昭和20)年は未曾有の凶作で同年末の供出米進捗率は3割に達せず、深刻な食糧不足の状況を呈した。1946年に始まった緊急開拓事業、1949年に土地改良法として再編・総合化された新しい土地改良制度に基づく各種の事業は、「わが国の食糧を完全に自給する」という官民一体となった取り組みと完全に軌を一にするものであった。

新しい土地改良法において注目しておきたいのは、この法が国営ならびに都道府県営事業を明文化し、これらに法的裏付けを与えた点である。とくに国営事業の法定化は、1950年代以降に大規模な灌漑排水プロジェクトの展開を促した。かくして農業水利の灌漑排水への純化は水系レベルまで進むことになる。

食糧増産の政策命題は、1962・63年産米の大豊作とそれによってもたらされた米の供給過剰、およびそれに引き続く1967・68年産米の1,400万トン台の生産により大きく転換され、1970年からは米の生産調整へと姿を変えることになる。そして、土地改良投資の重点は次第に灌漑排水事業から圃場整備事業(1963年開始)へ移行してゆく。

以上で見たように、明治期以降の農業水利は主穀としての米の増産と自給に向けた飽くなき追求のなかで、大幅な変質を遂げてきたのである。その変質の特徴を整理すれば、第一に地主・自作層の土地豊度増進への要求、具体的には渇水(水不足)と洪水被害からの回避、多毛作化のための排水改良、旧慣の打破による自由な水利用の実現などに応えるための灌漑排水機能の向上であり、第二に、その実現が資金的・制度的に政府の介入を強化しながら進められたことに見られる、国家管理型の性格を強固に有していた点にあると言わねばならない。

2. 水利をめぐる人々と農村環境

この項では栃木県西鬼怒川用水(旧称：逆木用水)を例にとり、改めて水利の意味を考えてみたい。ここで言う水利の意味とは、水田を拓くといった水と地域形成との関係、渇水を回避し洪水

4章　基盤整備と農村環境

から農地を守るといった災害と人々との関係、生活と遊びに結びついた人と水辺の関係、そしてそれらの総体としての水を介した人と人との関係などのことである。

水利の営みは本来、個性的である。隣り合った用水でも、開発史、水の使い方、人々と水のかかわり方などが異なるのは決して不思議なことではない。十の水利の営みがあれば、十の個性があると考えるべきであり、わが国で有に百編を超える水利史・誌(土地改良区史・誌も含めて)が公刊さ

れているのはその証でもある。

ここに述べる西鬼怒川用水は、それ故に何等水利の代表性を有するものではないが、一つの水利の生きた姿として見れば多くのことが汲み取れるはずであり、農村環境を考えるために良質な材料を提供してくれるはずである。

1）水利を拓く

現在、西鬼怒川からは上流から下流にかけて12の用水が引水し(図4-1)、その総面積は3,289 haに

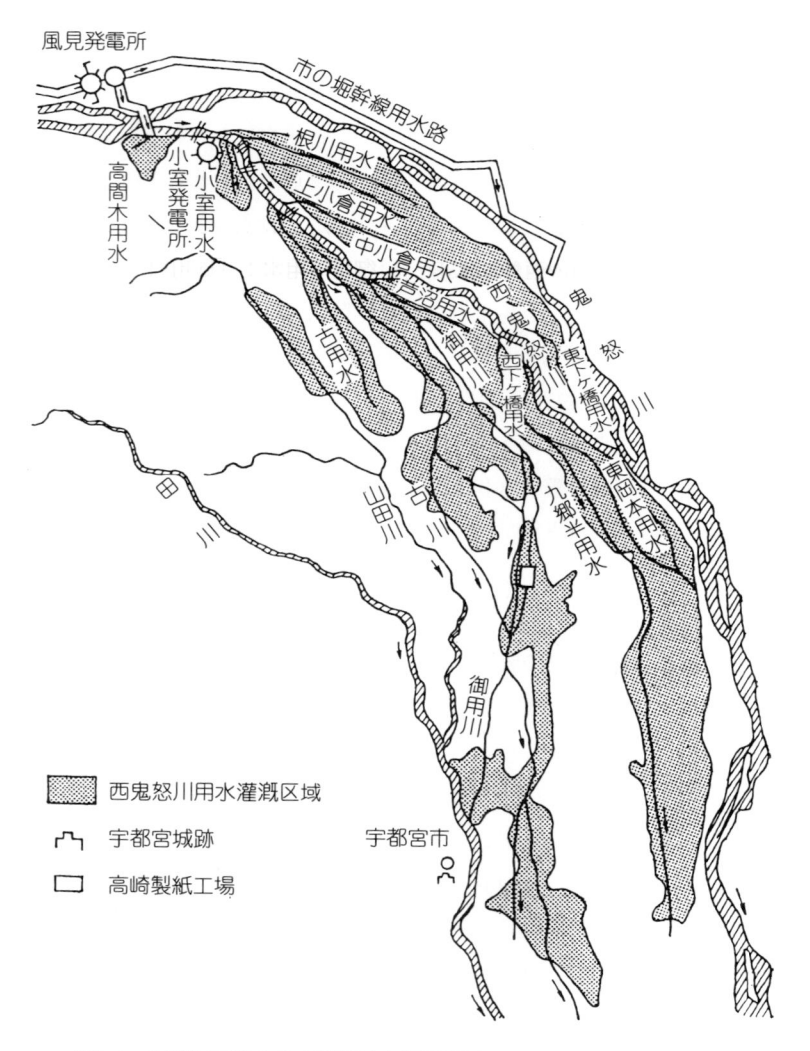

図4-1　西鬼怒川用水の水利系統と灌漑地区　(原図：佐藤・一柳、1977)

及ぶ(西鬼怒川土地改良区、維持管理計画書)。これらの用水がいつ開削されたのかは必ずしも明らかではないが、それを推定する資料が幾つか残されている。それらを材料にして、まず水利の沿革を整理しておこう。

西鬼怒川：鬼怒川は栃木県上河内町逆木地先で流れを東から南に大きく変流させ、同時に鬼怒川本川と西鬼怒川の二川に分派する。両河川は分派後、約15km下った東岡本地先で再び合流する。扇状地性の地形によく見られるこうした河川形状は、既に数千年前に形成されたとものと推定され、古代よりこの区間は洪水の度に右へ左へ流路を変化させた乱流域であった。水利が拓かれた16〜17世紀頃、西鬼怒川は数条の網目状の川筋をもちながら、田原台地・岡本台地の東側を流れていたと推定される。

古川(もしくは古御用川)：西鬼怒川の西側には田原台地、岡本台地が南北に広がり、田原台地のほぼ中央に幅200〜600mの宝井低地があって山田川へ向かう(河内町、1980)。宝井低地は第四紀の沖積礫層からなるので、鬼怒川の旧流跡とされている(図4-2)。現在、古川の流頭は北河内町今里地内の西鬼怒川にあり、宝井低地東縁を流れていることから、旧流路に手を加えて人工的に開削されたものと推定される。「御用川沿革略書」は「古御用川ハ元和三年宇都宮旧領主本多上野介代始メテ河内郡今里村地内ヨリ幅九尺ニ開削シタリ。之ヲ古川ト唱其形跡今ニ存ス」(笹沼、1894)としている。なお、本多上野介正純は1619(元和5)年に宇都宮藩に入封し、その直後から領内の検地を行う一方、城の大改築や町割に取り組んだとされている(中村、1987)ことから、元和3年という開削年次には疑問が残る。が、古川もしくは古御用川が城下町の造営と新田開発のために開削されたことは確かであろう。この古川を新筏川と称する文献もある(栃木県、1919)が、新筏川は次に見る御用川とも考えられ、定かにはなしえない。

なお、現在の古川は古用水地区に編入され、古用水から水を得ている。

御用川用水：「御用川沿革略書」によると、1668(寛文8)年から1669(寛文9)年に藩主松平下総守が塩谷郡上平地先の鬼怒川本瀬から大水路(現在の西鬼怒川)を開削し、さらに河内郡今里地内から同今泉まで通して田川に連絡する水路(御用川)を開削したとされ、その目的は、城内で必要な木材と諸物資の運搬および新田拓殖にあったと記されている(笹沼、1894)。また、興

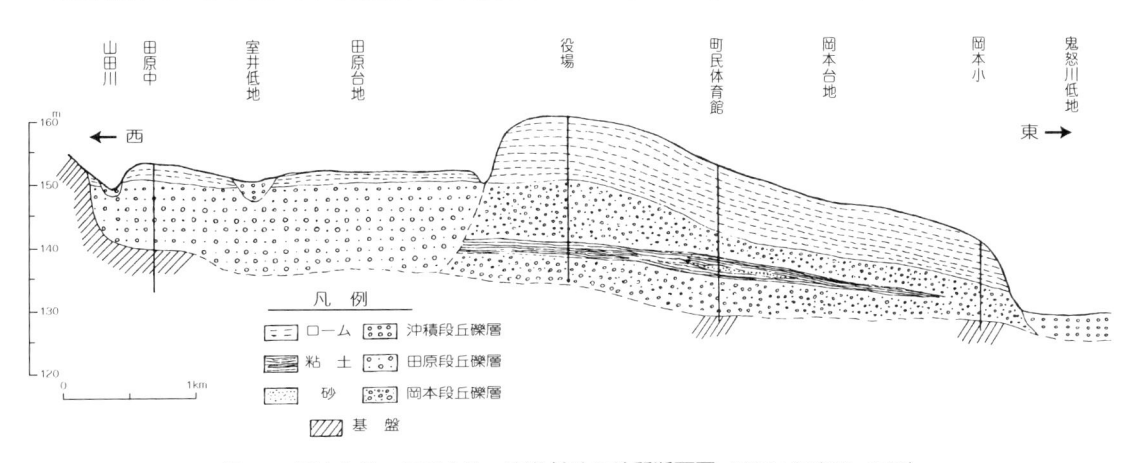

図4-2 岡本台地、田原台地、室井低地の地質断面図 (原図：河内町、1980)

味深いことに他の資料ではこの普請を「堀換」と表現しており(栃木県土地改良団体連合会、1989)、さらに、この普請では逆木から百間程上流の風見地先に権現堂川除と称する二連の堤を築いた(西鬼怒川土地改良区、1975)という記録がある。

こうした記録から、次のような水利開発の姿が浮かび上がってくる。まず、寛永年間に至り、その約50年程前に開削された古川は物資の運搬、用水の水量の両面で限界が明らかになったことが考えられる。地形図で古川の流路を見ると屈曲甚だしく、現存する流路も古記録がいう9尺程度である。宝井台地からの滲出水を加えても古川の水量は限られおり、また開削後には古川沿いに松田新田、上台新田、土手下新田、古新田、相野澤新田、大塚新田などが開墾されていたから、古川下流では水流が細くなり、城下町に向けた物資の運搬は次第に困難になってきたと推察される。こうした限界を打破すべく着手されたのが、古川の「堀換」としての御用川開削であった。

御用川の開削を新しい画期と見るのは、始めて西鬼怒川に手が加えられたからである。鬼怒川本川と西鬼怒川の分岐点で河流を分流するための権現堂堤[注1]を築き、「塩谷郡上平の鬼怒川本瀬から大水路(西鬼怒川)を開削した」ことがそれに当たる。先述したように、鬼怒川の分派川である西鬼怒川は洪水の度に流路を変転させていた。こうした不安定な西鬼怒川の流れから直接分水していた古川に代えて、西鬼怒川の分派点である逆木地先から取入れ口まで西鬼怒川の流路を整備するとともに、新たに岡本台地上の高位部に開削したのが御用川であった。

なお、御用川の水を得て岡本台地上には長峰新田、海道新田、今泉新田等が拓かれている。

御用川の開削は、西鬼怒川本川に始めて人為が及んだという意味で、逆木用水(西鬼怒川用水)の端緒が築かれたと考えられる。

九郷半用水：この用水については、文禄年間(1592～1595)に河内郡西芦沼地内の西鬼怒川から堀幅9尺の溝渠を開削し、旧9ケ村(下ケ橋、白沢、上岡本、中岡本上組、中岡本下組、下岡本、上平井出、中平井出、下平井出)と石井村の一部を灌漑した、という記録がある(栃木県土地改良団体連合会、1989)。九郷半とは灌漑の恩恵を受けた旧村の数を表している。この記録が正しいとすれば、九郷半用水は古川に約30年先だって成立したことになる。

ところで、御用川開削とともに逆木地先の揚堰(アゲセキ)[注2]等の洪水時における修築工事がなされることから、西鬼怒川の水はより安定した形で管理されるようになり、その恩恵が九郷半用水にも及んだ(佐藤・一柳、1977)、とする見解がある。しかしながら、御用川の取水点から九郷半用水の取水点に至る西鬼怒川の流路が固定化されたという記録はどこにも見当たらない。すなわち、17世紀後半から19世紀後半に至る約200年間の西鬼怒川筋の農業水利像は未だ不分明なのであり、先のような評価を下すことは困難と言わねばならない。

残念ながら、以上に述べた用水以外の記録は残されていない。とはいえ、西鬼怒川筋の水路が16～17世紀にかけて開発されたこと、その目的は城下町の運営、舟運(筏流送を含む)そして新田開発にあったことは明らかであろう。

注1) 後述する逆木地先の揚堰ではなく、水制機能をもった構造物.

注2) 川の水位を上げるために設けられた堰上げ用の堰の意.

2）水を管理する

西鬼怒川の水利が江戸末期にその姿を整えつつあったことは、幾つかの古記録から明らかである。

たとえば、1865（慶応元）年に書かれた「西鬼怒川水組差出帳」は、水組を構成する水下48ヶ村が連署した用水路管理に関する確約書である。そこには「郡中割」という方法で逆木堰の普請を行ったことが記載されている。この郡中割とは、夫役を中心とした用水受益村を含む近郷村落への賦課と解されている（平山、1986）。なお、水組とは近世における水利組合の呼称であり、それを井組という地方もあった。

「御用川沿革略史」によれば、水源の逆木と御用川に設けられた揚堰および川除堤は、ともに旧領主[注3]の直轄管理に置かれていたこと、しかし、1972（明治5）年の廃藩置県後は宇都宮県が揚堰および川除の工事費を支給しないため、水組を構成する村々が旧石高に応じてそれを負担するようになったこと、が述べられている（笹沼、1894）。

一般に、水利施設の機能を維持するために行う様々な行為のことを維持管理という。維持管理には日常的、季節的、年次的もしくは緊急時に行う堰や水路、分水施設の点検・補修・修理が含まれる。こうした行為により、水利施設は老朽化から免れ、耐用年数を延伸することができる。

逆木と御用川の二つの揚堰および川除堤の維持管理は、明治期になると、それまでの官主導から新たな民主導へ大きく転換した。もっとも、幕藩期の官主導といっても年次的な補修、もしくは洪水後の修理に限られていたのかもしれない。この点は記録が見当たらず、今後の研究課題である。

西鬼怒川地域で江戸期から明治・大正・昭和期

注3）江戸時代の宇都宮藩主．

に至る期間、実質的に用水の管理を担っていたのは村落であり、あるいは村落の連合体である村々組合だったと考えられる。九郷半用水や江戸末期にはその存在が確認されている古用水、上小倉用水、中小倉用水、西下ヶ橋用水、東下ヶ橋用水、東岡本用水等（何れも成立年代は不詳）は、そうした性格を有していた。それだからこそ、官主導から民主導への移行があっても、ほとんど混乱が生じなかったと推察される。

その後、水利組合法の制定を受けて、西鬼怒川筋では相次いで水利組合が結成された。

1894（明治27）年　　御用川普通水利組合
1910（明治43）年　　逆木用水普通水利組合
1910（明治43）年頃　古用水普通水利組合
1913（大正2）年　　九郷半用水普通水利組合

これらの水利組合は1952（昭和27）年に逆木土地改良区に統合され、1957（昭和32）年には鬼怒川本川から取水していた根川用水、東芦沼用水、高間木用水を加えて西鬼怒川土地改良区に組織変更される。逆木土地改良区の内部は一つの本区（逆木用水）、三つの分区（古用水、御用川用水、九郷半用水）から構成されており、旧普通水利組合の慣習をそのまま残す形となった。

3）洪水と闘う

鬼怒川のような暴れ河における水利用では、洪水時に取り入れ施設が損傷するという危険性が絶えずつきまとう。江戸後期に郡中割で行われていた逆木・御用川の二つの揚堰の普請および川除堤の工事は、洪水によって傷められた施設の修復を一つの目的としていたことは既に述べた。

江戸期に鬼怒川で発生した洪水のうち、最も深刻な影響を与えたのは、1723（享保8）年8月の五十里大洪水であった。この洪水は、1683（天和3）年に地震による山崩れで鬼怒川上流支川の男鹿川

に出現した堰止湖が、暴風雨に伴う洪水によって決壊し、鬼怒川・西鬼怒川沿岸に大災害をもたらしたものである。この洪水では上小倉、東下ケ橋、下小倉、芦沼などの村落で多数の死者が生じたばかりでなく、屋敷・田畑・農耕馬の流失があったことが記録されている（西鬼怒川土地改良区、1975）。また、宝井地区では鬼怒川・西鬼怒川を流れ下った奔流が旧河跡の古川筋を襲い、田畑に多大な被害をもたらしたと言い伝えらている。

明治期に入っても、鬼怒川はしばしば洪水に見舞われている。1885（明治18）年、89年、90年と西鬼怒川は相次いで氾濫し、とくに1890年の洪水では日本鉄道会社東北線（明治20年に白河まで開通）の西鬼怒川鉄橋の橋脚2脚が破損し、数日間交通が途絶するという被害が生じた。そして、この洪水を契機に、本格的な西鬼怒川の改修計画が検討されたのである。

1890（明治23）年の12月、政府御雇工師のヨハネス・デ・レーケは内務省近藤技師とともに日本鉄道会社の小川勝五郎を同行して、西鬼怒川の現地視察を行い、その結果を報告書としてまとめた。その内容は「東鬼怒川両岸に新堤を築造し、上平の民有地を買い上げて新川を開削し、その川幅を一定させて本流とする。西鬼怒川には数段の床止め堰堤工事を施して流心を閉ざし、さらに字稚児ケ渕に隧道を穿貫し、西鬼怒川に分流させる。そして堰堤より稚児ケ渕の間に石堤を新設する。隧道口は底の広さ十尺二寸八分、高さ十二尺、水深二尺三寸、勾配は一間につき九厘とし、流水の速力は毎秒六尺五分を得るようにする。そうすれば西鬼怒川沿岸の二千町歩を灌漑するに充分である」（西鬼怒川土地改良区、1975）というものであった。

この工事には16万円を要するとされたため、日本鉄道会社の負担限度を超えていた。そこで、同会社は明治24年に西鬼怒川の流量を減ずるために、5万円を投じてその上流に石堰堤を新設した。しかし、この堰堤は同年9月の洪水で破壊されている。こうした事態の中で、逆木水組および西鬼怒川沿岸村落の住民は、県会に逆木復旧工事の陳情を繰り返した。

1898（明治30）年、県が稟請した国費補助を得て本格的な逆木復旧工事が漸く着手されることとなり、翌年の5月をもって工事は竣工する。その工事は先のデ・レーケの報告書を踏襲した、次のような内容であった。

逆木用水の取水点を数百間上流の稚児ケ淵に移動し、そこに穴堰の逆木洞門を2孔掘る。逆木洞門から2孔の隧道（85間）で水を導き、さらに新堀を通して西鬼怒川に結ぶ。鬼怒川本川と西鬼怒川の分派点には、洪水の西鬼怒川への流入を制限し、かつ取水位を確保するため第一石堰堤（延長：309間）と第二石堰堤（延長：194間）を築造し、第一石堰堤の対岸の鬼怒川左岸および第一石堰堤の下流を護岸（延長：各285間）する、というものである（図4-3）（西鬼怒川土地改良区、1975）。

この工事は、従来よりも高い標高で取水をすることによる水利条件の改善、および西鬼怒川への洪水流入の阻止の二つを意図した、画期的なものであった。これによって西鬼怒川は、自然の暴れ川からある程度人工の制御がおよぶ河川に変わり、農業用水路としての性格を強く帯びることとなった。

もっとも、この工事によって西鬼怒川筋で水不足や洪水災害が無くなったと見ることはできない。たとえば、1957（昭和32）年に着工された国営鬼怒川中部農業水利事業（1966年完了）の「事業概要」には次のような事業の必要性が唱われている。

「本地区において最大の区域を支配している逆

4.1 農業水利と農村環境

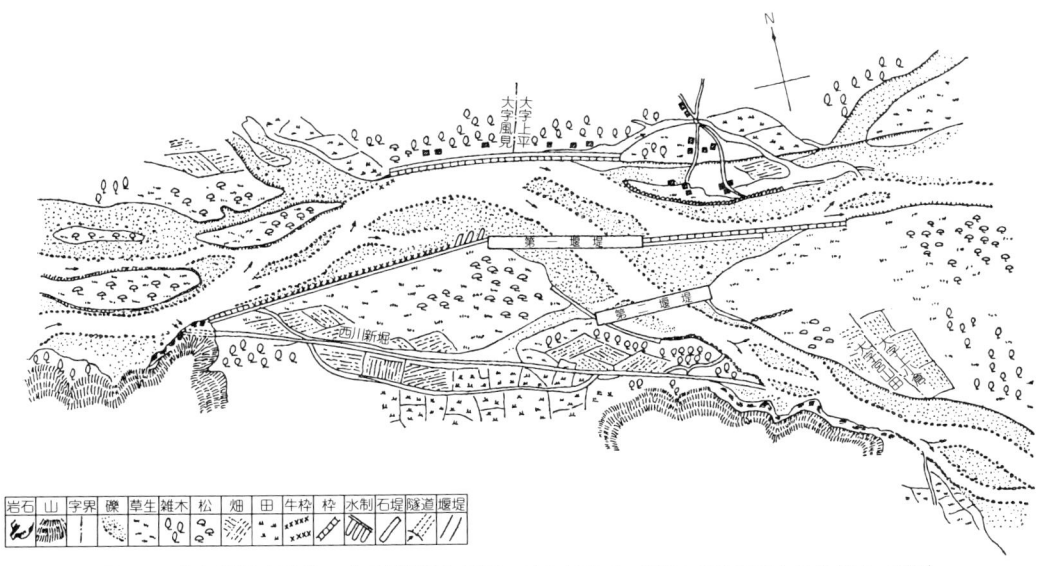

図4-3 鬼怒川逆木改修工事の概要図 （明治31年5月完了、原図：西鬼怒川土地改良区、1975）

木用水区を始め前記9ヶ所の各井堰[注4]はいずれも木床または蛇篭あるいはこれらを併用した仮施設によって流心を堰止め、河床内に導水路を開削し取水門に導き、取水する原始的な方法が踏襲されているため、灌漑期間中数回にわたる出水の都度これらの施設は決壊または流失し、加うるに鬼怒川は有数な急河川で乱流を呈し、減水後は必然的に流心の変動を伴うため、各井堰は取水不能となり、施設の復旧並びに導水路開削に要する費用および労力は年々軽視できないばかりでなく、復旧期間中の断水は地域一円にわたり、旱魃または植え付けの時期を逸する等、不時の災害による被害は甚大」である（江原、未定稿）。

上記した国営鬼怒川中部農業水利事業は、鬼怒川扇状地の扇頂にあたる佐貫地点（逆木洞門の約7.5km上流）に頭首工を設け、鬼怒川沿いの9用水を合口するための事業であった。これによって逆木用水（西鬼怒川用水）は国営の幹線水路から最大毎秒16.7m^{3}の用水を供給されるようになった。そ

注4) 逆木・大宮・赤沼・市の堀・草川・釜ヶ淵・高間木・根川・東芦沼の各用水.

れと同時に、逆木洞門は1965（昭和40）年に仮閉鎖され（本閉鎖は1967年）、鬼怒川本川から西鬼怒川への分派点も逆木洞門の閉鎖に伴って完全に締め切られた。こうして西鬼怒川は、17世紀に御用川が開削されて以来約300年を経てようやく洪水被害から解放され、安定した水量を利用できる農業用水路としての姿を整えたのである。

4）西鬼怒川用水の成立

まず簡単に、昭和期における西鬼怒川の動きを紹介しておこう。

西鬼怒川筋では、1952（昭和27）年に逆木、御用川、古用水、九郷半用水の四つの普通水利組合を再編統合して逆木土地改良区が設立された。その後、国営鬼怒川中部農業水利事業の完了目前の1965（昭和40）年に、逆木土地改良区に鬼怒川本川右岸から取水していた根川用水、東芦沼用水、高間木用水の3地区を加えて、新たに西鬼怒川土地改良区が発足した。上記の3地区が国営事業によって西鬼怒川から取水する形に変わったからである。

4章　基盤整備と農村環境

西鬼怒川から取水する農業用水は、昭和期の県営用排水幹線改良事業により部分的に改良が加えられている。九郷半用水での明暗渠による集水と分水堰の改良（1933年）、御用川用水における集水暗渠の設置と水路改修（1934年）、逆木用水における用水路内の堰の設置と用水幹線の改良（1940～43年）などがそうである。

しかしながら、西鬼怒川が用水路として本格的に整備されるには、1969（昭和44）年から始まる県営西鬼怒地区総合農地開発事業（1983年完了）まで待たねばならなかった。この事業は西鬼怒川の廃川敷地の約113haを農地化するとともに周辺農地の約213haを整備するというものであるが、並行して西鬼怒川中小河川改修事業（県営）により鬼怒川本川から切り離された西鬼怒川の流路13kmと取水堰が全面改修された。こうして西鬼怒川用水は、図4-4に示すような配水系統に最終的に整えられたのである。

興味深いのは「土地改良今昔誌」（共栄西鬼怒土地改良区、1997）に紹介された、かつての西鬼怒川周辺の次のような様子である。

「私は大正11年生まれの老人ですが、小学校入学当時は西鬼怒川添いは荒廃した石河原にススキヶ原と松の木が散在した風景で、西鬼怒川の交通は木橋を渡り学校に通学しました。年に一度や二度の暴風雨で虎の子の木橋が流失し、私達は浅瀬を渡り学校に通学したものです。（中略）昭和12年頃より食糧増産の世相となり、荒地の開墾に明け暮れしました。私の家は上田芦沼用水を利用、水田耕作に励みましたが、当時は今の様な堰もなく川の中に杭を打ち丸太を並べ、菰をかけ、わら等を用いて堰を作りましたが、台風の度に流失し復旧に苦労したものでした。」（五月女良雄氏）

「私が就農した当時（昭和28年）は国を挙げての食糧増産の真っ直中でありました。下ヶ橋地区の西鬼怒川流域は民有地と官有地に松、柳、ススキ等が生い茂る荒地で、3分の1は砂礫玉石で覆われた不毛の地であったが、農家独自の手によって開墾開畑され、桃、西瓜、落花生、甘藷などが作付けされていました。私も占有許可を頂いた一反分の河川敷を開墾し、作土不足のところには既耕畑の土を荷馬車で運搬し、甘藷、落花生、小麦等を作付けしました。（中略）水害との闘いの歴史で今なお脳裏に残るのは、昭和38年8月13、14日に来襲した台風7号による水害である。日光地方の降雨量は520mmに達し、西鬼怒川が増水し、西下ヶ橋地区の取水口水門一帯が決壊する恐れが生じたため、消防

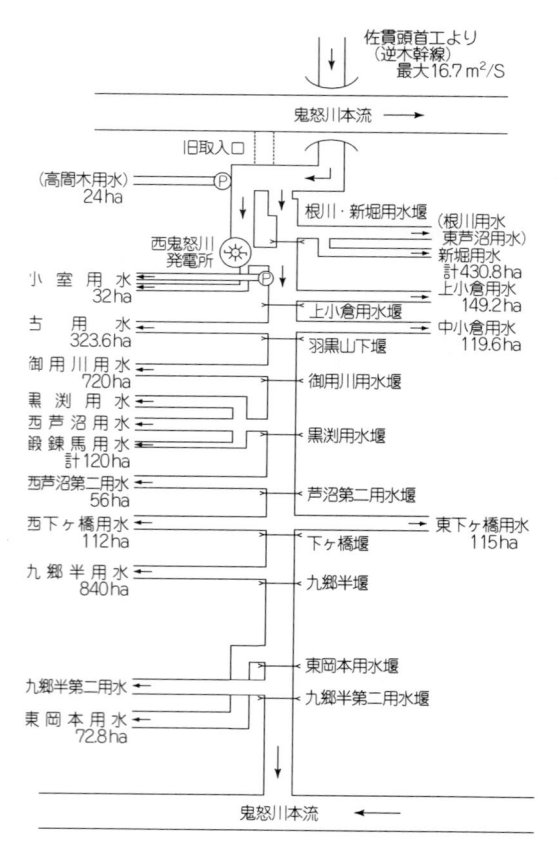

図4-4　西鬼怒川用水の排水系統
（原図：佐藤・一柳、1977）

団員、男子成年総出動し、蛇篭、土嚢による護岸と堤防の嵩上げに全力を尽くし、かろうじて取水口水門と堤防を決壊から死守したのでした。」（黒崎久夫氏）

上の記述から、西鬼怒川周辺は河川の乱流域にあって松林、ススキヶ原が随所に見られたこと、地元農家による河原の自力開墾が行われていたこと、取水堰の多くが丸太胴木で造った草堰であり、その維持管理には難渋を極めていたこと等が読み取れる。そうした劣悪な条件を改善するとともに、農業用水の体系を整備したのが、先に見た農地開発事業と河川改修事業だったわけである。

5）1950年代の人々の水域とのかかわり

西鬼怒川用水が体系化したのは1960年代である。その少し前、すなわち1950年代におけるこの地域の人々と水利環境との関係に触れておこう。

稲作と漁労：表4-1は、西鬼怒川・西下ヶ橋用水地区における稲作と漁労の関係を示したものである（加藤ら、1999）。当時、生業としての稲作は自家消費を主としつつも、余剰の米は市場で販売された。年間の稲作労働は田植え（6月上旬）と稲刈り・乾燥・脱穀調整（10月から11月上旬）という二つの労働ピークをもちながら、農閑期においても堆肥作りのための里山での落ち葉さらい、屋敷地での藁仕事は欠かせない仕事であった。農作業があまり忙しくない田植え後から稲刈り前までの季節には、田圃内、小堀（小水路）、用水堀（大きな水路）で盛んに漁労が行

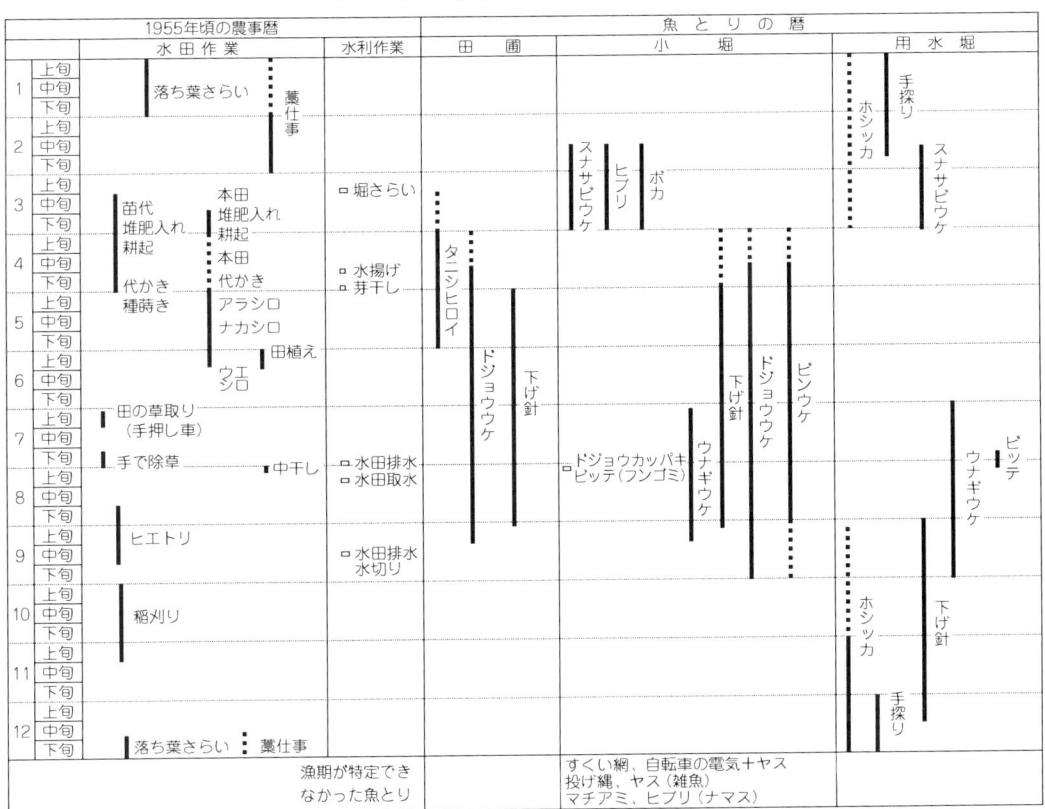

表4-1 稲作と漁労（西鬼怒川、谷川、西下ヶ橋用水地区）

		1955年頃の農事暦		魚とりの暦		
		水田作業	水利作業	田圃	小堀	用水堀
1	上旬/中旬/下旬	落ち葉さらい／藁仕事				手探り／ホシッカ
2	上旬/中旬/下旬				スナサビウケ／ヒブリ／ボカ	スナサビウケ
3	上旬/中旬/下旬	苗代堆肥入れ耕起／本田堆肥入れ耕起	堀さらい			
4	上旬/中旬/下旬	代かき種蒔き／本田代かき／アラシロ	水揚げ／芽干し	タニシヒロイ		
5	上旬/中旬/下旬					
6	上旬/中旬/下旬	ナカシロ／ウエシロ／田植え		ドジョウウケ／下げ針	ドジョウウケ／下げ針	ピンウケ
7	上旬/中旬/下旬	田の草取り（手押し車）／手で除草	中干し／水田排水／水田取水		ドジョウカッパキ／ピッテ（フンゴミ）／ウナギウケ	ウナギウケ／ピッテ
8	上旬/中旬/下旬					
9	上旬/中旬/下旬	ヒエトリ	水田排水水切り			
10	上旬/中旬/下旬	稲刈り				下げ針／ホシッカ
11	上旬/中旬/下旬					手探り
12	上旬/中旬/下旬	落ち葉さらい／藁仕事				
		漁期が特定できなかった魚とり		すくい網、自転車の電気＋ヤス／投げ縄、ヤス（雑魚）／マチアミ、ヒブリ（ナマス）		

4章　基盤整備と農村環境

われた。採取の対象はタニシ、ドジョウ、ナマズ、ウナギ、ウグイ、スナサビ等の魚介類である。これらの魚介類の多くは蛋白質を補給するため自家消費されたが、ウナギ、ドジョウ、アイソ（産卵期のウグイ）は副収入を得るため仲買人に売られることもあった。漁労には自家製の漁具が使われ、魚種と採取場所によって様々な漁法が採用された。

　水田地帯で行われた漁労のひとつの特徴は、水田の水利用と深く結びついていたことである。田圃に水を引き始める春から落水する秋までは用水堀のみならず、田圃内、小堀においても漁労が行われた。たとえば、ドジョウウケ、ウナギウケ、下げ針による魚取りは、朝・夕に行う田圃の見回りと同時に仕掛けと捕獲が行われた。

多様な水利用：湧水を水源にもつ堀の水は飲用、炊事、洗顔、野菜の洗滌、食器洗い、洗濯のすすぎ、風呂水、馬洗い、漬け物の冷蔵、農具洗い、水車などに利用された。川から水を引いた堀は食器洗い、風呂水、洗顔、洗濯に使われた。庭に水路から水を引き、池水として利用する家もあった。各家には「溜」が作られ、台所や風呂場からの排水は一度溜に入れて浮遊物を沈殿させ、上澄みを水路に放流した。風呂水は堆肥の発酵促進にも使われたし、人間の屎尿は下肥として畑に撒かれた（中島香子、1997）。

水のネットワークが支える農村生態系：農村部では川、用水堀、小堀、田圃が水のネットワークを形成していた（図4-5（a））。小堀、用水堀は用

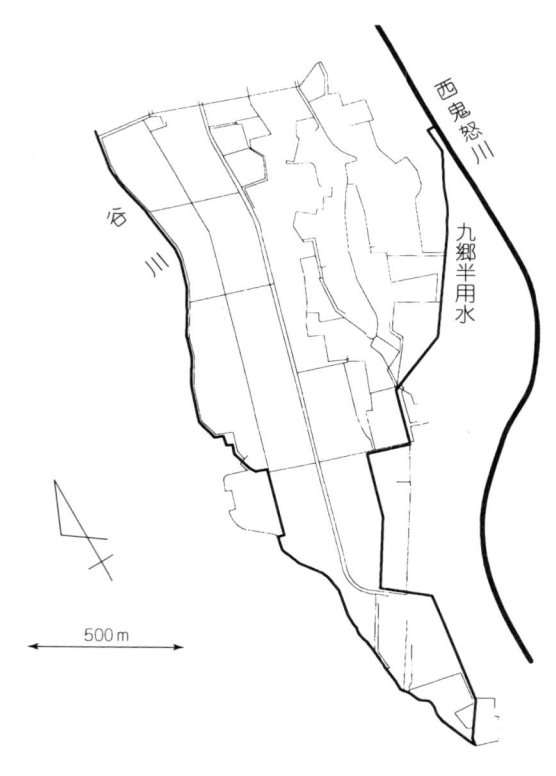

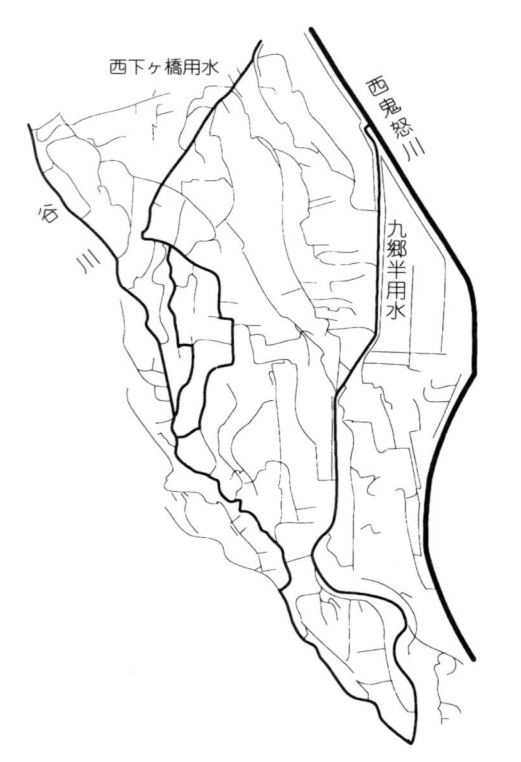

(a) 圃場整備事業以前（1996年以前）　　　　　　(b) 圃場整備事業以降（1999年以降）

図4-5　河川、用水路の水路網（西鬼怒川、谷川、西下ヶ橋用水地区）

排水兼用の水路だから、魚類は田圃と堀・川の間を自由に往来できた。秋から春にかけての非灌漑期には小堀や田圃に水が無くなり、川と用水堀だけに水が流れる状態となる。こうした川や用水堀のように一年中水が流れるところを恒久的水域といい、灌漑期にだけ水があるところを一時的水域という。春になって一時的水域に水が流れるようになると、ドジョウ・フナ類は採餌場・産卵場を求めて、恒久的水域から一時的水域へ盛んに遡上する（藤咲、2000）。ウナギは採餌のために小堀に入り込む。また、夏になると産卵・孵化した魚類は一時的水域から恒久的水域に戻る。こうした魚類の習性を利用した漁労が、先に述べたドジョウウケ、ウナギウケ、下げ針などによる魚取りであった。

春から夏にかけて生じる田圃全体を含んだ一時的水域は、魚類の餌となるプランクトンや藻類の宝庫をなし、大きな環境容量を魚類に提供する。また、秋から春の恒久的水域は、魚類が越冬するための採餌場・退避場である。すなわち、一時的水域と恒久的水域が水のネットワークで結ばれた水田地帯は、それ自身が二次的自然であるとともに、人々が主食（デンプン質の米）と副食（蛋白質の魚介類）をともに得ることができる、農村生態系の骨格をなしていたのである。

3．農業水利が創る農村環境

農業水利が人々の食と定住のために開発された過程は、長期に渡る人間労働が大地を切り刻み、それに改良を加える過程でもあった。そこでは、自然の水を用水として利用しようとする試みが、常に明確な意志の下に取り組まれてきたといってよい。その意志とは水田を開墾する、米を増産する、舟運を開く、災害を回避するといった水の利用価値の追求に結び付くものであった。そうして形成された農業水利は、水をできるだけ無駄なく使うという形式、すなわち用水と排水の繰り返し利用を含む複雑な水利システムを創り出したのである。その結果が、河川・用水路・排水路・水田地帯からなる二次的自然としての水域の形成であった。

こうした水域は水田耕作の展開とともに形づくられたとはいえ、様々な付随的な機能、すなわち地域の水としての機能を有することになる。そしてまた、地域の水という機能をもつことにより、農業水利はさらに深く人々と関係づけられるものとなった。二次的自然としての水域が生き物の生息・生育の場となり、そこで盛んに行われた漁労（魚取り）は、水域を介して形成された人々と自然の結びつきを示す格好の事例である。

ところで、農業水利が変化すれば、二次的自然としての水域も何らかの変化を蒙ったはずである。そして、おそらく生き物の生育・生息条件にも、さらには人々と生き物との関係にも変化が生じたはずである。先に見た農業水利の人為的な改良過程は、そうした変化が間欠的に連続する過程でもあったと言わねばならない。

周知のように近年、農村地帯のどこにでも見られた生き物が姿を消した、という報告が相次いでいる。たとえば、1999年2月に環境庁が発表した汽水・淡水魚の絶滅危惧種にホトケドジョウ（IB類）、ギバチ、スナヤツメ、メダカ（II類）などが指定され、大きな反響を呼んだ。こうした魚種に限らず、全体的に淡水魚の魚数が貧困化してきたことは多くの調査事例の示すところである。なぜ、かくも急速に、どこにでもいた魚類が姿を消し始めたのか。この問題を農業水利の視点から考えてみよう。

第一は、農業水利によって創りだされた水域の

ネットワークにおける移動障害の問題である。近年の事業によって堰、落差工、河川につながる排水工などの水利施設は、土・石・木材等から鉄とコンクリートの構造物へ変化するとともに、その上下流間に高落差が形成されるようになった。そうしたポイントが魚類の双方向移動に障害を与えている。

第二は、水域ネットワークの部分的な変質の問題である。とくに1963年から始まった圃場整備事業は、農業水利の骨格的部分に手を付けることは少なかったが、圃場レベルの用排水システムを一変させた。図4-5（b）はその一例である。従前は小水路を介して水田と河川・水路が連絡されていたが、圃場整備により連絡が断たれたばかりでなく、水田と河川・排水路の間に大きな落差が形成された。これにより、水田や小水路に遡上して再生産を行うドジョウやフナ類等が影響を蒙っている（藤咲、2000）。

第三は、総体として水路内の流速が速くなるとともに、水路内の流水環境が単純化したという問題である。先に、昭和40年代に行われた西鬼怒川周辺の農地開発と水路整備を紹介したが、わが国で取り組まれてきた農業水利事業では、水路整備と農地の拡張が連動することが稀ではなかった。そうした場合、水路の敷地面積を可能な限り小さく抑える必要があるから、コンクリートでライニングした流速の速い水路が推奨され、その結果、水路環境の均質化が生じた。ライニング水路は草刈りの手間が省けることから、その維持管理を担う土地改良区の組合員からも歓迎されている。

第四は、非灌漑期における用水の断水の問題である。先に慣行水利権と許可水利権について触れたように、許可水利権は目的別の水利権であるため、許可水利権への切り替え時点（取水施設の改修時点など）に灌漑が目的となった場合、非灌漑期の用水量を縮小したり、それを認めないことが生じた。とくに、わが国の水需給が逼迫を見た1970年代以降に、こうした形式の水利権処分が強化されている。

第五は、これまでの農業水利事業において特殊な場合を除き、生き物への配慮はまったく考慮されなかったという点である。上記した4点は、いずれも1960年代以降に発生した問題である。それ以前は、農業水利の営みに付随して形成された生き物の生育・生息条件が、顕示的かつドラスチックに変質することは稀であったと推察される。もとより、過去においても農業水利の改良過程で生き物への影響は生じていたはずである。しかし、その影響は自然史的なゆったりした変化であって、近年の人々に意識化される様な因果関係が明瞭な変化ではなかったのではなかろうか。したがって、1960年代頃までは生き物への配慮を考えなくても、とくに問題は生じなかったのである。

いま、改めて農村ビオトープのあり方を検討するならば、上記した5点についての対策が不可欠である。しかし、そうした対策を考えるに際しては、農業水利が有する水域ネットワークの骨格を理解することから始めなければならないだろう。そして、水利システムの物的な形のみならず、人と水の関係、水利用を介した人と人の関係、人と生き物達との関係についても深い理解と配慮が必要である。農業水利を含む風土を創り出したのは、そこに生きる人々なのであり、農村ビオトープはそうした風土のなかでのみ、守り育てられるからである。

引用文献

江原茂雄（未定稿）：爽やかな水の囁き－国営鬼怒川中部農業水利事業の沿革－、p.80.
加藤　潤・中島香子・水谷正一（1999）：場と主体の変化から見た農村部における魚取りの変遷過程－栃木県西鬼怒川地区を事例として－、農村計画学会誌、Vol.18、No.1、pp.43-54.
河内町（1980）：河内町地下水調査結果報告書、pp.3-10.
共栄西鬼怒土地改良区（1997）：土地改良今昔、24p.
佐藤俊朗・一柳弘文（1977）：鬼怒川右岸逆木用水地域における水利用形態とその歴史的展開（Ⅰ）、水温の研究、Vol.21、No.3、pp.26-43.
栃木県（1919）：逆木工事沿革誌．本書は今里村、笹沼稲太郎によって発行された．
栃木県土地改良団体連合会（1989）：栃木県土地改良史・増補版、pp.46-50.
笹沼長平（1894）：御用川沿革略史．原文は平山光衛（1986）から引用した．
玉城　哲（1979）：水の思想、pp.180-196、論創社．
中島香子（1997）：栃木県河内町谷川周辺地域における住民と「自然」の相互関係の実態とその分析、平成8年度修士論文、東京農工大学農学研究科資源・環境学専攻．
中村好男（1987）：鬼怒川筋用水、農水省「利根川水系農業水利誌」所収、pp.172-174.
西鬼怒川土地改良区（1975）：水との闘い－西鬼怒川土地改良区沿革概史－、106p.
平山光衛（1986）：廃藩置県と西鬼怒川水組、昭和60年度科学研究費補助金研究成果報告書「利根川・荒川流域の治水・利水と地域変容」（代表、埼玉大学・福宿光一）、pp.27-38.
藤咲雅明（2000）：小河川・農業用水路・水田系における魚類の生息とその環境条件に関する研究、平成11年度東京農工大学連合農学研究科博士論文．
堀越正雄（1970）：日本の上水、pp.35-58、新人物往来社．
水谷正一（1987）：利根川水系農業水利誌、pp.250-258、pp.229-302、農業土木学会．

4.2　圃場整備と生態系保全

中川　昭一郎

　水田農業を主体とする日本の農村は、これまでの長年にわたる農林業生産と生活の営みの中で、二次的自然とも呼ばれる生態系豊かな環境を育んできた。しかし、近年の農業・農村をめぐる社会・経済構造の変化や農業技術の近代化によって、農業の生産性や農業者の生活水準は大きく向上したものの、その豊かな自然環境としての生態系は次第に失われてきた。

　最近、このような情況の中にあって、環境問題に対する一般的関心の昂まり、生物種の絶滅の危機の増大、都市部における自然環境の欠如などから、日本の国土環境にとって大変貴重になってきた農村の自然生態系や生物多様性の保全に対し、多くの関心が寄せられるようになり、また、これまでの圃場整備を含む近代的農業技術に対しても、農村地域の生態系保全の観点からいろいろな疑問や批判が投げかけられるようになってきている。

　筆者は、長らく水田の圃場整備の研究に従事し、農林水産省が定める水田圃場整備の計画設計基準の策定などに深く関与してきた。本節はこのような経験と、最近における生物・生態系関係研究者等との共同研究や論議を踏まえつつ、今後の水田圃場整備と生態系保全の問題点とその対策について述べる。

1．農村の生態系悪化の要因

　近年、水田を主体とする農村地域での生態系や生物多様性が貧しくなっているのは確かであり、昔に比べて水田の中・水路・畦畔・池・周辺里山などに生息する野生の植物・小動物・昆虫などの種類や数が減り、象徴的生物としてのホタル・トンボ・メダカ・ドジョウなどの姿が余り見かけられなくなった地域も多い。

　かつては豊かであった農村の生態系や生物多様性を、このように貧しくしてきた主な要因としては大別して次の三つがあり、今後農村の生態系を保全するためには、本節で取り上げる圃場整備だけでなく、これらのそれぞれに対する対策も合わせて検討しなければならない。

a．農村地域の都市化・混住化

　現在日本の農地面積は486万6千ha（1999年）であるが、戦後の水田を含む農地の転用・改廃は図4-6に示すように約200万ha（この間に開墾・干拓などによる農地の造成・拡張が約100万haあったので実質減は100万ha）に及び、そのうちの大半は都市化（住宅用地・工場用地・鉄道道路用地など）によって失われたものであり、かつては多様な生物の棲み家であった農地そのものが減少するとともに、混住化に伴う生産・生活廃棄物などによる周辺環境（水路の水質など）への悪影響がさらに生態系の弱体化を招いてきた。

　このことから見て、日本における農村地域の豊かな自然生態系を消滅・悪化させてきた最大の原因は、高度経済成長に伴う国土の無秩序な開発利用にあるのであって、農業の生産方式や技術の近代化だけがその要因ではないことを知っておく必要がある。そして、この解決のためには、国民全体の合意に基づく農村地域の計画的な土地利用が必要不可欠であり、これなくしては農村の生態系の破壊・弱体化を基本的には止めることはむずか

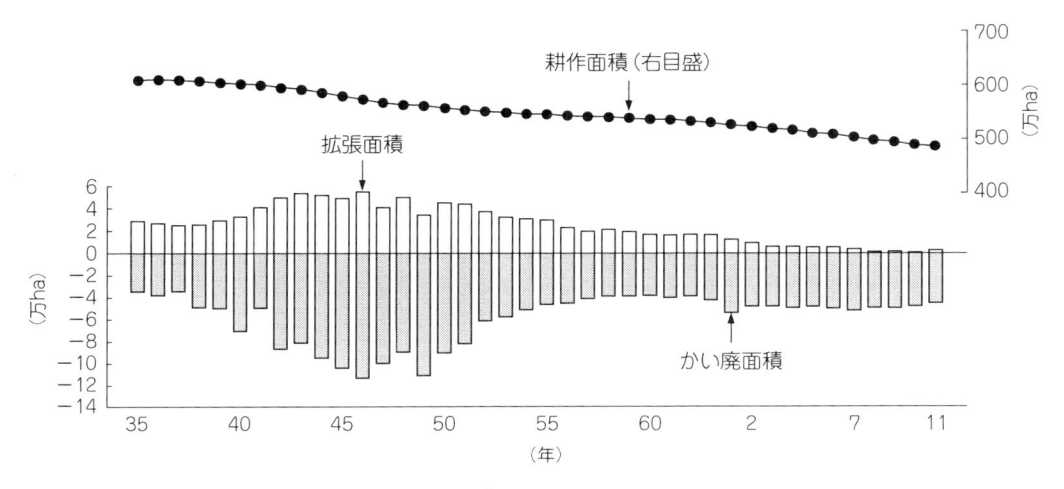

図4-6 耕地面積および拡張・かい廃面積の推移（資料：農林水産省「耕地及び作付面積調査」）

b．農薬・肥料の多投入

多くの食料を安定的かつ安価に国民に供給するためには、完全有機栽培などの特殊な場合を除き、その農業生産において最小限の農薬・化学肥料の使用は避けることはできず、これらの多用が近年の農村の生態系弱体化の大きな原因の一つとなっている。とくに、生態系に大きな影響を及ぼす農薬については、その病害虫や雑草への防除効果を期待する余り、新しい化学物質である農薬が大量に使用された時期があり、これが水田を主体とする農村の生態系を大きく損なったことは否めない事実である。

しかし、最近では、農薬の人体に及ぼす影響については、未解明な「環境ホルモン」などを除いては、その安全性が確保されるようになってきており、また、生物農薬などとの併用による総合的防除技術も、環境保全型農業の一環として普及し始めている。ただし、農薬の人間以外の生物・生態系への影響については、その実態や対策に関する研究が欧米に比べて立ち遅れており、現在、環境庁（水質保全局、1999）や関係研究機関などで鋭意検討が進められ、その成果が期待されている段階にある。

c．圃場整備によるビオトープの減少

次項以降で詳述する圃場整備は、農業の土地および労働の生産性向上にとって不可欠な条件整備であり、1960年代以降水田を中心に急速にその事業が進められてきた。しかし、その事業の実施や整備技術については、時代的趨勢もあって、その生産・投資効率が優先されたために、近年、生態系保全の観点から種々の疑問や批判が出されてきている（日本生態系協会、1995など）。

以下、この圃場整備（主として水田）の具体的内容を解説するとともに、これまで余り検討されてこなかった、生態系保全の観点から見た水田圃場整備の問題点と対策について、最近の知見を整理し筆者の考え方を述べる。

2．水田圃場整備の概要

農村の水田地域における生態系保全を考える場合、その生息の場である圃場がどのような意図でどのように整備されてきたかをまず知っておくことが必要であり、それとの兼ね合いの中で、今後

1）圃場整備の歴史的経緯

圃場整備の主体である区画整理は、古くは奈良朝の条里制から始まったとされているが、江戸・明治・大正を経て昭和の戦前までは、基本的には人力や牛馬耕による農作業が前提であり、その土地・労働生産性から見た圃場の構造には質的に余り差はなかったと言える。すなわち、地形に沿った不整形な小区画、灌漑は上流部から次々と水田を通す掛け流し方式、水路は素堀りの用水と排水を兼ねた土水路、農道は少なくあっても車の通れない狭小な土道、排水が悪くすぐぬかるむ水田、といった状態にあった。よって、土地と水を農業に利用しながらも、大きな自然の改変は伴わず、長い時間をかけて二次的自然といわれるような豊かな生態系をつくり維持することが可能であった。しかし、一方では、そのような農地での労働は過酷であり、作物の収量は低く、農村に住む人々の暮らしは豊かなものとは言い難かった。

戦後1960年代に入ると、農地改革による自作農の生産性向上への意欲の高まり、高度経済成長に伴う他産業と農業との所得均衡の必要性、農村における労働力の不足などを背景として、農業の構造改善が不可欠となり、その対策の有力な手段として、圃場整備が強力に推進されることになった。それに伴い、大型機械化を前提とする生産性向上のための望ましい圃場の形態や整備技術に関する研究が急速に進められ、農林水産省においても、圃場整備事業の新たな制度や事業化が進められるとともに、1970年代には、30a（30×100m）標準区画や新たな用水・排水システム等を取り入れた近代的水田圃場整備の計画設計基準が制定されるに至った。

1963年には大型機械化を主体とする近代的農業を目指した「圃場整備事業」が新たに制度化され、それまで単独事業として行われてきた区画・用排水・農道・暗渠排水などの諸事業が一元的・総合的に実施できるようになり、対象団地面積も大きく、技術も高度化されるため、都道府県が直接事業を実施できるようにした。

それまで、土地改良事業は灌漑排水施設・農地開発・干拓・農道などの事業が中心であったが、1960年代以降、この圃場整備は急速に拡大実施され、土地改良事業の中でも主要な事業にまで進展し、約35年経った現在では、図4-7のように全国水田の約55％が近代的な圃場に整備され、米を

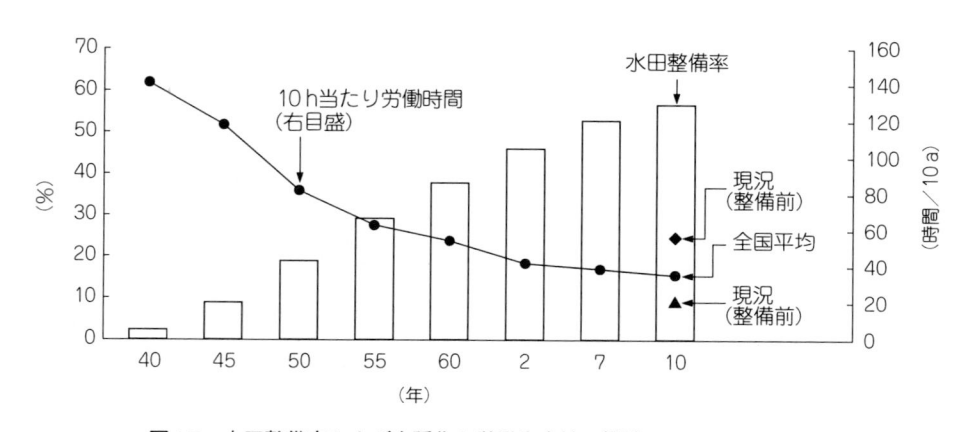

図4-7 水田整備率および水稲作の労働生産性の推移（資料：農林水産省）

中心とする農業生産性の向上や農村地域の社会経済の安定に大きく貢献してきた。そして今後とも食料自給率向上の重要な施策の一つとして、1ha以上の大区画を含むより高度な圃場整備が進められることとなっている。

そして、本年1月には、これまでの経験や新しい研究成果を総括・体系化し、今後の水田圃場整備を実施する際の拠所となる「土地改良事業計画設計基準・圃場整備(水田)」が改定公布されたが、その中の圃場整備の目的と意義の項では、農業の生産性向上とともに、「これまで農地が育んできた、生態系等の自然環境との調和にも配慮すること」が明記され、今後の生態系等に配慮した圃場整備事業の新たな展開に道が開かれることになった。

2)水田圃場整備の内容

1960年代より始まった圃場整備事業は、それまでばらばらに、かつ小規模に行われてきた圃場レベルにおける各種の土地改良を、一体的・総合的に実施する事業として制度化されたものであり、農業土木学会の用語辞典(改定3版、1983)よれば、「圃場整備とは、既存の水田や畑の土地および労働生産性を向上させ、農地の基盤の改良整備を行う一連の土地改良を言い、その主な内容は区画整理・農道整備・用排水整備・土層改良・客土・床締め・暗渠排水等である」と定義されており、言うなれば農地の面的・総合的な整備を意味している。

事業の中心となる区画整理は、農作業の機械化等を可能にするため、それまで不整形・小区画であった水田群を図4-8のように大きな区画に整形し、合わせて水路や農道を配置し直す土木工事であり、これに伴って従来の圃場の外観は写真4-1のように一変することになる。整備された水田の標準的区画の名称・配置・構造は図4-9のとおりで、一般に区画という場合にはこの耕区を指している場合が多い。1960年代後半にほぼ確立し現在まで普及実施されてきた標準区画は、面積30a(30×100m)の矩形で、急傾斜地などを除き全国の主要な水田地帯はほぼこの形で整備されてきているが、最近ではより低コストな稲作を目指し、1ha規模の大区画整備も急速に広がりつつある。

圃場整備に伴うもう一つの重要な工事は用排水施設の整備である。水田の自由な水管理を可能と

図4-8 圃場整備区画計画図 (約1,000枚の小区画水田を平均60a区画74枚に整理、富山県野尻地区)

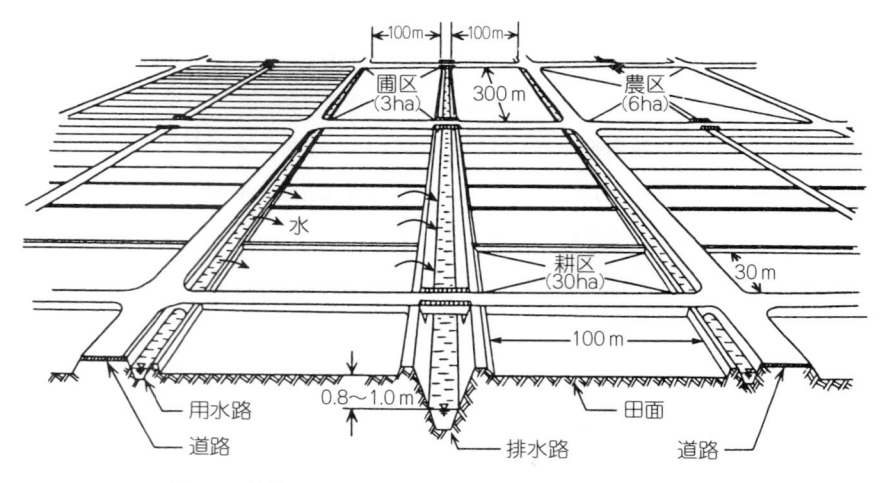

図4-9 整備された水田耕地組織の概要（根岸久雄氏による）

写真4-1 水田圃場整備の完了前後の状況
（左側：工事前、右側：工事後、岐阜県揖斐川左岸地区、農林水産省提供）

するため、各耕区にはそれぞれ用水路と排水路が沿い、水口と落口が設けられる。各水路は安全に必要な水が流せ、後の維持管理が容易であるような断面・構造であることが望ましい。このため、用水路はコンクリートか地下埋設のパイプラインとするのが一般的であり、とくに蛇口一つで簡便に給水できるパイプラインは、農家から最も喜ばれている整備の一つである。また、排水路は過剰な田面水の迅速な排除や地下水位の低下を図るた

め、旧来よりは水路を深くするとともに、構造の安全や維持管理の容易化のため、コンクリート護岸などにする場合も多い。

農道整備も機械化作業を前提とする近代的農業にとっては重要であり、集落から圃場へ、そして圃場内部の各耕区へ自由に交通できる農道は、モータリゼーションの進んだ近年、とくにその必要性が高い。幅員は運搬車や乗用車の交差に必要な最小限の幅をとり、構造は車両荷重や地盤強度維持、日常の維持管理の簡易化等から決定され、最近では耕区沿いの支線農道でも土砂道でなく舗装する場合が多くなっている。

大型機械化や水田の汎用化（水田にも畑に使える）にとって、排水施設の整備や暗渠排水による湿田の乾田化は、必要不可欠な対策であり、今後の麦、大豆・飼料作物などを水田でも作付し自給率の向上を図る上で、とくに重要な整備となっている。

以上が、これまでの水田圃場整備の具体的内容の概要であるが、これらの整備技術の主たる目的はあくまでも農業の土地・労働生産性の向上にあり、その面では充分な合理性を持った技術体系で

あり、日本の農業・農村のために大きく貢献してきたことは評価しなければならない。

しかし、農村における生態系や生物多様性の保全といった価値観の異なる新たな観点に立った場合、これまでの圃場整備の技術体系にも一定の見直しが必要であり、技術基準の改定を裏打ちするような研究・検討が強く求められている。

3．水田圃場整備における生態系保全上の問題点と対策

近年、上述してきたようなこれまでの水田圃場整備に対し、生物・生態系の関係者や団体などから、生態系保全上から見た各種の問題指摘や批判がなされているが、その技術的問題点としては、大別して、①区画の拡大整備に伴うビオトープ空間の喪失、②湿田の乾田化による生物生息環境の悪化、③用・排水路のコンクリート化に伴う問題の3点に集約できるように思われる。以下、それぞれの問題点と現在考えられている諸対策について筆者の考えを述べ、今後の水田圃場整備と生態系保全のあり方の検討に役立てたい。

1）区画の拡大整備に伴うビオトープ空間の喪失と対策

区画の拡大整備（写真4-2参照）に伴って、旧来そこにあった多数の水路・畦畔・荒れ地・雑木・池・湿地などが整理統合され、整然とした耕地組織となるため、それまで水田やその周辺に安定的に生息していた野生生物の生息場所（ビオトープ）が喪失または分断されて、ビオトープの地域的ネットワーク形成が困難となり、その地域の生物相が貧困になってしまうという指摘である。

水田圃場整備の最大の目的は、区画の拡大整理によって大型機械の導入を可能とし、その労働生産性を大幅に高めることにあり、それなしには圃場整備そのものが成り立たない。ただ、これまでの整備が、農地を作物生産のために最大限に利用することだけを強く意識し計画されたために、生産に直接結びつかないと思われるような、ビオトープ的な土地利用などについての配慮が乏しく、画一的・直線的な整備が主流になっていたことは否めない。

今後の整備にあたっては、地元農家や住民の理

写真4-2　大区画水田(約0.5〜2.0 haの区画)の圃場整備前後の比較
(左：整備前、右：整備後、岩手県上館地区、農林水産省提供)

解と協力を得つつ、生産目的以外の土地利用の一つとして、ある広がりの単位ごとにビオトープ的な場所、すなわち、草地・雑木林・池・水辺・遊び場などを保全・復元・創出したり、圃場と周辺の里山とを繋ぐ生物の移動できる回廊(コリドー)として役立つような、水路・農道・並木の配置やその構造などを検討することが必要である。

なお、圃場整備に伴う生態系の変化は、単に物理的な土地条件の変化の影響だけでなく、区画拡大に伴う栽培管理方式の変化、たとえば大型機械の使用・直播栽培の導入・田面の水管理の変化・畦畔除草管理の違い、などによっても影響を受けるものであり、区画の拡大整備に伴う生態系保全は、これらの整備後の栽培管理方式の変化をも含め検討されなければならない。

2）湿田の乾田化による生物生息環境の悪化と対策

水田周辺に常時または一時的に生息する生物や渡り鳥の中には、常に田面に湛水があったり、土壌が湿潤であったりする方が望ましいものも多く、圃場整備の中で行われる湿田の排水改良・乾田化が、水田の生態系や生物多様性を悪化させる大きな原因として上げられている場合もある。

戦後の地域的排水施設の整備や、その後の圃場整備に伴う排水路や暗渠排水の整備によって、現在では一部の低湿田や谷地田を除くほとんどの水田は乾田となり、機械化が可能な水田(**写真4-3、右**)に整備されてきている。昔のような排水の悪い湿田(写真4-3、左)の方が、野生生物の棲み家としては望ましいかも知れないが、毎年そこで耕作する農家から見れば、湿田の乾田化は必須の条件整備である。

この湿田の乾田化に伴う生態系保全への対策としては、稲収穫後も地域の一部の水田に水を溜めるようにしたり(**写真4-4参照**)、落水期に生物が逃げ込み生息できるような水溜りや湿地を確保したり、一部の排水路には常に水を残すなど、湿田状態に変わる対策や圃場の管理を工夫することが考えられており、一部の地域ではすでに試行的な実施を行っているところもある。

ただし、これらの対策管理は農家の人達だけに押しつけることはできず、何らかの公的・ボランティア的支援が必要である。また、これらの対策の稲作栽培への影響や非灌漑期間における水利権の確保などについても併せて検討しなければならない。

写真4-3 昔(昭和26年頃)の湿田と整備により乾田化された水田の稲刈り風景 (新潟県亀田郷、本間喜八氏撮影)

写真4-4　稲収穫後に水を張った整備水田（ガン・サギなどが飛来中、宮城県田尻町）

3）用・排水路のコンクリート化に伴う問題と対策

　圃場整備に伴って区画整理とともに必ず行われるのが用水・排水システムの改善整備である。各区画（耕区）ごとの独立した水管理・水管理操作の簡易化・水路の維持管理の容易化などを図るために、用水路は開水路の場合はコンクリート三面張りやU字フリュームとし、管水路の場合には地下に埋設するのが通例となっている。また、排水路は一般的には開水路とし、護岸・護床をコンクリートまたは同柵工（写真4-5参照）・石積みなどとし、地形に傾斜がある場合には各所に段差のついた落差工を設ける場合が多い。

　このような水路工法に対しては、水中や水辺に生息する魚や昆虫などの生物に大きなダメージを与えるものとして、水田地域における生態系保全の観点から見た圃場整備への最大の批判点になっている。

　水田圃場の用・排水路の土木的計画設計においては、①限られた断面で多量の水を通水すること、②なるべく屈曲や深浅を少なくして安全に通水すること、③水路敷地としての潰れ地を最小限にすること、④建設後の水草刈りなどの維持管理を容

写真4-5　圃場整備によるコンクリート柵工排水路
（水路部分には生物がほとんどいない。）

易簡便にすること、⑤工事費を安くすること、また、⑥排水路は地下水位低下を考えてなるべく深くすること、などが望まれる要件であり、これまでつくられてきた用水路のコンクリート三面張りやパイプライン化、排水路のコンクリート化など

4章　基盤整備と農村環境

写真4-6　生物・景観に配慮した石積み用水路と排水路（広島県高宮町）

写真4-7　傾斜地整備水田の魚道方式石積み排水路
（魚・水辺生物の移動を期待、広島県豊平町）

は、土木的には最も理にかなった工法といえるわけである。

　これに対し、生態系保全の観点に立てば、①水路の護岸・護床は生物の生息し易い土・石積みや多孔質の材料とし、②水路の直線化を避け、③途中に屈曲したり水深や水路幅の異なる部分を設け、④魚などの遡上を妨げる段差の大きい落差工は避ける、⑤田面と排水路の落差はなるべく小さくする、などを配慮した水路構造とすることが望ましいということになる。

　今後の水路整備にあたっては、このような相矛盾した要求をどこまで調整し、新たな技術開発などによってどこまで対応できるのか、水田圃場整備における生態系配慮上の最大の課題となっている。当面考えられる対応としては、全ての水路を生態系保全型(たとえば、**写真4-6**、**写真4-7**参照)にすることは、予算上の制約等から困難と考えられるので、大別して土木的な水利機能を重視した水路形式と生態系保全機能を重視した水路形式の二つを考えておき、対象地区の立地条件や地元の

要望などによって、その何れかを選択できるような方式が望ましいと考えられる。また、生態系保全型水路で最も問題となるのは、建設後の日常的維持管理であり、その管理体制の組織化や費用の公的負担についても、事前に充分検討しておく必要がある。

なお、生態系保全型水路の構造や維持管理のあり方については、現在、農林水産省を中心に全国各地で精力的な研究開発や試行的事例の蓄積が進められており、今後の早急な対応技術の確立が期待される。

4．圃場整備に伴う二次的・三次的自然の保全と創出

冒頭でも述べたように、今から30〜40年前までは、日本の水田を主体とする農村地域では、農耕と共存した二次的自然とも呼ばれる豊かな環境が維持保全されてきたが、近年、上述したような農業生産性向上と生態系保全との矛盾が顕在化し、今後の日本における農業生産性をさらに高めるためには、この問題の解決は避けて通れない農政上の重要な課題である。昨年公布された「食料・農業・農村基本法」においても、農業・農村の持つ多面的機能の発揮とともに、農業生産基盤の整備にあたっては環境との調和に配慮しつつ事業を進めることとしている。

昔に比べ、ここまで日本全体の社会・経済構造が変化し、農業・農村自体も大きく変貌してしまった現在、今さら生産性の低い昔の農業生産形態に後戻りしたり、全ての農村をかつての二次的自然状態に回復させることは、現実的には困難と言わざるを得ない。

今後は、農村にまだ残されている生態系などの自然環境を、極力保全・修復するとともに、農業・農村関係者の発想の転換と新たな技術開発によって、農業生産性が高くかつ自然環境にも恵まれた「三次的自然」ともいうべき新たな農村空間の創出を目指すべきではないかと考えられる。

日本農村の原風景ともいわれる「二次的自然」は、その自然環境や景観としては大変優れたものが多く、今でもそれが保全されている農村や地域も少なくない。また、ため池・小川・湿地や耕作放棄水田など、部分的にはビオトープ的な自然を回復・復元できる場所も多く、すでに農村地域環境整備事業などを通じて、水辺環境を中心にその保全・修復など各種の事業化が進められている所もある。今後の農業農村整備事業においては、生産性向上とともにこの残された「二次的自然」の保全・修復・復元も重要な仕事として位置付ける必要があり、とくにこの視点は自然生態系が多く残されている中山間地域の圃場整備において重要である。

また、新基本法のもとでの生産対策として、農業農村整備事業はますます重要な事業として推進されようとしているが、その事業が主として農地の環境を土木的手段によって物理的に改変する行為である以上、農村地域の自然生態系等に一定の影響を与えることは今後とも避けられないであろう。とくに圃場整備は農村地域の広い面積を面的に整備する事業であり、生態系保全にも充分配慮した新たな技術体系や事業制度を早急に確立しなければならない。そして、その工夫次第によっては、生産性も高くかつ生態系等の自然環境も一定の水準に保持された、いわば「三次的自然」ともいうべき新たな農村環境を創出する上で、大きく貢献できるものと考えられる。

ここでいう「三次的自然」の具体的イメージとしては、たとえば、一つの集落（旧村）程度の広がりの中で、農地には高生産性農業を可能とする高度な圃場整備を行うとともに、その整備地区の中

4章 基盤整備と農村環境

写真4-8 農業用水を利用したビオトープ的親水施設
(パイプラインから水を計画的に噴出させ利用、町内各所に整備、滋賀県甲良町)

や周辺には、従来棲んでいた野生生物等が生息・移動し易い水路・農道・畦畔・溜め池・河畔林、親水公園(写真4-8参照)などのビオトープを適切に保全・整備・配置し、その地域的広がりの中には、圃場とともに豊かな生態系や景観が保持されているような、新たな農村空間を創出することが考えられる。

現在のところ、圃場整備以外に農村の一定地域を面的に整備する法的・制度的手段がない以上、事業に伴う換地手法などによって、土地利用の再編が可能な圃場整備は、この「三次的自然」創出の絶好の機会であり、他の諸事業ともうまく組み合わせることによって、その実現が現実のものとなることが期待される。

5．今後の研究課題と検討事項

以上述べてきたような、圃場整備を主体とする農業農村整備における生産性の向上と生態系保全の両立、とくに残されている二次的自然の保全・修復のあり方や生産性の高い三次的自然の創出については、いまだ研究・検討は緒に着いたばかりであり、関係各方面における今後の努力に待つところが大きい。以下、このような圃場整備における生態系配慮に必要な研究・検討事項を列記すれば、おおむね次のような事項が挙げられる。

① 生態系保全の基本的考え方の明確化

　地域タイプごとの基準となるべき生態系の姿、遷移する生態系を捉える時間軸、生態系の単位としての広がり、これらをどう考えるか。

② 生態系保全の受益者は誰か

　圃場整備に伴う生態系保全によって誰が受益するのか。人類・国民・都市住民・地域住民・農業者等いろいろな考え方があり、これは保全に掛かる費用の負担問題に深く関係する。

③ 主要水田地域の生態系マップの作成

　整備に伴う生態系への影響を判断するため、現状を調査し生態系マップを作成することが望まれるが、そのための簡便な調査法・マップ作

成法や評価法を開発することが必要である。
④ 保全に必要な生物・生態的ミニマム条件の解明

圃場整備等により物理的環境改変を行う場合、生態系に一定の影響が及ぶことは避けられず、どこまでが生物的・生態的に許容され得るのか、生物系と工学系専門家の共同研究が必要である。

⑤ 生態系保全に配慮した計画設計技術の開発

区画・農道・水路の配置、ビオトープを含む土地利用計画、水路の構造・材料や水管理方式など、新たな観点に立った計画・設計技術の開発が急がれる。

⑥ 生態系保全に必要な整備費や維持管理・労力経費の負担方式の解明

必要な施設整備のための費用、日常的な維持管理に必要な労力・経費等を、誰がどのように負担すべきかを明らかにしておく必要がある。

⑦ 生態系配慮型整備事例の集積

農林水産省・他省庁・地方自治体・NGOなどが実施した生態系保全関連事業の実施例を、系統的に収集整理することが望まれる。

⑧ 土地改良制度の改革

生態系に配慮した事業を本格的に実施するためには、土地改良法の改正および費用負担や維持管理組織のあり方など、各種の制度改革や予算措置が必要である。

以上、水田地域における圃場整備と生態系保全の関係は、優れて総合的な知見を必要とする研究分野であり、今後は生物系と工学系の研究者・専門家間の密接な連係によるよる共同研究が不可欠であり、今後の新たな研究展開に強く期待したいと思う。

参 考 文 献

農林統計協会（2000）：図説食料・農業・農村白書（平成11年度）．
環境庁水質保全局（1999）：21世紀における我が国の農薬影響評価の方向について（中間報告）．
中川昭一郎（2000）：水田圃場整備のたどった道、21世紀農業技術の視点、p.81-112、大日本農会．
農林水産省（2000）：土地改良事業計画設計基準・計画・ほ場整備（水田）、p.1-360、農業土木学会．
日本生態系協会（1995）：ビオトープネットワークII－環境の世紀を担う農業への挑戦－、p.24-43、ぎょうせい．
農業環境技術研究所（1998）：水田生態系における生物多様性、p.34-154、養賢堂．
中川昭一郎（1998）：水田の圃場整備と生物多様性保全を考える、農林水産研究ジャーナル、**21**(12)、p.3-8．
中川昭一郎（2000）：農村の二次的・三次的自然の保全と創出、食糧主権、p.206-213、山崎農業研究所・農文協．
農村環境整備センター（2000）：特集・農村生態系と保全技術、農村と環境、No.16、p.1-130．
日本土壌協会（2000）：小特集・生態系保全に配慮した農村環境整備－自然との共存を求めて－、圃場と土壌、**32**(2)、p.3-59．
地球環境関西フォーラム（2000）：水田・休耕田・放棄水田等の現状と生物多様性の保全のあり方について、p.1-305．
太田信介（1998）：環境に配慮した農業農村整備事業の展開方向、農業土木事業協会誌（JAGREE）、No.56、p.180-197．
農村環境整備センター（1995）：農村環境整備の科学、p.98-104、朝倉書店．
編集委員会（1997）：人と自然にやさしい地域マネージメント－地域環境管理工学－、p.149-155、農業土木学会．
東京農業大学ビオトープ研究グループ（1998）：ビオトープ保全・整備手法検討調査報告書（平成9年度）、p.1-264．
東京農業大学ビオトープ研究グループ（1999）：圃場整備におけるビオトープ形成追跡調査報告書（平成10年度）、p.1-36．

5章 農村ビオトープの保全・造成管理
― 敦賀市中池見での事例 ―

藤井　貴

5.1　中池見の自然環境

1．中池見の歴史と農業

「中池見」は、敦賀市の市街地東方にある天筒山（171.3m）を中心とする山地に囲まれた、面積約25haの山間盆地である。

中池見には約27mの深さまで泥炭層が連続しており、堆積物の花粉分析の結果や歴史書から、かつては水生・湿生植物が繁茂する湿地帯であったと考えられる（宮本ほか、1995）。

中池見の北方には「内池見」、また南方には「余座池見」があり、これら三つの池見は江戸時代に開田された「池見田」とよばれる水田地帯であり（平松、1973）、1960年代までは一面に水田がひろがっていた。

中池見の水田は泥深く、稲刈りには田舟や田下駄を使用していた。農家は水田に客土をし、小規模な基盤整備を行って改良に努めたが、土壌が軟弱であるため、大規模な基盤整備や水路の改修工

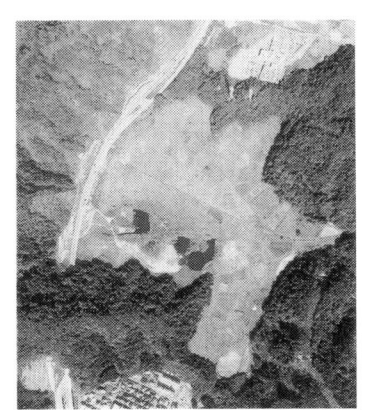

1963年　　　　　　　1975年　　　　　　　1997年

写真5-1　中池見の変遷
中池見の南西部にある大きな水たまりは、国道8号敦賀バイパスの工事の建設残土を客土のため水田に入れた結果、水田が陥没してできたものである。

事ができず、農作業の大規模な機械化は困難であった。

さらに、1970年ころより本格化した米の生産調整（減反）を背景に、中池見では耕作放棄水田が年々増え続けて行った。

写真5-1に示す航空写真を見ると、1963年の中池見はほぼ全域で畦がはっきりとしており、全域で水田耕作が行われていた。米の生産調整が本格化した1970年ころより中池見の耕作放棄水田が増え、1975年では山沿いの棚田や中池見中央部に、植物が繁茂する放棄水田が認められる。さらに、環境影響評価の調査が行われた1994年には耕作中の水田は全体の面積の1/5以下となった。さらに、維持管理試験を開始した翌年の1998年には「環境保全エリア」以外の水田はすべて耕作放棄された。

2．大阪ガスLNG基地計画と中池見の自然環境の保全

1990年に中池見は敦賀市第4次総合計画における工業団地構想候補地となったが、1992年に敦賀市議会は、中池見へ大阪ガスの液化天然ガス（LNG）基地を誘致することを決議した。これを受け、大阪ガスは、1993年から1994年にかけて環境影響評価（環境アセスメント）の調査を行い、1996年に環境影響評価書を福井県に提出した（大阪ガス、1996）。

1）中池見の自然環境

環境アセスメントの一環として、1993～1994年に中池見全域および周辺部の生物調査が行われ、植物では植物相と植生、動物では哺乳類、鳥類、両生・爬虫類、魚類、昆虫類、貝類に関しての現地調査を実施した。

植物の調査結果によれば、中池見の耕作田、耕作放棄水田、水路などには、134種の水生・湿生植物が確認され、この中にはミズアオイ、デンジソウをはじめとする多数の絶滅危惧種・危急種・稀少種が含まれていた。これらの稀少種の主要な生育地は、草刈りが実施されている管理休耕田や耕作放棄水田に発達する低茎の多年生草本群落内であった。

また、動物の調査結果によれば、チュウサギなどの水鳥、モリアオガエルなどの両生類、メダカなどの魚類、トンボ類やゲンゴロウ類などの水生昆虫、貝類など、水生・湿生の環境を生息地とす

表5-1 中池見の保全対象種

区　分		種　名	
植　物 （24種）	保全分級 II	ミズニラ デンジソウ イトトリゲモ ミズアオイ ミクリ ナカエミクリ ナツエビネ サンショウモ ヒツジグサ	マツモ ヒメビシ ミズトラノオ ミツガシワ トチカガミ ミズオオバコ カキツバタ ショウブ ヤナギヌカボ
	保全分級 III	ミズワラビ マアザミ ヨコグラノキ イヌタヌキモ ハナゼキショウ ミズトンボ	
動　物 （16種）	保全分級 II	モリアオガエル ハッチョウトンボ ゲンジボタル サラサヤンマ	
	保全分級 III	カワセミ チュウサギ ヒクイナ ヨシゴイ ヘイケボタル アオヤンマ ネアカヨシヤンマ オオコオイムシ キベリクロヒメゲンゴロウ クロゲンゴロウ ゲンゴロウ ジュウサンホシテントウ	
分級II～IIIの植物群落 （5群落）		ミズトラノオ群落 ミツガシワ群落 ミズアオイ群落 クログワイ群落 チゴザサーアゼスゲ群集	

る多様な動物が確認された。とくに、トンボ類やゲンゴロウ類が豊富であることが中池見の特徴であり、これらの動物は、様々な植生を生息環境として利用していた。

草刈りや田起こしなどが実施されている管理休耕田は、保全対象となる稀少な動植物（植物24種、動物16種）の主要な生育・生息地となっていた（表5-1）。さらに、管理休耕田の諸作業を中止して放置すれば、植生遷移が進行し、これらの稀少種を含む多様な生物相が減少あるいは消滅する可能性が大きいことが確認された。

2）保全対策と知事意見

大阪ガスは、環境影響評価準備書で、事業予定地南部の約10 ha（平地部約4 ha、周辺集水域約6 ha）を環境保全エリアに設定して必要な整備を行い、生物を保全する計画を示した（図5-1）。環境保全エリアは地形、水系、水田形状、畦、水路等、集水域を含め、現状の状態で保全するとともに、維持管理を継続して行うこととした。さらに、多様性を確保するため、分布量の少ない群落や種を補完的に移植することとした。動物については、現状の生息基盤を保全し、その環境保全エリアへの移入を行うとともに、多様な生物群集を確保するため、注目種が生育していない環境保全エリアの一部に、池沼、水路等の生息基盤を補完的に整備することとした。

1996年3月に福井県知事意見が出され、環境保全エリアの整備に当たっては、①事前に生物と環境条件の充分な調査を行うこと、②工事の着手に当たってはこれらの調査結果を充分に踏まえること、③地域住民が自然に親しむ場、環境学習・調査研究の場として利用できる施設として整備すること、④環境保全エリアの適切な維持管理と生物の変化の記録を実施することが指示された。

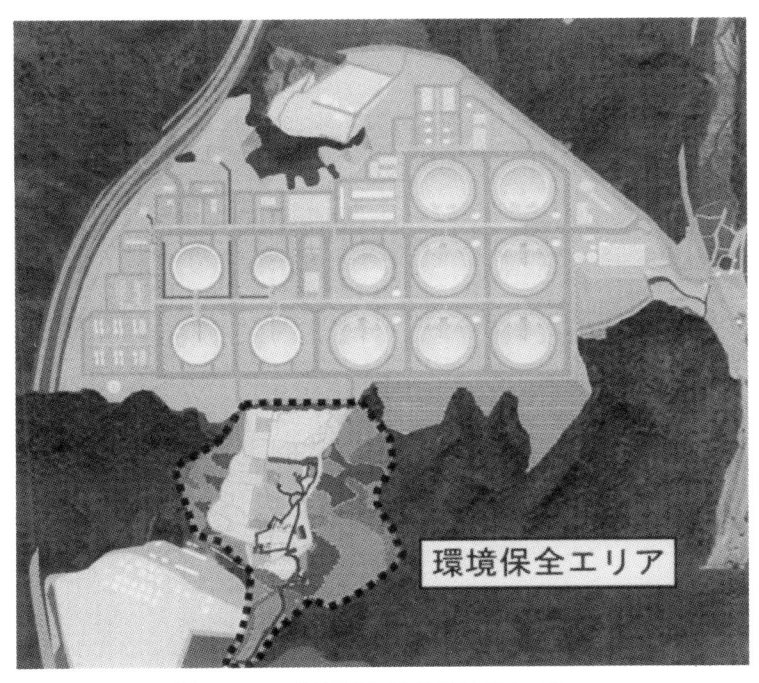

図5-1　LNG基地建設計画と環境保全エリア

5.2 保全および造成管理

1．環境保全エリアの整備

環境保全エリアの整備は、1997年3月に開始され、2000年2月に3年間の整備結果を公表した。以下、環境保全エリアの整備内容と整備結果を「農村ビオトープの保全および造成管理」という視点を中心に報告する。

1）整備の方針

環境保全エリアの整備は、以下の二つの方針からなる。

a．維持管理の継続

中池見の自然環境は、人為を排して放置すると植生遷移により急激に変化し、保全対象種となっている植物も生育できなくなることが確認されている。したがって、環境保全エリアでは、二次的自然である中池見の動植物を保全するため、従来から行われてきた営農作業を継続することとした。

b．新たな生育・生息環境基盤の整備

環境保全エリアでは、維持管理を継続して現状を保全することを基本的な考え方としている。しかし、一部の種や群落の生育・生息環境が環境保全エリアでは存在しなかったため、池沼・水路等の環境基盤の整備を行うとともに、一部の種については改変予定地から環境保全エリアへの補完的な移植を行うこととした。

さらに、環境保全エリアが自然に親しむ場、環境学習・調査研究の場として利用できるように、自然観察、農村体験等を行う施設や中池見の自然環境について展示した展示棟等を整備することとした。

以上の方針をもとに整備された環境保全エリアは、「中池見　人と自然のふれあいの里」として、2000年5月から一般公開されている（図5-2）。

2）維持管理試験

1997〜1999年度に試験的な維持管理を行い、環境保全エリアの維持管理方法の確立に努めた。

維持管理は、中池見で従来行われてきた農作業の方法と作業時期をベースに、表5-2に示す作業を図5-3に示す管理区分ごとに行った。作業の実施は地元の農家に依頼したところ、作業に要したのべ人数は、年間で平地部で約500人、山地部（里山管理）で約500人であった。

維持管理の違いが植物相や群落構造に与える影響を把握するため、現行田、休耕田、低茎草原において試験区を設定し、管理条件を変えて、植生調査を行った。一例として1997年の試験区と管理条件を図5-3に示した（関岡ほか、2000）。

1997〜1999年の試験結果より明らかになった維持管理方法と植物群落構成種との関連を、表5-3に整理した。この表より、水位が種数や生活型組成に大きく影響を与えることがわかった。

また、試験区における、植生と昆虫相の種多様性を検討するため、相対優占度にもとづく種多様度指数シャノン関数（Shannon and Weaver, 1949）を算出した（図5-4）。維持管理を積極的に行っている休耕田や低茎草原では、年を重ねるにつれ多様度指数が上昇した。また植物に関しては、水位

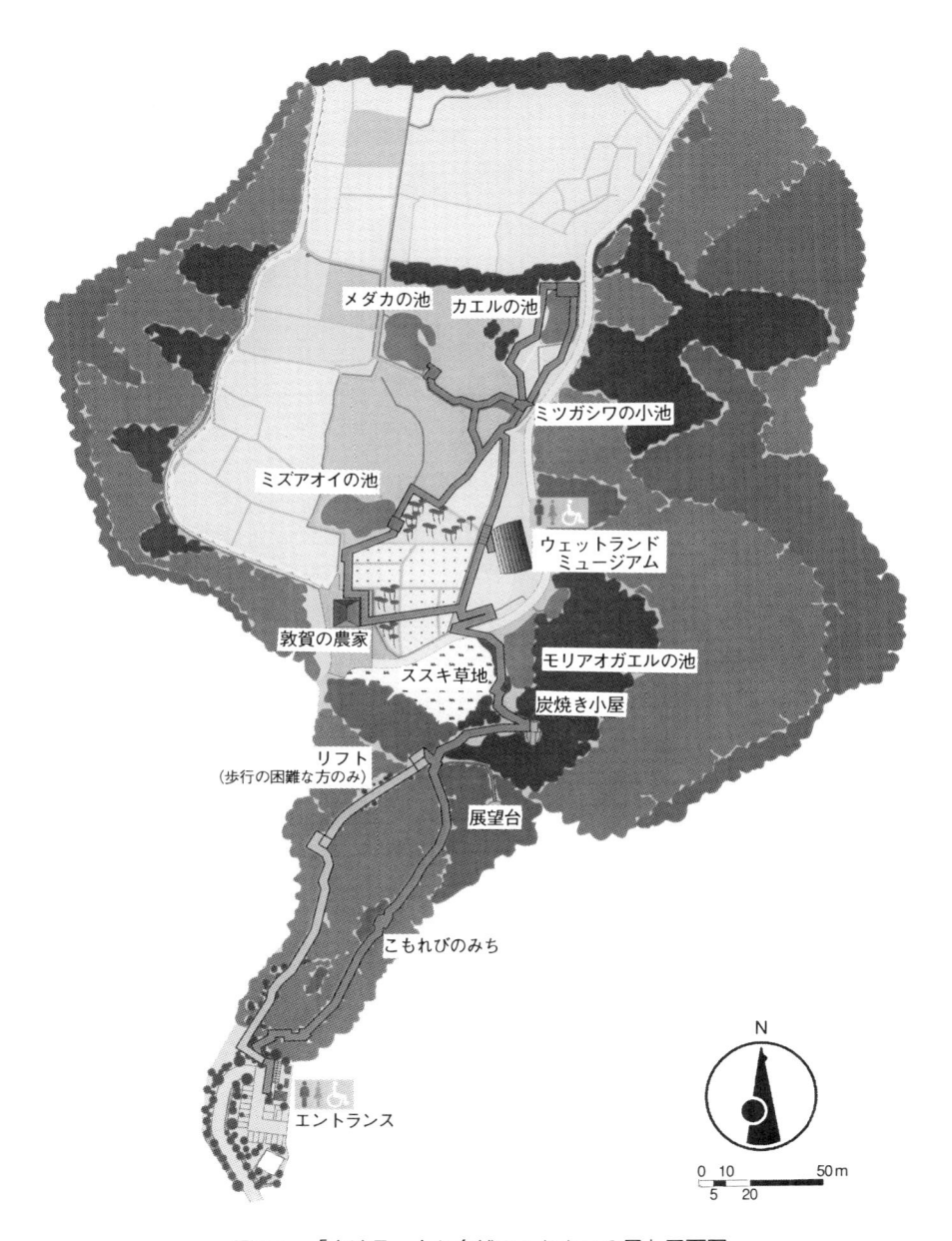

図5-2 「中池見・人と自然のふれあいの里」平面図

が高い場所では種多様度指数が低く、水位の低い場所で種多様度指数が高い傾向が顕著であった（関岡他、2000）。

これらの維持管理試験の結果に基づき、維持管理の概要をまとめた「維持管理マニュアル」を作成した。現在、このマニュアルをもとにモニタリング結果をフィードバックさせ、毎年の維持管理計画を立案している。

表5-2 維持管理試験における作業内容と作業時期

作業内容		月	3	4	5	6	7	8	9	10	11	12
水管理	江戸堀り・池掃除			■			■					
	水管理水路等補修				■■■■■■■■							
除草	草刈り（機械）				■	■		■				
	草刈り（手作業）				▪	▪	■			■■		
	ヨシ・ガマ抜取					▪						
	ヒエ穂・ヨシ抜取							▪	▪			
	堆肥作り								■			
耕起作業	畦作り			▪▪								
	田起こし・代かき			■■	■							
	肥料散布			▪								
	畦の補修								▪	▪		
収穫作業	田植え				■■							
	稲刈り							■				
	稲脱穀							▪				

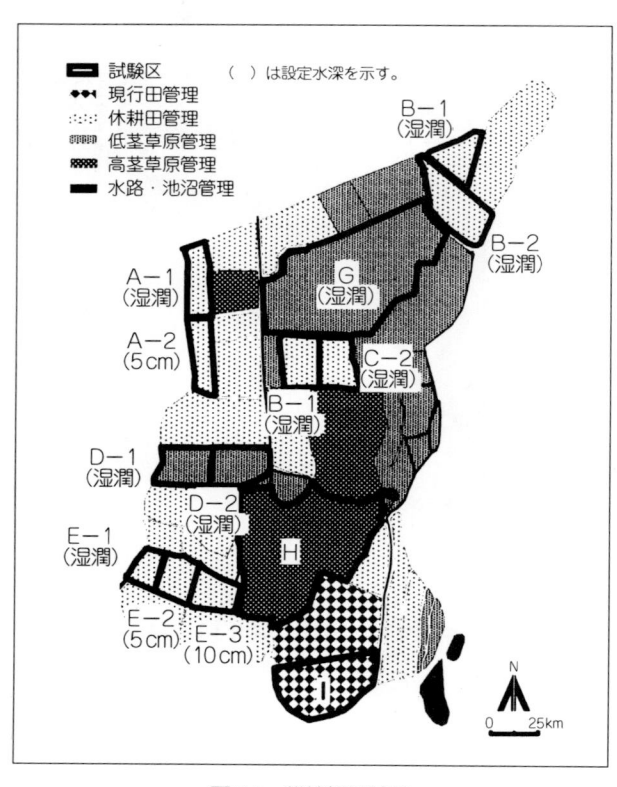

図5-3 維持管理試験

表5-3 維持管理方法と植物群落構成種との関連

管理方法	立地	種数			生活型組成		
		1997	1998	1999	1997	1998	1999
除草剤の有無	現行田	有＜無	—	—	いずれも1年生草本が多く、明らかな差は認められない	—	—
秋起こしの有無	現行田	—	有＜無	—	—	いずれも1年生草本が多く、明らかな差は認められない	—
水位	休耕田	明らかな差は認められない	1997年と同傾向	低＞高	水位が低いほど1年生草本の割合が高い	1997年と同傾向	1997年と同傾向
	低茎草原	低＞高	1997年と同傾向	—	水位が高い方が1年生草本が多い	1997年と同傾向	—
田起こしの深さ	休耕田	深＞浅	明らかな差は認められない	—	深起こしの方が1年生草本が多い	明らかな差は認められない	—
田起こしの有無	休耕田	—	—	明らかな差は認められない	—	—	田起こしのある方が1年生草本が多く、ケイヌビエが繁茂する
	低茎草原	—	—	明らかな差は認められない	—	—	田起こしのある方が1年生草本が多い
代かきの有無	休耕田	明らかな差は認められない	明らかな差は認められない	—	いずれも1年生草本が多く、明らかな差は認められない	B11では代かきをおこなわない方が1年生草本の割合が高い 1998年より試験区にした場所では1997年と同傾向	—
施肥の有無	休耕田	—	明らかな差は認められない	—	—	施肥をおこなった方が1年生草本の割合が高い	—

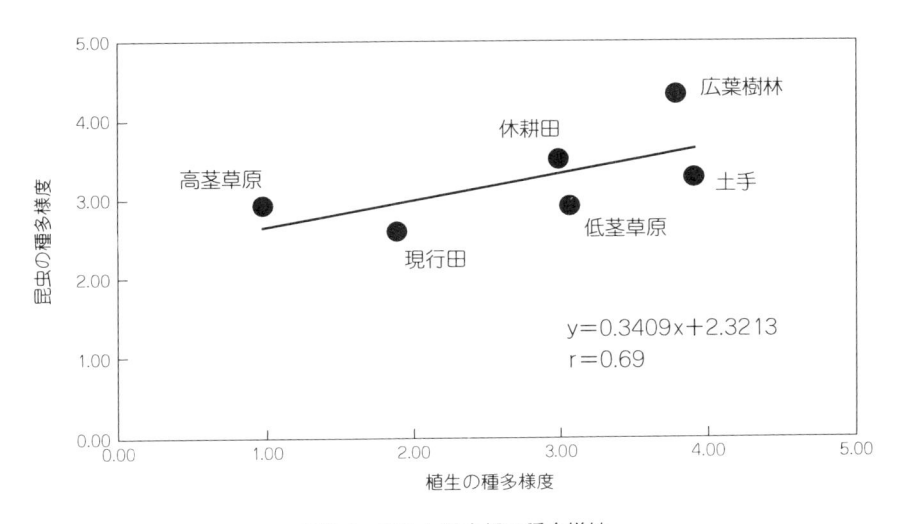

y＝0.3409x＋2.3213
r＝0.69

図5-4 植生と昆虫相の種多様性

3）水系・土壌・水質の調査

a．水系調査

環境保全エリア内の水の挙動を把握するため、1997年度に地下水を含む環境保全エリアの水系の調査を行った。

この調査により、表層に近い地下水は南から北、および山側から中央水路の方向へ流れていること、移動速度が極めて遅いことを確認した。また東側山際の湧水は、渇水期の8月でも涸れないことも確認した。

b．土壌・水質の調査

環境保全エリアの生育基盤条件と水生・湿生の保全対象植物種の生育基盤を把握するため、土壌と水質の調査を行った。

環境保全エリアの土壌条件は、休耕年数などの管理形態や湧水の影響で、モザイク状に異なっていた。また、水質は水路の流れに沿って変化していた。

保全対象種の生育地の土壌・水質と環境保全エリアの土壌・水質条件とを比較した結果、環境保全エリア内で全ての保全対象種が生育可能であることを確認した。

4）「中池見：人と自然のふれあいの里」の整備

a．保全コンセプトの設定

環境影響評価書に示す環境保全目標を基本に、自然に親しむ場、環境学習・調査研究の場として利用できる施設となるよう考慮して、以下の保全コンセプトを設定し整備を行った。

次世代に継承する敦賀の原風景の保全
…自然環境と農村景観の保全…

保全コンセプトを実現するの具体的テーマとして、以下の四つを設定した。

- 農村環境(景観)の保全

　敦賀に伝わる、人と自然が共生してきた農村環境を保全することにより、注目種等をはじめとする中池見の動植物の保全を図る。

- 農村環境(景観)の活用

　貴重な二次的自然環境の保全を図りつつ、自然観察、農村体験等を通じて環境教育・調査研究の場としての活用を図る。

- 農村環境(景観)の維持管理

　科学的知見や実験結果に裏付けされた管理方法により、永続的な農村景観の維持を図り、現状の多様な動植物の生息・生育環境の維持を図る。

- アメニティ空間の創出

　訪れる多くの人たちが、敦賀の原風景に触れ、やすらぎを感じることができる場としての整備を図る。

b．ゾーニング

① 基本的な考え方

環境保全エリアは、環境保全エリア内の動植物に影響を及ぼさず、かつ、自然観察や体験学習などの利用が行えるように配慮する必要がある。そのため、以下の考え方に基づきゾーニングを行った。

- 保全対象種をはじめ、多様な種が生育・生息可能なゾーニングを行う。

- 環境保全エリアを活用するにあたっては、動植物の生育・生息環境への影響を最小限におさえるとともに、現存する自然資源を有効に活用する。

- 中央のヨシ原を境に、西側にサンクチュアリゾーン、東側に自然観察ゾーンを配置し、ヨシ原による遮蔽効果により、サンクチュアリゾーンへの人の影響を軽減する。

- 整備開始直前まで稲作を行っていた南部の休耕田に、農村ゾーンを配置する。

車椅子の利用者が利用できるよう、観察用木道等の園路は幅を充分にとり、また入口から自然観察ゾーン間には車椅子用リフトを配置する。

② 環境保全エリアのゾーニング

環境保全エリアのゾーニングを図5-5に示す。環境保全アリアは以下の五つのゾーンに分けることとした。このうちの自然観察ゾーン、農村ゾーン、里山散策ゾーンを、一般に利用可能なゾーンとした。

- サンクチュアリゾーン：環境保全エリアの核心部。保全対象種はじめ、多様な動植物の生育・生息環境の保全を図かるゾーン。

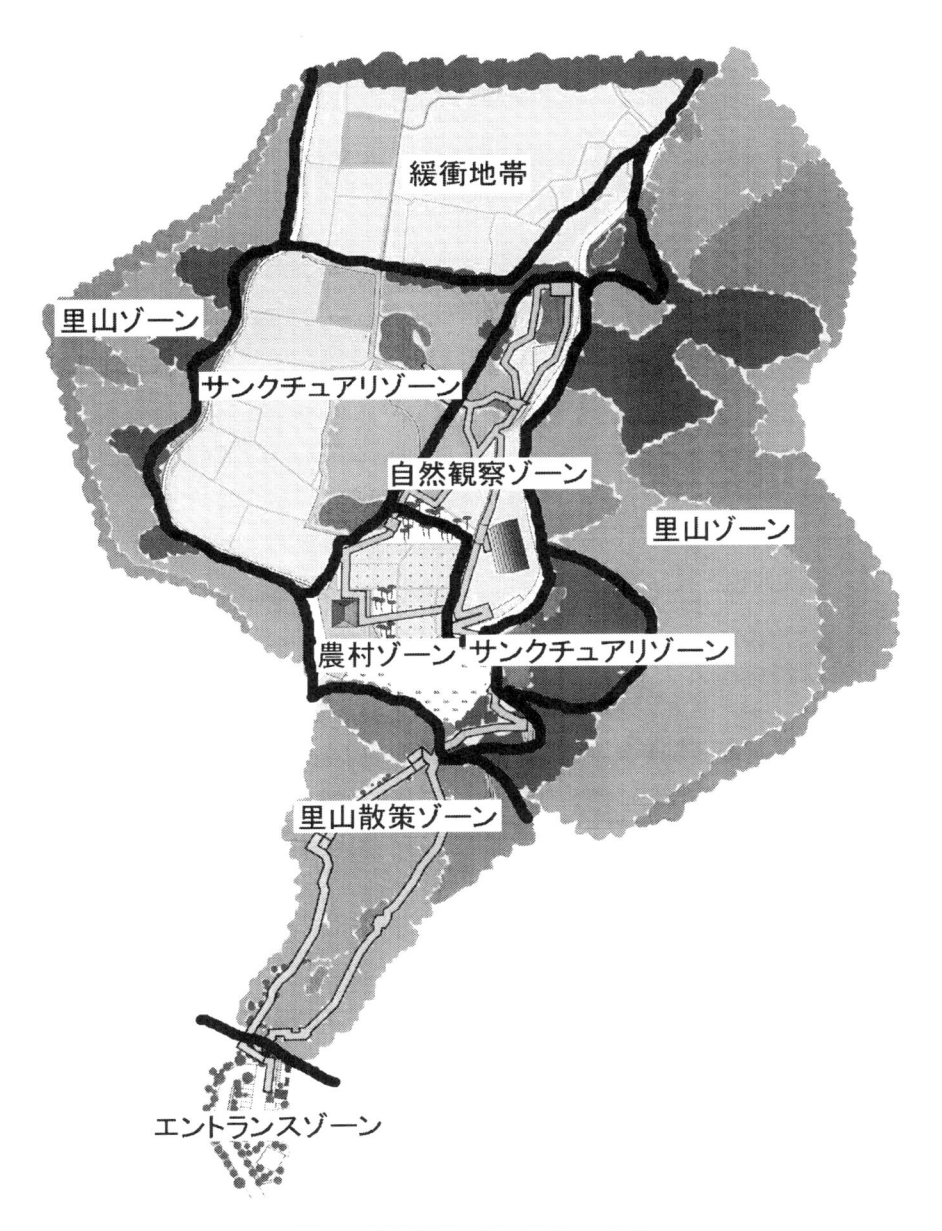

図5-5 環境保全エリアのゾーニング

写真5-2 木　道

- 自然観察ゾーン：自然観察等の場として保全対象種等の多様な生息生育環境を保全し、かつ、環境への負荷の少ない利用を図るゾーン。ウエットランドミュージアム（展示棟）、木道、サイン等を整備する。
- 農村ゾーン：農村体験等を通じて自然に親しみ、また、環境学習を図るゾーン。農家と農村景観を整備する。
- 里山ゾーン：平地部への水源涵養機能を持ちつつ、生物の多様性の確保、農村景観の演出を図るゾーン。里山の雰囲気を中景・遠景として得られるよう、里山管理を行う。
- 里山散策ゾーン：エントランスからメインゾーンへのアクセス部で、コナラ林等里山の雰囲気を演出するゾーン。炭焼き小屋を整備する。

c．動線計画と施設計画

① 利用動線

一般の見学者への便宜と、生物や環境への影響を最小限におさえるため、大きく、利用動線（園路）と管理動線を区分して設定した。利用動線は、木道を主体に配置した（写真5-2）。

② 木道（利用動線）の設置

木道を含めた動線計画立案にあたっては、水田を管理するための農道や畦を可能な限り利用するとともに、環境への影響の少ない形態と材料を選んだ。自然観察ゾーンでは保全対象動植物の自然観察を行えるように配置するとともに、池沼部では木道の幅を広げたテラスとし、池沼内をゆっくり観察できるようにした。

自然観察路の利用者は子供から高齢者までの幅広い年齢層を想定し、設置に際しては以下の配慮を行った。

・配　置

木道を設置すると、その下は日陰となって植物が生えないため、水の通り道になって全体の水の流れを変えてしまう可能性がある。そこで、傾斜地に設置する場合は、水の通り道にならない場所と方向に木道を設定した。

・高　さ

放棄水田等で、観察対象となる植物や動物は小さいものが多い。そこで、間近で観察できるように、可能な限り床板の高さを低く（20cm程度：施工限界）した。一方、植生の高さが高い場合や、木道から植生内への立ち入りを防止したい場合は、床板の高さを高く（100cm程度）設定した。

• 材　質

木道の架け替えは環境への影響が大きいため、老朽化や腐敗しにくい材質を用いる必要がある。期待寿命が長いセランカンバツ材を用い、水生生物に影響を与えるおそれがあるため防腐剤は使用しなかった。

• 傾　斜

自然観察路は、車椅子での利用を可能とするため、走行可能な傾斜に配慮した。また、あわせて車椅子の落下防止柵、スリップ防止の目地を配置した。

③　動植物への配慮

排水溝や道路法面などで段差が多く発生する場合は、丸太積みや石積みを構造物にとりつけた。これらは、両生類や爬虫類などの小動物の移動経路となるとともに、それ自体が動物の生息地として機能するほか、農村景観の構成要素としても違和感を与えないと考えたためである。

展示棟や園路・駐車場に使用するコンクリート構造物は、周辺の土壌や水域をアルカリ化するおそれがある。事前調査により、中池見の水生・湿生植物の生育地は弱酸性であることを確認しているため、湿地内の施設はコンクリート構造を避け、木構造または鋼構造を採用した。また、各々の施設からの排水が、保全対象地域に流入しないよう、排水はエントランス部まで直接流出させ、処理することにした。

d．基盤整備計画

環境保全エリアの生物多様性を確保するため、池沼および水路等の環境基盤を環境保全エリアに整備した。

①　池沼型環境の整備

止水性のトンボ類やゲンゴロウ等の水生昆虫の生息環境等を確保するため、南西部の2ヶ所の既存池沼に加え、新たな池沼を整備した。均一な平面形状、断面形状は避け、極力変化のあるものとした。また多様な動植物が生育・生息できるよう、湧水が多く電気伝導度の低い東側の谷から導水する貧栄養型の池沼（池沼A，池沼B）と、水路の流末に配置する富栄養型の池沼（池沼C，池沼D）を整備した（図5-2）。

今回新たに整備した池沼のうち、池沼Aと池沼Cについて、整備方針と目標とする保全対象種、2000年春の状況を図5-6、図5-7に示した。

②　水路型環境の整備

環境保全エリアには、幅30cmから1.5m程度の様々な水路がある。これらは水田として利用していた頃の灌漑・排水用水路である。水路についても、池沼と同様、貧栄養型水路と富栄養型水路を設け、多様な動植物が生育・生息できるよう配慮した。

整備にあたっては、基本的な水路の位置は変えず、現況の水路を拡幅および浚渫した。また、ゲンジボタルの繁殖を目的にしたホタル水路（水路d）を新たに整備した。

ホタル水路の2000年春の状況を写真5-3に示した。

③　池沼、水路整備にあたっての設計における配慮事項

池沼A、池沼C、ホタル水路それぞれの設計上の配慮事項は図5-6、図5-7、写真5-3で説明したとおりであるが、共通項目としては以下の点を挙げ

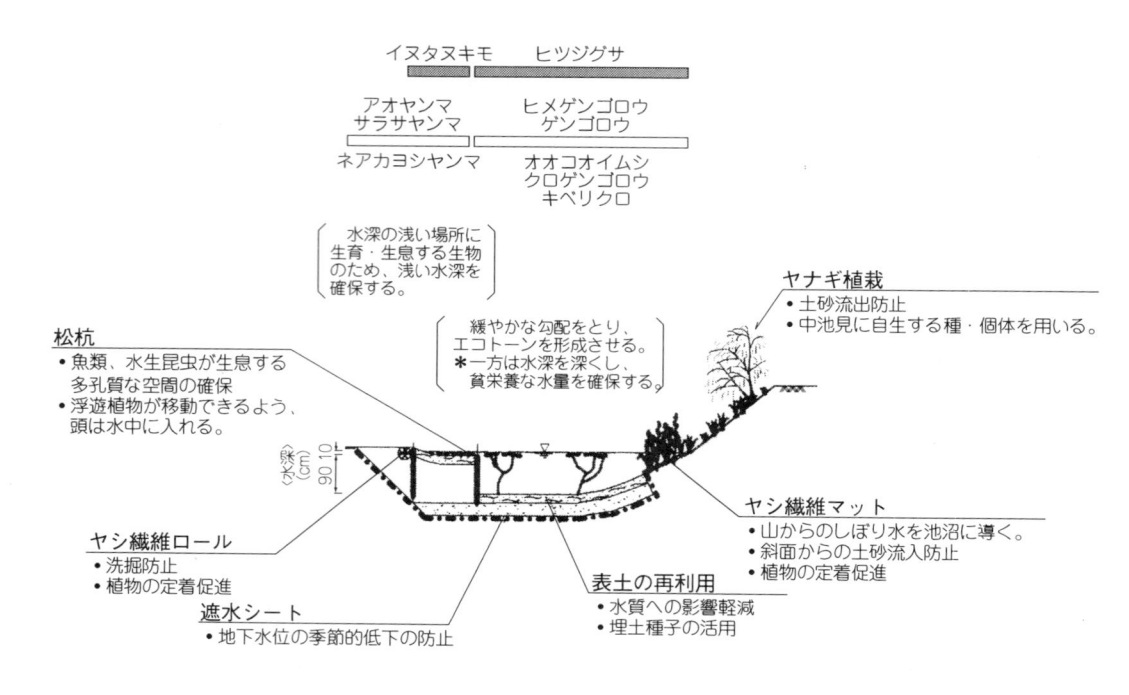

5章　農村ビオトープの保全・造成管理

```
    イヌタヌキモ        ヒツジグサ
  アオヤンマ        ヒメゲンゴロウ
  サラサヤンマ        ゲンゴロウ
  ネアカヨシヤンマ      オオコオイムシ
                クロゲンゴロウ
                キベリクロ
```

〔水深の浅い場所に生育・生息する生物のため、浅い水深を確保する。〕

〔緩やかな勾配をとり、エコトーンを形成させる。
＊一方は水深を深くし、貧栄養な水量を確保する。〕

ヤナギ植栽
- 土砂流出防止
- 中池見に自生する種・個体を用いる。

松杭
- 魚類、水生昆虫が生息する多孔質な空間の確保
- 浮遊植物が移動できるよう、頭は水中に入れる。

ヤシ繊維ロール
- 洗掘防止
- 植物の定着促進

遮水シート
- 地下水位の季節的低下の防止

表土の再利用
- 水質への影響軽減
- 埋土種子の活用

ヤシ繊維マット
- 山からのしぼり水を池沼に導く。
- 斜面からの土砂流入防止
- 植物の定着促進

図5-6　池沼A
周囲を森に囲まれた静寂な池沼。
貧栄養な水を湛え、夏にはヒツジグサがひっそりと咲く。

5.2 保全および造成管理

ミズアオイ
サンショウモ
ヒメビシ
デンジソウ

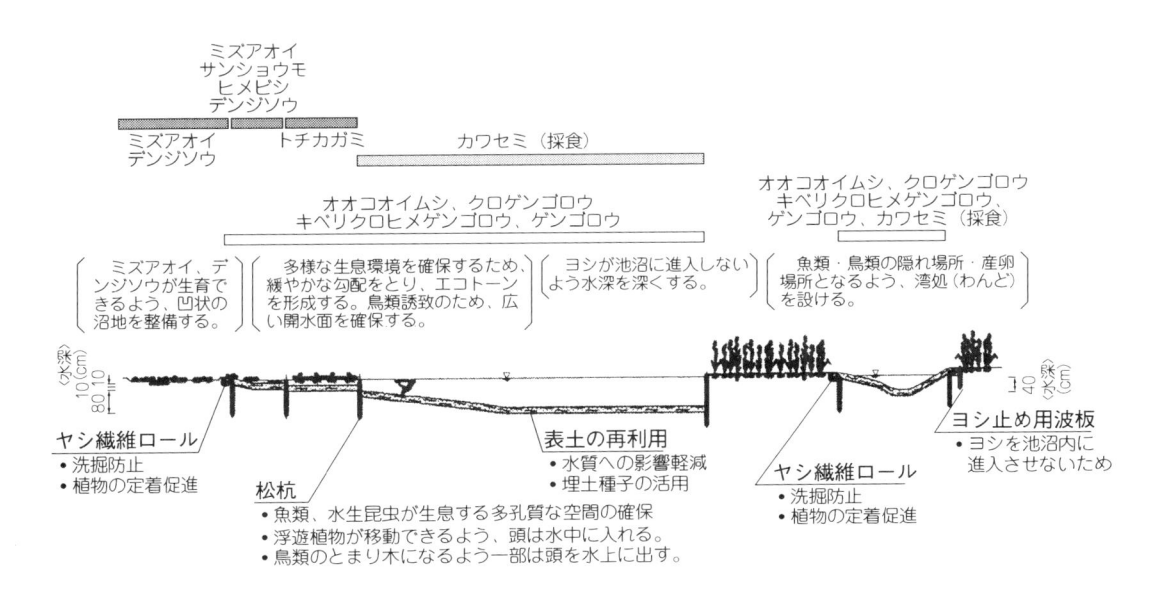

ミズアオイ　　トチカガミ　　カワセミ（採食）
デンジソウ

オオコオイムシ、クロゲンゴロウ　　　　　　オオコオイムシ、クロゲンゴロウ
キベリクロヒメゲンゴロウ、ゲンゴロウ　　　キベリクロヒメゲンゴロウ、
　　　　　　　　　　　　　　　　　　　　ゲンゴロウ、カワセミ（採食）

- ミズアオイ、デンジソウが生育できるよう、凹状の沼地を整備する。
- 多様な生息環境を確保するため、緩やかな勾配をとり、エコトーンを形成する。鳥類誘致のため、広い開水面を確保する。
- ヨシが池沼に進入しないよう水深を深くする。
- 魚類・鳥類の隠れ場所・産卵場所となるよう、湾処（わんど）を設ける。

ヤシ繊維ロール
- 洗掘防止
- 植物の定着促進

松杭
- 魚類、水生昆虫が生息する多孔質な空間の確保
- 浮遊植物が移動できるよう、頭は水中に入れる。
- 鳥類のとまり木になるよう一部は頭を水上に出す。

表土の再利用
- 水質への影響軽減
- 埋土種子の活用

ヤシ繊維ロール
- 洗掘防止
- 植物の定着促進

ヨシ止め用波板
- ヨシを池沼内に進入させないため

図5-7　池沼C（メダカの池）
一方をヨシ原、他方を休耕田に面した池沼。
水域の下流部にあたり、富栄養な水を湛え、水際にはミズアオイやデンジソウが生息する。
湾処（わんど）には鳥や魚が生息する。

5章　農村ビオトープの保全・造成管理

写真5-3　ホタル水路

写真5-4　カワセミの営巣用陶管

ることができる。

・水　深

　各池沼とも最大1m程度の水深に設定したが、乱杭で水深が5～10cmの部分を区分し、水深の浅いところに生育・生息する動植物の環境も併せて整備した。なお、乱杭は鳥類の休憩場所になるようにも配慮した。

　水深の浅い部分の対岸は少しずつ水深を変化させる水辺になるように整備した。また、水深の浅い部分にはミズアオイ等が生育するエリアの表土を移植した。

・動物への配慮

　それぞれの池沼や水路には、動物の隠れ場所、産卵場所となるワンド、中の島、乱杭護岸、流木丸太等を配置した。

　一般の水路内には、小動物の脱出のため、段差を解消するよう石積みや丸太積みを行った。

　また、ホタル水路の山側には、部分的に数m

の垂直の崖があるため、カワセミの営巣に配慮して写真5-4に示す陶管を設置した。

④ 池沼、水路整備にあたっての施工における配慮事項

・整備作業の時期

作業はできる限り動植物の休眠期間中（晩秋から冬季）に行うとともに、春～初夏における鳥類の繁殖期間中は、営巣の可能性のある場所での作業休止するとともに、騒音発生防止に努めた。

・環境への影響防止

整備に伴い発生する汚水・濁水による影響を防止するため、沈砂池を設置して工事中の水処理を行った。

放棄水田等内でやむをえず作業を実施する際は、水田への影響の軽減し、重機の沈下を防止するため、枕木による仮設道路を設置した。仮設道路は、重機の最小の道路幅や最短距離となる場所を選んで敷設することにより、現況の植生をできる限り損なわないよう配慮した。

また、池沼の掘削中に、地中からスギの根株が現れた。これらの根株は、魚類や水生昆虫の良好な生息場所となるため、根株はそのまま水面下に残すこととした。

・生物への影響防止

外部から、帰化植物や雑草類など、本来中池見に生育していなかった種子が持ち込まれるのを防止するため、作業用の機器や作業員の靴は、作業開始前に洗浄した。また、故意に動植物を持ち込まないよう作業員に指示・指導を行った。

整備作業において、植物種・個体や植生が望ましくない影響を受ける場合は、別な場所に仮植えをしておき、整備終了後に植え戻した。動物も、整備期間中に死滅する可能性があるものは、できる限り捕獲して避難させ、整備後もとに戻した。

池沼等の底盤を掘削した際に発生した表土はできるだけ近い場所に仮置きし、整備後に埋め戻した（写真5-5）。なお、土壌中の水生・湿生

写真5-5　仮置き表土

写真5-6 デンジソウ移植試験

生物の生存が必要であれば、仮置き場で土壌が湿潤な状態に保った。また、掘削土で再使用しないものについても、少なくとも1年間は仮置きし、その土壌中から発芽種の確認を行った。

e．移　植

環境保全エリアでは、従来からの営農作業に準じた維持管理により、現状の動植物を保全することを基本としているが、環境保全エリア内の分布量の少ない群落や種については補完的な移植を行った。

① 事前調査

移植に際しては、対象生物に関する従来の知見を参考にするとともに、事前に移植試験を行い、定着、開花、結実することを確認し、さらに、移植先の土壌や水質、水位の調査を事前に行い、移植種の生育に適した環境かどうかについての評価を行った後に、実際の移植を行った(写真5-6)。

② 表土移植

移植は、個体移植と表土移植に分けて行ったが、表土移植を主とした。表土移植は池沼B、池沼C、池沼Dの水辺部と西側の放棄水田で実施した。西側の放棄水田の表土移植後の状況を写真5-7に示す。

池沼Cではデンジソウやミズアオイを、西側の放棄水田ではミズトラノオ群落を移植した。写真5-7は移植後2年目の景観であるが、移植した表土から2年続けてミズトラノオ群落が生育しており、目標とした種や群落が形成されている。

表土移植は、マット状採取による表土移植と撹乱採取による表土移植との二通りの手法を用い、種子の休眠状態や対象とする植物の生活形により適した方法を採用した。

撹乱採取は種子が休眠した状態で行った表土移植の方法であり、移植元の表土を深さ10～20cmすき取り、移植先の表土がすき取られた部分にそのまま移植した。

マット状採取は植物が発芽した状態か、多年生の草本から構成される群落を対象に行った方法である。この方法では、まず、移植元の表土10cmをマット状に採取し、表土の構造が崩れないよう

5.2 保全および造成管理

写真5-8 マット状採取による表土移植

に運搬し仮置きした。そして、その下部の約10cmの表土をさらにすき取り、その表土を移植先の20cm深さにすき取った部分に運搬した後、仮置きしたマット状の表土を移植した(関岡ほか、1999)(写真5-8)。

③ 蓮田の整備

農村ゾーンでは、蓮田の整備を行っている。蓮田は、ハスを栽培しつつ、ミズアオイ等の保全対象種の生育を図るほか、多様な農村景観を形成することができる。

写真5-9は、整備された蓮田の2年後の状況である。蓮田は水深を5～10cm以上確保することが望ましいため、田起こしを行った表土約5cm分をすき取った後、ハスの植付けを行った。

f．ウエットランドミュージアムと農家

ウエットランドミュージアムと農家は、「環境学習を行う場、調査研究の場」として活用するために整備した。

ウエットランドミュージアムでは、中池見の環境や動植物、人と自然の関わり等について(図5-8)、また、農家では、中池見で使用していた深田特有の農具等を展示している(写真5-10)。

5) 整備3年後の調査結果

a．環境保全エリア

これまで紹介してきたように、環境保全エリアでは、1997年から平地部の試験的な維持管理作業(田起こし、草刈りなど)、1998年度から里山管理

写真5-8 蓮 田

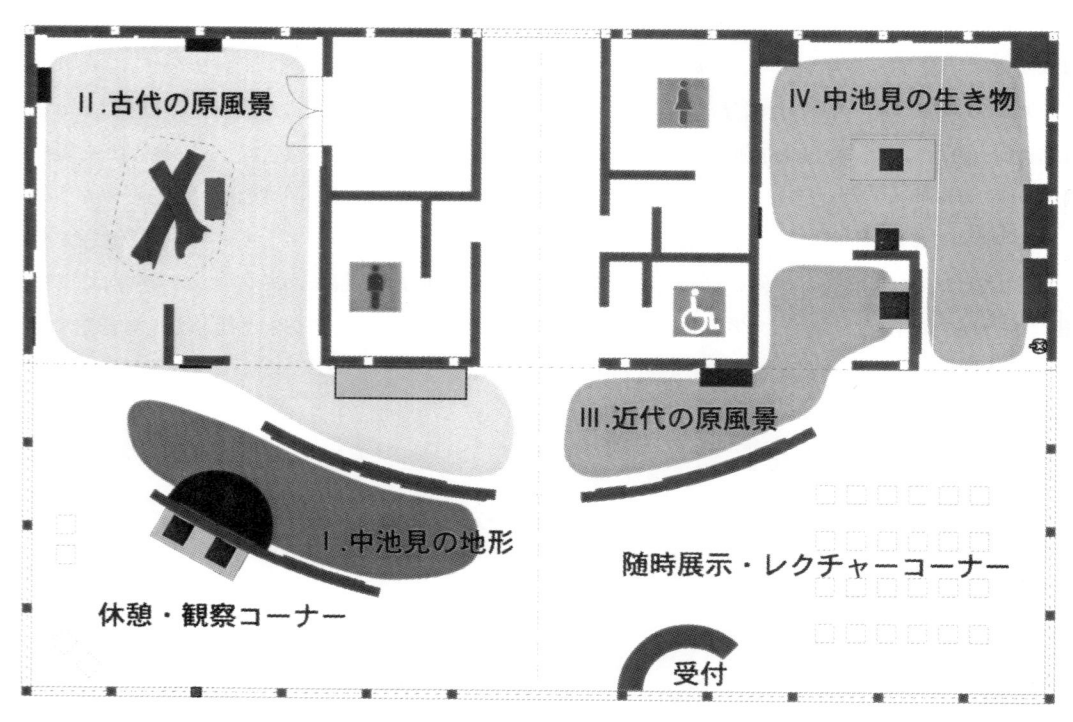

5章 農村ビオトープの保全・造成管理

図5-8 ウェットランドミュージアム（1F平面図）

写真5-10　農家(左)と田舟(右)

作業(間伐、下草刈りなど)を実施し、さらに1998年度には補完的な環境基盤(池沼・水路など)の整備を実施している。

また保全対策の効果を確認するため、動植物のモニタリング、および関連調査を維持管理とあわせて行った。以下、3年間に行った調査結果の概要を示す。

① 維持管理作業の効果

維持管理とモニタリングの結果、1999年度には、稀少種を含む135種の水生・湿生植物が環境保全エリア平地部(約4ha)で確認され、環境アセスメント調査時(1994年度)に中池見全体で確認された134種を上回る種数となった(表5-4)。また、耕作田、休耕田、放棄水田などにおいて、多様な植物群落の成立を確認した。休耕田では、田起こしや草刈りなどの維持管理作業を継続することにより、植生遷移が抑制できるだけでなく、植物の多様性が高まることも確認した。

動物種についても、昆虫の1,460種をはじめ、平地部と周辺集水域の多様な環境を生息地として利用する多数の種を確認した。さらに植生の多様性と比例して、指標性昆虫として調査している蛾類、地表徘徊性甲虫類の多様性も向上していることを確認した(図5-3)。

このように、環境保全エリアで実施した維持管理により、多様な動植物相と植生を維持することができた。

② 保全対象種の確認状況

環境影響評価書で保全対象とされている水生・湿生植物の注目種(21種)については、1999年度に19種の生育を確認した。19種の内の15種は環境保全エリアで自生が確認された種であり、残り4種は1997年度に中池見の環境保全エリア外から移植し、その後順調に生育しているデンジソウ、イヌタヌキモ、ヒツジグサ、マツモである。また、21種の残り2種はミズトンボ、トチカガミであるが、ミズトンボは種子を無菌培養して育てた苗を1999年に移植した。トチカガミはアメリカザリガニの食害により限定した場所の生育に留まっている。

表5-4　環境保全エリアにおける水生・湿生植物の確認種数

	1994年[1] (117ha)	1997年 (4ha)	1998年 (4ha)	1999年 (4ha)
水生植物、 湿生植物種数	134種	107種	128種	135種

注1) 大阪ガス(1996)によるデータで、中池見および周辺地域を含む。なお、このうち水生植物、湿生植物の生育する湿生環境は、約30haである。
注2) 水生・湿生植物の基準は、北村(1977)、笠原(1978)等によった。

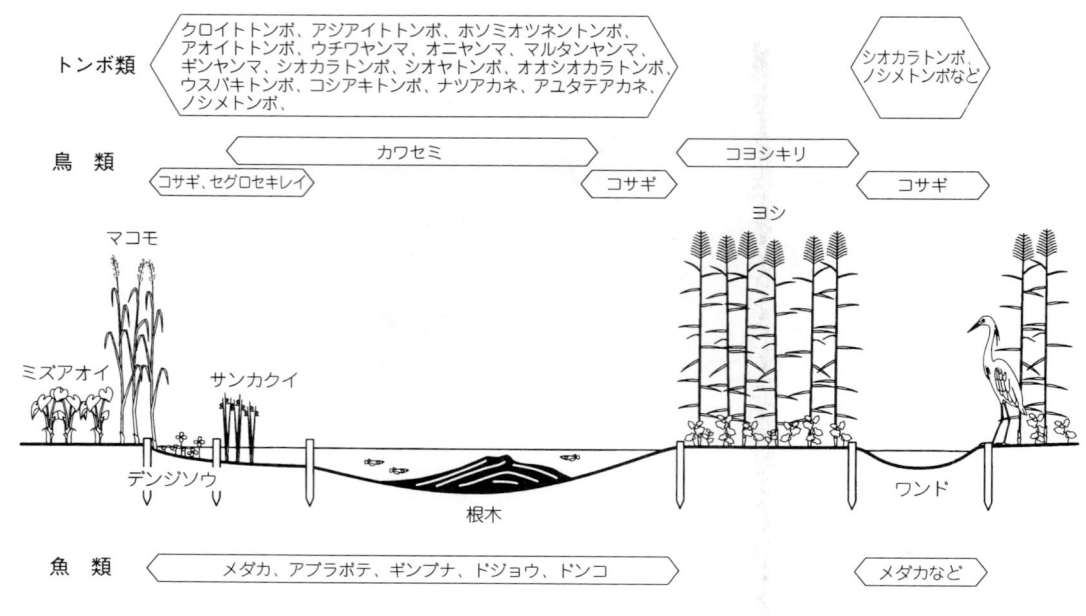

5章　農村ビオトープの保全・造成管理

図5-9　池沼Cの移入状況

また、環境保全エリアで自生を確認した15種のうち、環境アセスメントの調査において環境保全エリアで確認されているのはミズワラビなどの6種で、残りの9種は維持管理試験開始後のモニタリングにより確認したものである。

動物の注目種（16種）については、1999年度の調査で9種を確認している。

③　整備環境への生物の移入

池沼や水路等の環境基盤の整備直後から開始したモニタリングによると、新たに造成した池沼には、魚類や両生類の生息、トンボ類やゲンゴロウ類の飛来、カエルの卵塊、昆虫の幼生などが確認され、動物の自然移入が順調に進んでいることが認められた（図5-9）。

b．基地エリア

環境保全エリアの整備を行う一方、中池見全域の植生遷移に関する調査を行い、維持管理を行った環境保全エリアとその他の地域の比較を行った。

植生調査は1994年以降、1997年、1998年、1999年と5年間にわたり、空中写真の判読と現地踏査を実施した。

植生調査の結果を図5-10、表5-5に示した。耕作放棄されて人手が入らなくなった場所では、高茎草本群落やツル性植物群落が急速に拡大している。高茎草本群落等は年平均約1ha拡大し、既に環境保全エリア以外の基地予定地の半分以上がヨシ、マコモ、ガマ類が優占する高茎草本群落となっている。また、1994年の環境アセスメント調査時に注目種が多く生育していた中池見の北東部分も、高茎草本群落等の拡大に伴って注目種の生育地の多くが消失し、また保全対策種が生育する群落も著しく減少している。

6）環境保全エリア整備後の動き

1997～1999年の3年間にわたる環境保全エリアの整備を終え、2000年5月から環境保全エリアは、「中池見　人と自然のふれあいの里」として一般

5.2 保全および造成管理

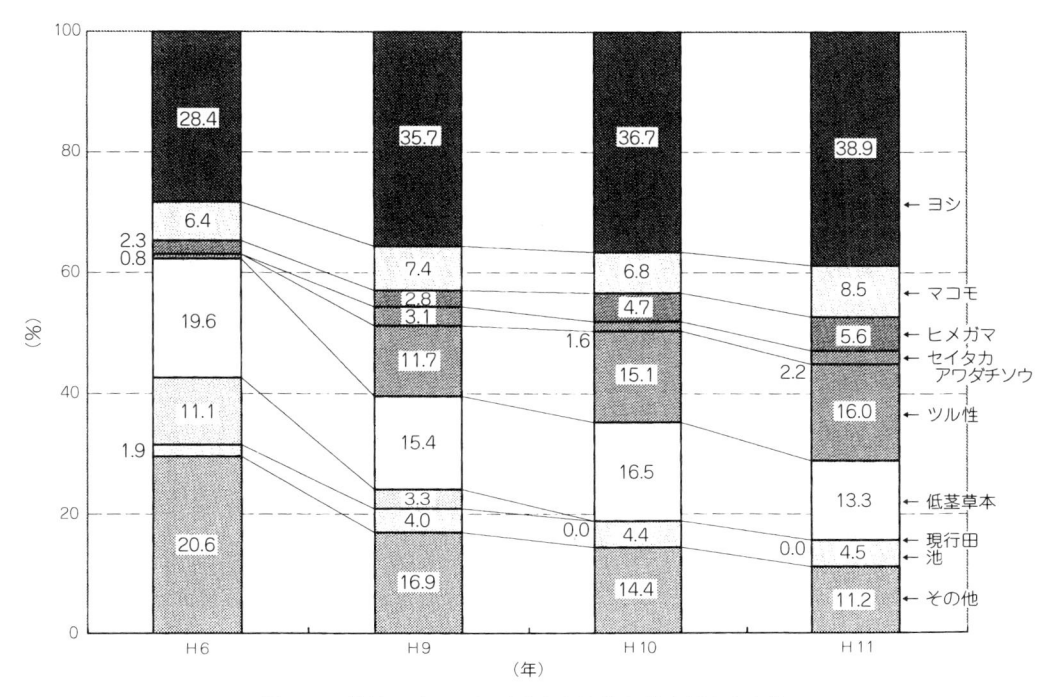

図5-10 基地エリアにおける主な植生の分布割合の変化

表5-5 基地エリアにおける植生の面積変化

	平成6年度		平成9年度		平成10年度		平成11年度	
■低茎草本群落範囲へ進入する群落								
高茎草本群落（ヨシ）	5.68		7.13		7.33		7.77	
〃（マコモ）	1.27	7.40	1.47	9.15	1.36	9.63	1.70	10.58
〃（ヒメガマ）	0.45		0.55		0.94		1.11	
〃（オギ）	—		—		—		—	
セイタカアワダチソウ群落	—		0.62		0.31		0.44	
ツル性の植物群落	0.16		2.33		3.01		3.20	
小　　計	7.56		12.10		12.95		14.22	
■農作業等によって維持される群落								
低茎草本群落	3.92		3.08		3.29		2.66	
現行田	2.22		0.65		—		—	
ハス田	—		—		—		—	
畑	—		—		—		—	
小　　計	6.14		3.73		3.29		2.66	
■その他の群落								
乾生草本群落	2.01		0.81		0.83		0.83	
畑地雑草群落	0.05		—		—		—	
木本群落	—		0.02		0.02		0.05	
池	0.38		0.80		0.88		0.89	
裸地	2.38		1.06		0.55		0.22	
工事用道路等	1.48※		1.48※		1.48		1.13	
小　　計	6.30		4.17		3.76		3.12	
合　　計	20.00		20.00		20.00		20.00	

（注）※は平成10年度に設置した工事用道路の面積を示す。

写真5-11　環境保全エリア（2000年5月）

公開されている（写真5-11）。

整備終了後も、維持管理と以下の水環境・動植物のモニタリングを継続して実施している。

- 水環境モニタリング

　生物の主要な生育・生息環境である休耕田、池沼、水路において、水温、pH、電気伝導度を定期的に測定している。

- 生物モニタリング

　表5-6に示した植物・動物のモニタリングを実施している。

7）今後の課題

環境保全エリアの維持管理・整備・モニタリングが開始され、3年以上が経過した。3年間の維持管理試験と調査結果では、保全対象種を含む多様な動植物の生息・生育が確認された。今後とも、保全対策の妥当性を評価するために、長期にわたるモニタリングを継続し、多様な生物相・群落の存続、池沼・水路への生物の移入の継続を確認していくとともに、保全対策の評価と再検討を行いながら、問題点への対処と維持管理手法の改善を行っていきたい。

環境保全エリア整備中から、以下の2点が保全対策における具体的な課題としてあがっている。

a．アメリカザリガニとアオミドロのコントロール

環境保全エリアにおいては、アメリカザリガニの食害により一部の植物が減少・消滅したため、生息数の抑制が必要になっている。また、水路や池沼でのアオミドロの繁茂による水生植物の生育阻害を防ぐため、アオミドロの除去も必要である。

このため、環境保全エリア整備中からアメリカザリガニとアオミドロの対策に多くの労力を費やしている。殺虫剤や除草剤は、他の生物へも影響を及ぼすため、環境保全エリアでは使用していない。現在のところ、アメリカザリガニはトラップによる駆除、アオミドロは人手による引き揚げで対応している。

表5-6　動植物モニタリング

植物・植生に関する調査項目

	目　的	項　目	調　査　方　法
I	・水管理方法の検討 ・水環境への基盤整備による影響の把握	水環境	直接測定（水深、pH、EC） 自動記録（水温）
	・出現種の把握 ・望ましくない種の把握と対策検討	植物相	直接観察法
	・維持管理が植生へ与える影響の把握 ・植生の種類と変動の把握 ・植生遷移の把握 ・植物群落と昆虫類との関係	植生	植物社会学的手法 植生図作成
		試験区	コドラート法
		遷移実験区	コドラート法
	・植生景観の季節変化、年変化の把握 ・基盤整備による植生景観変化の把握	植生景観写真撮影	定点撮影
	・保全対象種の生育状況の把握 ・保全対象種の生育環境の維持管理方法把握	保全対象種	マッピング法
II	・基盤整備後の多様性把握 ・新設した植生基盤の状況把握 ・基盤整備の評価	基盤整備域植物相	直接観察法
		池沼	ベルトトランセクト
III	・移植種 ・移植群落の生育状況、環境の把握 ・移植種の生育状況への維持管理の影響把握	個体移植モニタリング	直接観察法
		表土移植モニタリング	植物相 コドラート法
IV	・目標植生への達成の程度を把握 ・維持管理方法の検討・評価 ・植物資源（観察等）の把握	毎木調査	コドラート法
		樹木活力度	直接観察法 空中写真判読
		林内の光環境の測定	光量子計による測定
		ススキ草地維持管理試験	コドラート法 刈り取り実験

動物に関する調査項目

	目　的	項　目		調　査　方　法
I	・維持管理が動物に与える影響の把握 ・動物資源（観察等）の確認	指標性 昆虫類	蛾類	設置式ライトトラップ法
			地表徘徊性昆虫	ピットフォールトラップ法
			蝶類	ルートセンサス
			トンボ類	ルートセンサス
			水生昆虫類	コドラート法
II	・保全対象種の生息状況の把握 ・環境保全エリアの多様性把握 ・環境保全エリアの整備の評価	鳥類	保全対象種	ポイントセンサス
			その他の鳥類	（任意調査含む）
		両生類	モリアオガエル	直接観察
			その他の両生類	任意観察法
		昆虫類	トンボ類	ポイントセンサス
			ホタル類	ルートセンサス
			ゲンゴロウ類	標識再捕獲法 ライトトラップ
			テントウムシ類	任意捕獲法
		水生生物	魚類	直接観察・任意捕獲
			底生動物	コドラート法
IV	・里山整備の評価 ・動物資源（観察等）の確認	指標性 昆虫類	蝶類	ルートセンサス 任意観察
			甲虫類	任意観察

I：維持管理モニタリング、II：基盤整備モニタリング、III：移植モニタリング、IV：里山モニタリング

b．維持管理のための人手と経費

　中池見の環境保全エリアで、集水域の里山管理を含めると、年間延べ1,000人の人手を費やしおり、決して安価な保全対策方法とはなっていない。

　水田と生物を保全するために、だれがどのように人手をかけるのかという問題は、中池見だけでなく、全国の耕作放棄水田においても、今後議論を重ねて検討して行く必要がある。

2．二次的自然としての中池見の保全に対する議論

　中池見には泥深い水田と未整備の水路が残っていたため、農業の近代化以前には日本各地の水田地帯でみられた多様な生物相が近年まで維持されてきた。農業の近代化とともに今日では絶滅のおそれのある種となった稀少種が、中池見には数多く生育・生息することが確認されている。このため、基地建設に反対する活動があり、日本生態学会では1996年3月の総会で、「「中池見湿地」の保全に関する要望書」を採択している。

　1997年3月には日本生態学会大会の自由式シンポジウム「低湿地生態系の保護：中池見湿地を中心に」、また同年5月には、関西自然保護機構主催の公開シンポジウム「中池見湿原の保全」が開催された。これらのシンポジウムでは中池見を「中池見湿地」、「中池見湿原」と呼び、中池見が耕作放棄水田であり、自然の湿地とは異なる「二次的な湿地」であるとの認識は乏しかった。また基地建設の是非等の入口議論がシンポジウムの議論の中心となったため、植生遷移が急速に進行する環境下で生物相を保全するための具体的な方策が生態学的に検討されることはほとんどなかった。

　2000年3月に日本生態学会大会で開催された自由式シンポジウム「中池見をめぐる二次的湿地の価値と保全」では、中池見を放置すれば遷移が進行する二次的湿地としてとらえ、このような生態系の保全と維持管理についての議論が行われた。今後とも、中池見の保全に対する議論が、二次的自然の保全に対する議論として捉えられ、しかも、科学的な理論や実験に基づいて議論されることを願いたい。

　また、中池見の保全に対する議論は単に生態学的な議論に留まらない。水田を主体とするこれまでの伝統的な農業は、長年にわたる人間の農林業生産と生活の営みの中で、二次的自然と呼ばれる豊かな農村景観を育んできた。しかし、農業や農村の急激変化に伴い、伝統的な農業が継続できなくなっている。その結果、農業の生産性や農業者の生活水準は大きく向上したものの、その豊かな自然環境としての生態系は失われてきた。多様な生物相を有する伝統的な農村景観を保全するには、伝統的な農業を継続することが必要であるが、農家が非常に労力がかかる伝統的な稲作に戻ることはできないだろうし、国際競争の中、さらに価格競争力を持った稲作に転換せざるを得なくなっている。伝統的な農業とともに、数百年以上に渡って保全されてきた農村の豊かな生物相を、今後をだれがどのように保全していけばよいのだろうか。これは、日本全体が今後の水田農業のあり方とともに、考えなければならない問題である。

　二次的自然の保全について、中川(2000)は農業生産性が高くかつ自然環境にも恵まれた「三次的自然」ともいうべき新たな農村空間の創出を提案している。中川によると、「三次的自然」の具体的イメージは、たとえば、一つの集落(旧村)程度の広がりの中で、農地には高生産性農業を可能にする徹底したほ場整備を行うとともに、その地区の周辺には、従来棲んでいた野生生物等が生息・

移動し易い水路・農道・畦畔・溜池・河畔林などのビオトープを適切に保全・整備・配置し、その地域全体として豊かな生態系や景観を保持しうるような、新たな農村空間を創出するものである。

また、元奈良女子大学教授の菅沼孝之博士を委員長とする地球環境関西フォーラムの「湿地帯域生態系調査研究チーム」は、1997年より3年かけて、二次的自然としての水田生態系の保全について調査研究と議論を行った(本書の監修者、執筆者の杉山恵一博士、中川昭一郎博士、下田路子博士も「湿地帯域生態系調査研究チーム」のメンバー)。その報告書である「水田・休耕田、放棄水田等の現状と生物多様性の保全のあり方について」が、2000年5月に出版されている(地球環境関西フォーラム、2000)。

報告書では、水田生態系における主要な景観構成要素である水田・休耕田・放棄水田・畦、ため池・水路を対象とし、これらの現状、生息・生育する生物と農村環境の変化、生態系の保全事例を含め、情報を収集整理している。また、これらの情報を踏まえ、豊かな水田生態系・生物多様性を保全するのに重要とされている維持管理のあり方を含め、水田生態系の今後の保全のあり方について提案を行っている。これらは、今後の二次的自然の保全を考える上で非常に参考になると考えられるため、最後に紙面を借りて紹介させて頂いた。

引用文献

地球環境関西フォーラム (2000): 水田・休耕田、放棄水田等の現状と生物多様性の保全のあり方について、地球環境関西フォーラム.
平松清一 (編)(1973): 敦賀郡東郷村誌、東郷公民館.
宮本真二・安田喜憲・北川浩之 (1995): 福井県・敦賀市、中池見湿原堆積物の層相と年代、地学雑誌、**104**(6)、pp.865-873.
中川昭一郎 (2000): ほ場整備における生態系への配慮、農村と環境、**16**、pp.48-53.
大阪ガス株式会社 (1996): 敦賀LNG基地建設事業に係る環境影響評価書、大阪ガス株式会社.
関岡裕明・下田路子・中本 学・水澤 智・森本幸裕 (2000): 水生植物および湿生植物の保全を目的とした耕作放棄水田の植生管理、ランドスケープ研究、**63**(5)、pp.491-494.
関岡裕明・下田路子・中本 学・水澤 智・森本幸裕 (2000): 休耕田における表土の保全 (第2報) －表土利用による植生の復元－、第30回日本緑化工学会研究発表会、研究発表要旨集、pp.294-295.
Shannon,C.E. & Weaver, W. (1949): The Mathematical Theory of Communication, University of Illinois Press, Urbana, Illinois.

6章 水田の物理的環境と生態

6.1 水田の物理的環境

田渕　俊雄

　水田と一口に言っても、その姿は実に多様である。大きな水田や小さな水田、四角い整形の水田と不整形の水田、傾斜地の棚田と低平地の水田、いつも水が表面にあり湛水している「湿田」と時に乾いている「乾田」、といった具合に色々の水田がある(表6-1)。農道、水路、灌漑方法それに水源などまことに様々である。

　しかし水田は基本的には「湛水できる農地」と定義して良いだろう。湛水するために畔(アゼ)で囲まれ、用水を導入する農業水利システムをもっている。

稲作期間には湛水するが、稲作が終われば落水する。このような湛水と非湛水が繰り返し生じる農地、それが水田である。この湛水・非湛水の繰り返しがそこに生息する生物に大きな影響を与える。またそれを巧みに利用している生物もいる。本章では水田における水の状況を中心に水田の物理的環境の概略について述べてみたい。詳しくは文献に示した農地工学の成書を参考にしていただきたい。

表6-1　水田の多様性 (田渕(1999)を改変)

区　　画	数m² ……… 100m² ……… 3,000m² ……… 10,000m² ……… 5ha
	不整形 ………… 整形
農　　道	アゼのみ ………… 狭い農道 ……… 広い農道 ……… 滑走路
	一部の区画に接続 ……………… 各区画に接続
用 水 路	なし …… 田越しに灌漑 ……………… 各区画に接続
	開水路 ……………… パイプライン
排 水 路	なし …… 用排兼用 …… 田越し排水 …… 各区画に接続
	排水距離500m ……… 100m ……………… 暗渠
水　　源	降水のみ …… 河川 …… 湖沼 …… ため池 …… 地下水
	森林 ……… 雪 ……… 氷河、 地域内 …… 遠い山地
水 管 理	なし …… 個人 ……… 組合 ……… 公共機関
土　　壌	砂質土 …… 火山灰土 …… 洪積土 …… 沖積土、泥炭、粘質土
	ザル田(漏水田) ……………… 浸透なし
水	水不足 ……………………………………………… 潤沢
	節水、循環利用、反復利用、掛け流し
	清浄水 ………………………………………… 汚濁水
地形・気候	乾燥地 …… 乾田 …… 湿田 …… 湿地 …… 水面(干拓地)
	傾斜地(棚田) …… 丘陵地 …… 谷間 …… 平地 …… デルタ

1. 水田の構造と水管理

水田は畦で囲まれている。現在までに圃場整備が行われた水田の標準的な区画は図6-1のようになっている。長辺が100m、短辺が30mの長方形である。面積は3,000 m² (30 a)になる。トラクターやコンバインを使った機械化稲作を行うためには、少なくともこの程度の区画の広さが必要であるとされている。しかし日本にはこれよりも小さな区画の未整備の水田もまだ多く残っており、そこでは小型の農業機械が用いられている。さらにもっと小さい区画で、小型の機械も使えないような水田が傾斜地には棚田として残っている。

圃場整備された水田では、図6-1に示したように、短辺方向には「用水路」があり、その反対側に「排水路」がついている。水は用水路から水口を通って水田に入る。不要になった際には水は水尻を通って排水路へ落水される。水口と水尻の開け閉めは農家が行うが、その操作によって各区画ごとに自由に湛水したり落水したりできる。

農家は水田の中の水深を稲の生育に適切な深さに保つように水口を操作する。水深が浅くなった時に水口を開けて水を入れる。一般には水口は開け放しにはしない。水尻も湛水期間中は閉じてある。しかし手抜きをして水口を開け放しにすると、水は水尻からあふれて排水路へ出ていく。これを「掛け流し」というが、水が無駄になるだけでなく、肥料成分や農薬なども流出する。それで水口も水尻も必要な時以外は閉じておく。したがって用水路と水田、水田と排水路の間で水の流れはいつも連続して起きているわけではない。

またこのタイプでは農道が短辺方向に作られていて、農業機械を各区画に農道から直接入れることができる。もしも農道がないと、隣の区画を通って入れなければならない。隣の区画の所有者が異なるとそれも難しくなる。

圃場整備がされていない水田ではかなり事情が異なり、図6-2に示すような構造になる。図6-2の左側の図は古くからある水田の構造である。農道も水路も各区画には接続していない。水は上部の水田から下流部の水田へと順に送られる。これを「田越し灌漑」の水田という。田から田へと水は灌漑される。水が要らなくなった時にも田から田へと排水される。

したがって湛水するときにはすべての田が湛水し、排水する時にはすべての田が排水する。一つの田がその水尻を止めると、それよりも下流の田には水が来なくなる。したがってこのタイプでは隣接した他の田と違った水管理をすることはできない。区画は違っていてもすべての水田が水管理上は一体の行動をしなければならない。各区画の水口と水尻は開いていて、水は湛水期間中常に上

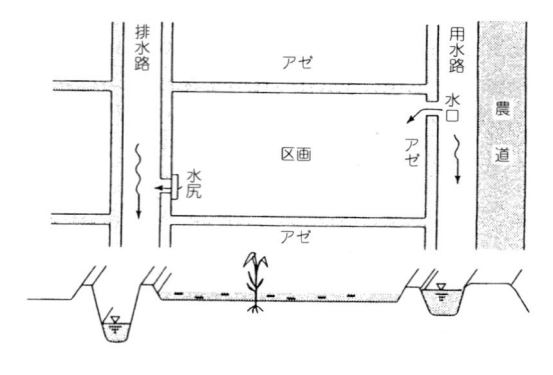

図6-1 水田の構造

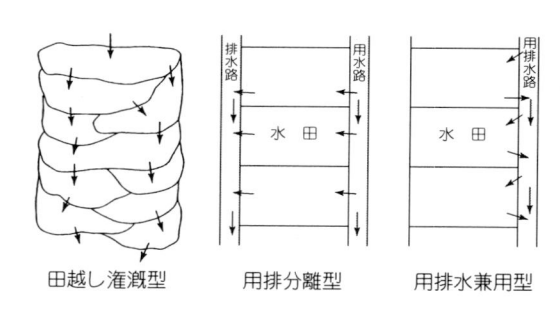

図6-2 水田の用水路と排水路

の田から下の田へと流動している。すなわち水はつながっている。

灌漑を開始する際には、水が一番下の水田にくるまでにはかなりの時間がかかるし、排水の際にも全体の排水が終わるまでには時間がかかる。それでこのタイプであると大きな区画の水管理を迅速に行うのは難しくなる。特に刈取り期に排水を早くして水田を乾燥させたい時に苦労する。

図6-2の中央の図は前に述べた用水路と排水路が別になっている「用排分離型」タイプであるが、右側の図は水路が片側だけについているタイプで、この水路は用水路と排水路の両方に兼用される「用排兼用型」である。「田越し灌漑型」と「用排分離型」の中間的なタイプである。水路の上流部から水を入れ、下流部へ排水する。

また浸透の大きい水田では排水路がなく、用水路だけの場合もある。逆に雨水にだけ頼っている天水田や湧水のある水田では用水路がない場合もある。

2．水田の土層と地下水位

水田の土層断面は図6-3のようになっている。表面には10〜20cmの厚さの作土層がある。この層が稲の生育を助ける養分の供給層である。稲の根の大部分はこの層の中にある。湛水期間中は水で飽和し、酸素が少ない還元状態にある。田植えの前に湛水中で耕起して、土と水をよく混合して塊を崩し柔らかくする。この作業をシロカキという。このシロカキされた土では土塊がくずれ大きな間隙が無くなっているので、透水性が小さくなり、水が浸透しにくくなっている。それで漏水が少なくなる。漏水が大きい水田ではこのシロカキを丁寧に行って漏水を抑制する。

作土層の下には普通、硬盤（耕盤、鍬床）という硬い層がある。永年の耕作によってできるが、水田造成時に機械転圧をして作る。この層は機械の走行を支持したり、漏水を抑制する役割をしている。漏水の激しい火山灰土地帯やれき層が下層にある扇状地や河岸地帯では、この難透水性の層を作ることが重要である。

硬盤の下の層は下層土または心土と言っているが、その地域の自然の土層である。沖積平野の粘土層、台地の洪積土層、火山灰土層、扇状地のれき層などである。稲の生育には直接関与しないが、浸透水や地下水などの水の流動に大きな影響を与える。

火山灰土層や砂レキ層の地域では土が水を通しやすいので漏水防止対策が必要になる。一方粘土層であれば透水性が小さく、漏水の心配はないが、排水不良になりやすくそのための工夫が必要になる。

3．水田の水収支

水田には灌漑用水と降雨で水が流入する。一方水面からの蒸発と稲の葉面からの蒸散、それに排水路への地表流出と地下への浸透で水は流出する。この水の流入と流出を水収支と呼んでいる（図6-4）。

　　　流入＝灌漑用水＋降雨水
　　　流出＝蒸発＋蒸散＋地表流出水＋浸透水

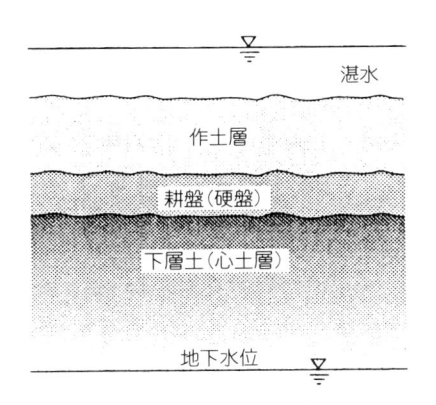

図6-3 水田の土層断面

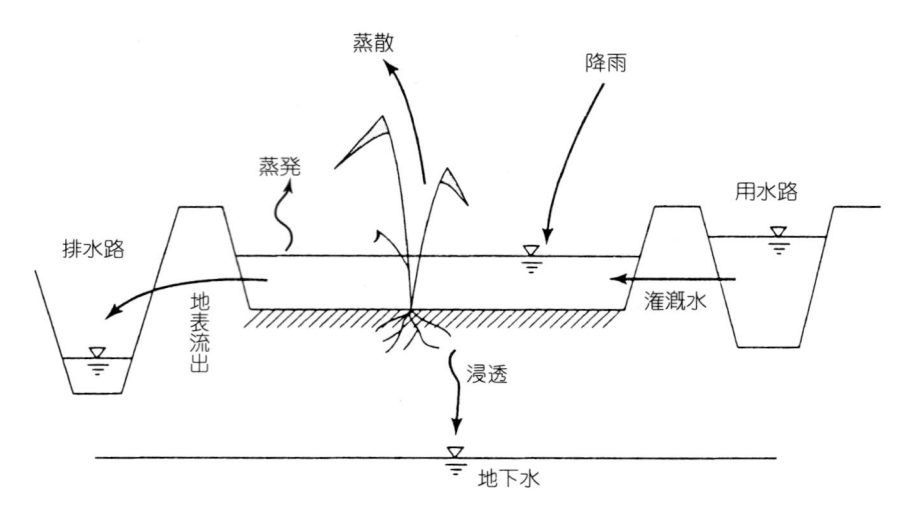

図6-4 水田の水収支

「蒸発」と「蒸散」を合わせて「蒸発散」と呼んでいるが、この蒸発散量は気候によって変化するので、時期や地方によって異なるが、日本で測定された稲作期の値は水深表示で4～6mm/日、全国平均で4.9mm/日であった（中川、1967）。したがって稲作灌漑期間を100日間とすると490mmになる。この蒸発散量は稲の生育にとって不可欠のものであり、この分の水量は最小限必要になる。

地表流出は大雨の際の流出と水管理による流出がある。水田から落水して湛水をなくすのは普通は刈取り期と夏の中干し期の2回で、その時に地表流出が生ずる。その他に田植えの時など湛水深を浅くする必要がある時に排水する。用水を必要以上に流入させると、掛け流し状態になって排水路への流出が大きくなる。

浸透は水田土壌の透水性と地下水位の位置によって大きく異なる。特に土壌の透水性は土によって大きく違うので（表6-2）、浸透量は水田によってかなり異なる。沖積平野に多い粘土質の土壌では浸透はほとんど0に近い。しかし火山灰土壌や扇状地の砂質土壌では100mm/日を超えることもある。これは前述の蒸発散量の20倍に相当する。このような水田では湛水することが難しくなるほど漏水が大きい。それで後述するような漏水防止工法が実施されている。

表6-2 水田土壌の物理性 (田渕、1999)

土壌タイプ	深さ (cm)	乾燥密度 (g/cm³)	三相分布 (%)			透水係数 (cm/秒)
			固相	液相	気相	
沖積土（長岡）	0～5	0.55	21	79	0	10^{-5}
	20～25	0.87	35	65	0	10^{-5}～10^{-6}
扇状地（六郷）	14～25	—	26	67	7	10^{-3}
	25～40	—	30	58	12	10^{-2}～10^{-3}
火山灰土（宇都宮）	12～23	0.58	25	65	10	10^{-3}
	23～55	0.49	20	65	15	10^{-2}

稲作を始める時期に初めて湛水をする際には土壌を飽和し湛水するための水が必要になる。土壌がどれくらい乾いているかによってその必要水量は異なるが、100～150 mm程度は必要とされている（中川、1967）。

以上述べた流出水量を補うために灌漑をする。降雨が充分にあれば灌漑水は必要でないが、稲作期間全般にわたって降雨が充分にあることは保障されないので、灌漑水を用意しておくことが必要になる。その水量はほぼ20～30 mm/日程度である。日本ではそのための灌漑システムが大昔から造成されてきた。それは河川に設けられたダム、貯水池、堰、そして水路、溜池などから成り、地下水も一部で使われている。

4．水田の中の水の動態

水田の中の水の状態の時期的変化を模式的に図示すると図6-5のようになる。上の図が夏や秋の時期に雨の少ない地方の水田表面の水状態を表している。稲作の始まる前には耕起が行われるが、この時期には土は乾いていて一般には湛水はない。地下水位が高い湿田や湧水のある谷津田などでは水が多く湛水がある場合もある。雪解け水が残っている場合も同様である。また灌漑用水が不足する地方では冬の間も雨水を貯留して湛水している場合もある。

田植えの前には水を入れてシロカキをする。その後水田表面を平らにする（田面の均平）。これによって田植えがしやすくなり、漏水も少なくなる。移植稲作にとっては基本的な作業であり、水田の作土層はほぼ水で飽和された状態になる。

この後、田植えが行われ、湛水は継続する。水深は稲の生育に応じて次第に深くする。夏になると一度落水して（中干し）土の表面を乾燥させる。これは土が強い還元状態になるのを防ぐためと、乾燥によって地耐力を増やすために行われる。この中干しは1週間程度で、再び湛水する。

秋の刈取り期が近づくと、刈取りの1週間前ぐらいに落水して水田の表面を乾燥させて、コンバインなどの収穫機械が容易に走行できるようにす

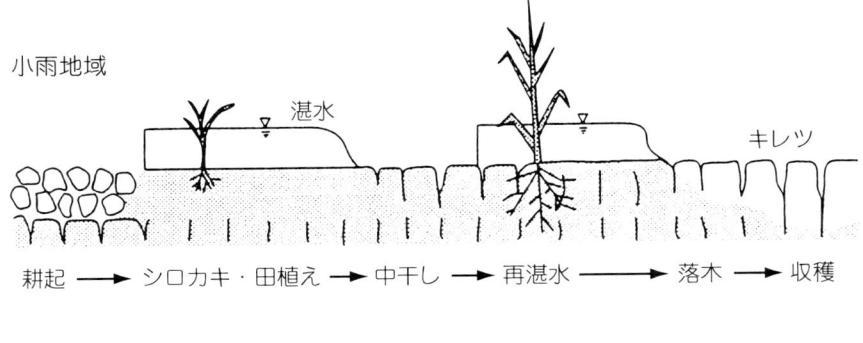

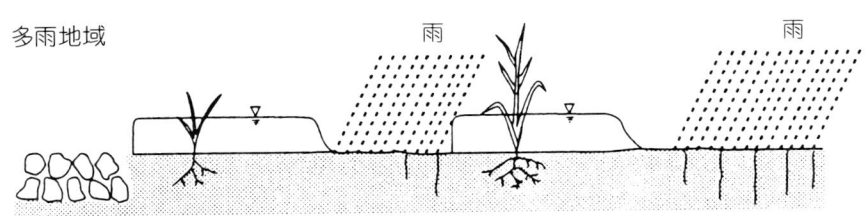

図6-5 水田表面の時期的変化（田渕、1999）

る。水田からは水は姿を消し、土の表面は乾いてキレツが入る。その後、裏作をする場合は耕起するが、そうでない場合はそのまま放置される。

このように水田の表面は一年の間に乾燥→湛水・シロカキ→飽水→落水・乾燥といった変化をする。

しかし降雨や雪の多い地方ではこれとは異なった状態になる（図6-5の下図）。中干しの時期に雨が多いと水田の表面はそれほど乾かない。刈取りの時期にも雨が多いと水田表面はなかなか乾燥せず、キレツも入らない。場合によっては水たまりがかなり残る水田もある。このような水田ではコンバインが走行できなくなるので、後述するような特別の排水改良が必要になる。また雪の多い地域では水田は冬には積雪の下にかくれる。

5. 浸　透

水田では湛水状態の時には土中への水の浸透が起きている（図6-6）。浸透が多いと灌漑用水が多量に必要になるので、昔から浸透防止の工夫が色々と行われている。以前は人力で土を突き固めたり、粘土を運び入れたりして浸透を少なくしていた。現在は粘土を入れる（客土という）こともあるが、基本的にはブルドーザーやローラーで転圧して土の透水性を小さくしている。また前述したようにシロカキも大きな効果がある。このような対策を行っていれば水田の浸透は大きくても30 mm/日程度である。

沖積平野の難透水性の粘土地帯では浸透は0に近い所もあり、浸透は土の透水性に大きく左右される。透水性の大きい土の水田では対策をとらなければ、100 mm/日もの大きな浸透を示す漏水田になる場合もあるので、漏水防止は重要な対策である。

転圧しても水田周辺のアゼに近い部分は浸透が大きくなりやすい。それはブルドーザのような重機械がアゼの付近は作業がしにくく、転圧がよくされないからである。それにモグラやザリガニなどによる穴があきやすい。アゼ塗りを丁寧に行い、場合によってはアゼシートを使って漏水を防ぐ。

水田内部の浸透は浸透の少ない水田ではほぼ均一であるが、浸透の大きい水田では場所によるバラツキがかなり大きい。図6-7は人力で開田した水田の浸透量の平面分布を調べたものであるが、かなり大きなバラツキがある。最大1,600 mm/日で、最小45 mm/日である。これは秋田県の六郷町の扇状地で測定した結果（山崎ほか、1961）であるが、作土層が薄く、下層がレキ層であったために浸透が大きく、バラツキも大きくなった。

この他に火山灰土地帯でも水田の浸透は大きく、その漏水防止には苦労している。それは火山灰土層の中に太い管状の枝分かれした形をしている間隙がたくさん存在し（写真6-1）、水を容易に浸透させるからである。これは植物の根が作った

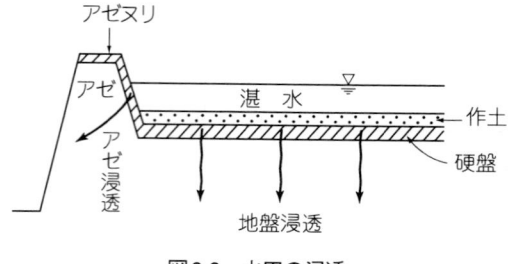

図6-6　水田の浸透

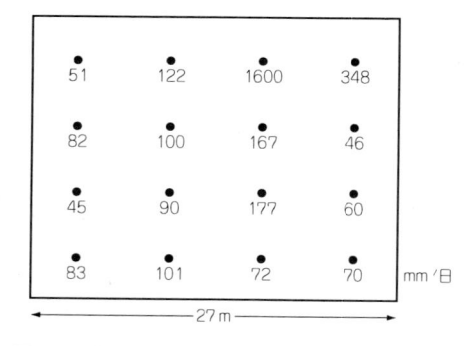

図6-7　水田浸透のバラツキ（山崎ほか、1961）

6.1 水田の物理的環境

灰土地帯でも水田が作れるようになった。

6．水田下層土中の水分状態

水田の下層土中の水分状態も水田によってかなり異なる。湛水している時には水田の土はすべて水で飽和されているかのように思うが、そうではない。湛水中でも下層土は飽和せずに、空気が存在して不飽和の状態にある水田がある。この2つのタイプを決める主な要因は地下水位である。

図6-8の(a)のように地下水位が高い場合には水田の作土層も下層土も水で飽和されている。排水路の水位と地下水位はほぼ一致している。表6-2は湛水状態の水田で土の物理性を調べた結果であるが、長岡市の沖積平野の水田が地下水の高い例である。作土、下層土とも空気の占める体積（気相）は0である。この場合浸透した水の流れは主に排水路へ向かって横方向に流れる。

図6-8の(b)の場合は地下水位が低い場合である。浸透した水は地下水位に向かって下方へ流れる。水路からも水は浸透し下方へ流れる。土の透水性が大きいと浸透量は大きくなりやすい。水田と排水路の両方で漏水防止の対策が必要になる。

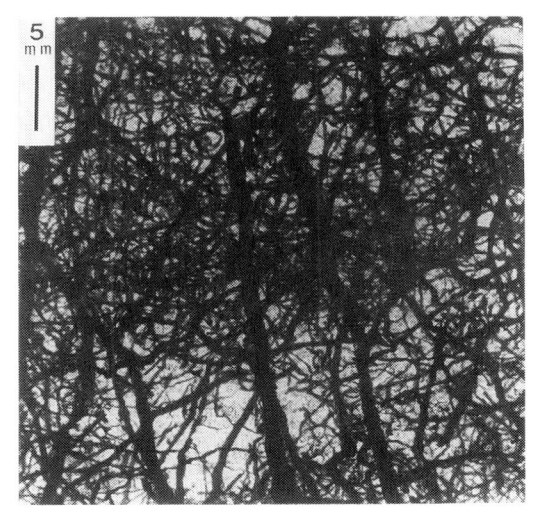

写真6-1 根成孔隙 (提供：徳永光一氏)

「根成孔隙」であることを徳永光一氏は明らかにした（徳永、1991）。直径が1mm近くもある太い管状の孔が無数につながっていて、水はこの孔を通って浸透する。湛水がない時にはこの孔には空気が存在する。

このような根成孔隙はどの水田でも作土層には存在するが、火山灰土層ではかなり深い層にもある。火山灰が堆積した過程で、各年代に生育した植物が残した根成孔隙が各層に存在する。したがって水が土層の中を浸透しやすくなっている。徳永さんは何十万年も前に作られた根成孔隙を発見しているが、この根成孔隙の形から当時の植物の種類を判定することも試みられている。それで考古学者からは根成孔隙は植物の根が残した化石であると言われている。

このような根成孔隙があると浸透が大きくなるので、転圧によって浸透を防止する。しかしこの火山灰土層の根成孔隙は強度が大きく転圧によって簡単には壊れない。それで土層を一度耕起して土の自然構造を破壊してから転圧をする工法（破砕転圧工法）が岩手大学の徳永さんたちによって開発された（岩手大、1986）。この工法により火山

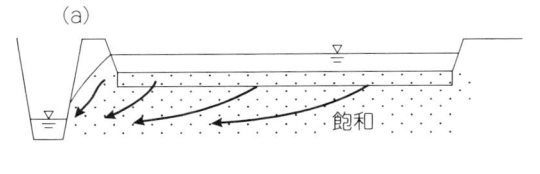

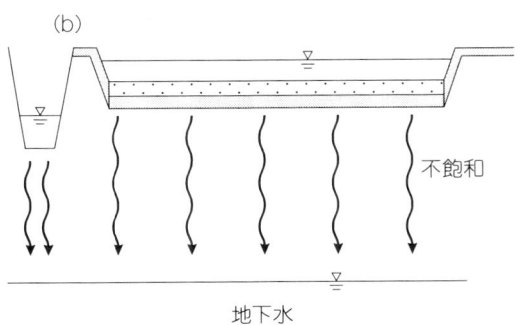

図6-8 水田下層土中の水分状態

115

このような地下水位が低いタイプの水田では、下層土では土は必ずしも水で飽和していない。硬盤の下では空気が存在する。表6-2の六郷町と宇都宮市の水田土層が地下水位の低い例である。六郷町の水田では深さ14～25cmの層（硬盤）で気相が7％で、その下の層では12％となっている。宇都宮市の火山灰土の水田では気相の体積はもっと大きい。土の中には空気が存在し、水は不飽和の状態で流れている。これを「不飽和浸透」と呼んでいる。またこの状態では水は大気圧よりも低い負圧で動いていることが多く、「負圧浸透」という。この場合には土層の中に穴を掘っても水は浸みだしてこない。

さらに条件によっては土層中の空気が占める体積が大きくなって連続状態になり、かつ大気とつながった状態になることもある。このような状態で水が浸透するのを「開放浸透」と呼んでいる。このような飽和・不飽和、負圧、開放といった現象は土層が単一でなく、成層をしていることに起因して生じることで、各層の透水性や地下水位の条件によって決まることである。

水田の土層中に空気が存在し、しかも大気と接続しているということは、土層の酸化・還元状態を左右し、ひいては土壌微生物、溶存物質の形態・移動に大きな影響を与える（佐々木、1998）が、この面での研究はまだ少ない。

7. 排水改良と暗渠

近年農作業の機械化が進んだ。トラクターによる耕耘、田植機による田植え、コンバインによる収穫である（写真6-2）。しかしこれらの機械化の実現にはかなりの苦労があった。それは畑地と水田では水分状態に大きな違いがあったからである。水田のように土が湿っていて、時には湛水もある所でかなり重い機械を使えるようにするのは

写真6-2 シロカキ作業をするトラクター

容易なことではない。欧米で使われていた農業機械は主に畑地作業用のものであった。機械の改良も必要であったし、何よりも水田の排水改良が必要であった。

刈取り期にコンバインがスムースに走行できるようにするためには、早く排水して水田の表面を乾燥しなければならない。ぬかっているようでは機械はスリップし、沈没してしまう。トラクターで耕耘する場合も水たまりがなく乾燥していた方が効率が良い。湛水した状態でシロカキや田植えを機械でするためには機械を支える硬盤が必要になる。

排水改良の第一は排水路を作ることである。そして排水路の水位をなるべく低くする。そうすれば水田の表面の水だけでなく、土の中の水も排水される。

第二は水田の表面をなるべく平らにする。これを「均平」という。機械化するような水田は区画が大きく、排水路までの距離がかなり長くなる。前に述べた整備水田の長辺の長さは100mになっているから、排水路までの距離は最大100mになる。表面の水はこの100mの距離を横に流れて排水路へ到達することになるが、水田表面に凹凸があると、水の流れは停滞して排水はうまくいかない。そこで極力均平になるように努力する。ブル

6.1 水田の物理的環境

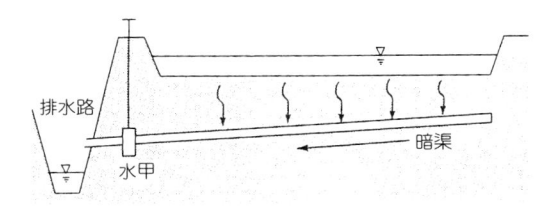

図6-9 暗渠排水

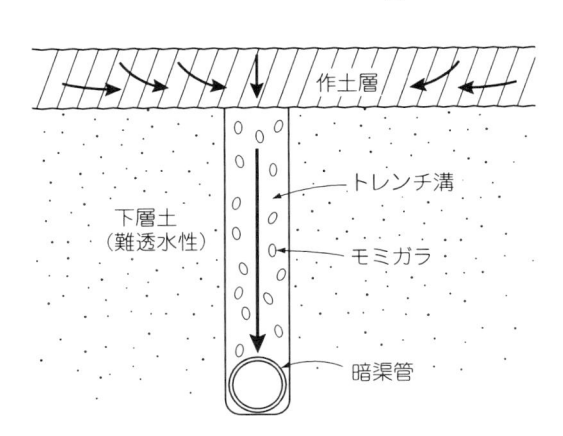

図6-10 暗渠の土層断面

写真6-3 モミガラ暗渠の土層断面

ドーザやトラクターで高い部分の土を削って低い所へ運ぶ。これは日本だけでなく機械化稲作を行っているアメリカ、ヨーロッパ諸国の水田で共通の重要な作業になっている。レーザーブルを使っている所も多い。

第三は暗渠排水である。前に図6-5で示したような雨が多く土が粘土質で不透水性の地域では排水路の整備と均平だけでは排水が不充分な場合がある。その場合には図6-9のような「暗渠排水」を行う。水田の下層80〜100 cmの深さに土管や塩ビ管を埋めて水が流れやすくする。さらに水が水田表面から暗渠管まで早く到達するように、暗渠を埋設する際に掘削した溝（トレンチ溝）の中にモミガラを詰める（図6-10、写真6-3）。そうすれば水がモミガラの層を通過して早く暗渠に到達する。しかし作土層が粘土質の難透水性であると、そこを水が通過しにくい。それでなるべく早く落水して作土層にキレツが生じるようにする。そのためには田面の均平が良くなくては駄目である。

このように刈取り期に降雨が多く、土が粘土質の場合にはきめ細かな排水改良が必要になる。新潟県の信濃川沿岸の水田など日本海側の地域の水田はこの条件にあてはまるものが多い。欧米の水田では一般に降雨が日本ほど多くはないので、水田に暗渠は使われていない。

なお暗渠には図6-9に示したように出口にバルブ（水甲）がついていて、その開閉で水の流れを操作する。排水が必要な時には開けるが、湛水する稲作期間中は閉じておく。稲を収穫した後の非稲作期間は開けて排水できるようにする。このような排水改良によって水田は湿田から乾田へと移行する傾向にある。

8．水田の類型

日本では水田は色々の地形の所にある。低平な沖積平野や干拓地の水田、台地や扇状地の水田、小さな谷間の谷地田（谷津田）、傾斜地の棚田などである。

1) 低平地の水田

低平地の水田はすでに述べてきたように、地下水位が高く、排水路の水位が水の流動を支配している（図6-8(a)）。湛水している稲作期間は土層は水で飽和している。稲作が終了した後も地下水位が高いので、それほどは乾燥しない。しかし裏作を行う場合には排水路の水位を低下するように操作するので、ある程度は乾燥する。排水路の水位は堰の開け閉めや排水ポンプの運転によってコントロールされる。

2) 台地の水田

台地の水田は図6-8(b)で示したように、地下水位が低いので、湛水期間中も下層土が飽和していない場合が多い。浸透が大きいので灌漑用水量が大きくなりやすい。灌漑によって表面が湛水されて水田になっている人為的色彩の強い水田である。灌漑用水の供給を止めれば、湛水は消滅し、乾燥して畑の状態になる。排水は良いが浸透が多い水田である。それで排水路がない場合もあるし、排水路があっても非稲作期には水がほとんど流れていない。

写真6-4　谷地田

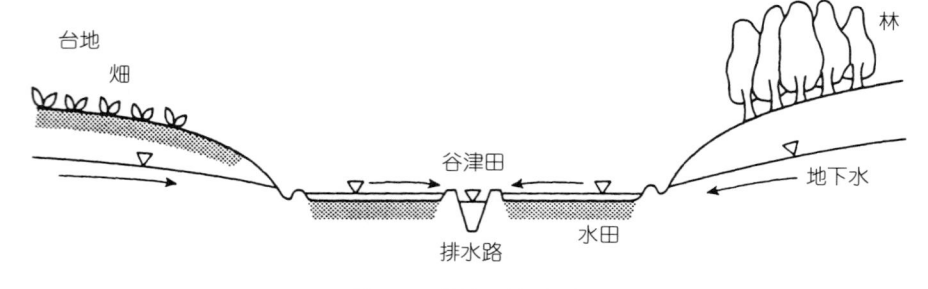

図6-11　谷地田（谷津田）

3）谷地田

谷地田では周辺の台地や山から常に湧水などの形で水が自然に供給されていて、湿潤な状態にある（写真6-4、図6-11）。したがって稲作期以外にも水が流入し、水路には水が流れている。水田にも湛水があることが多い。しかし湿潤で区画が小さいので機械耕作が困難な水田で、暗渠などの排水改良を必要とする。それで稲作後もなるべく乾燥させるために水田に水が入らないように管理することが多くなっている。

4）傾斜地の水田、棚田

傾斜地の水田は一般に棚田と呼ばれるが、下層土の構造が山側の部分と谷側の部分ではかなり異なる。それは傾斜地を平らにするために土を削ったり（切土）、盛ったり（盛土）しているからである（図6-12）。最初に作土を剥いでおき（表土扱い）、次に上部の土を削って下部へ移動して平らにする。その後作土を表面に戻す。したがって山側の部分は削られた下の自然の土層が上部にでてくる。谷側は人為的に盛られた土層になる。斜面に沿った地下水の流れがあると、山側で地下水が湧き出すことがある。この水の温度が低いと冷水障害が起きるので山側に承水路を作って水が直接田に入らないようにする。傾斜が急な場合には崩壊

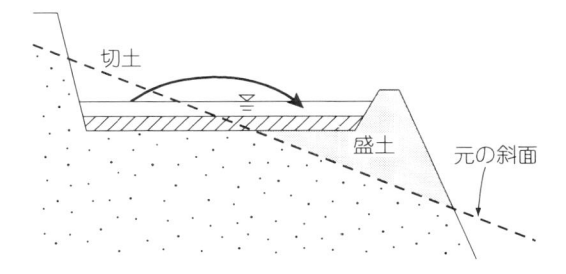

図6-12　傾斜地の水田の造成

を防ぐために斜面には石を積む（写真6-5）。水は近くの渓流から引いたり、溜池を上部に作ってそこから引く。水路から水田に直接入れず、田越しに灌漑することも多い。灌漑を止めれば湛水はなくなるが、地下水の湧き出しがある所では湛水が見られる。また乾燥するとキレツが入り、大雨の際に崩れることもあるので、年間にわたって灌水を続ける地域もある（写真6-6）。山間地の棚田は崩壊しやすいので維持管理が大変である。区画が小さく機械を使うことも困難なので稲作を続けることも容易ではない。そのために「棚田オーナー制度」など棚田を支援する市民による活動が始まっている（田渕、1999）。

5）干拓地の水田

干拓地の水田は人工的色彩が強い水田で、海面や湖面を干拓して造成する。日本では古くから干

写真6-5　石積みの棚田

写真6-6　秋に湛水する棚田、秋シロ田

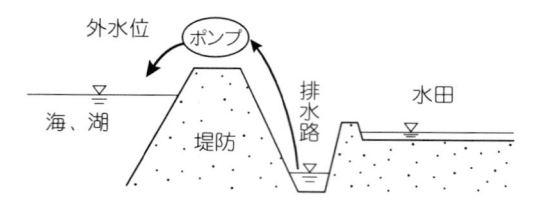

図6-13 干拓地の水田

拓は行われており、有明海や瀬戸内海、伊勢湾などに数多くあり、霞ヶ浦や琵琶湖にもある。有名な八郎潟干拓地は約17,000 haもの広大な面積を有する。堤防で水面を囲み、内部の水を排水して陸地にした。かっては干満を利用して排水したが、今ではポンプを使って排水する。

したがって、干拓地の水田の標高は海面や湖面よりも低い(図6-13)。排水路の水位は排水機場で人為的にコントロールされ、海面や湖面の水位(外水位)や田面よりも常に低く保たれている。水田の水状態はこの排水路の水位や用水の供給によって左右されるが、地下水位は一般に高く浸透は少ない。

6) 休 耕 田

最近はコメの生産過剰により休耕田がかなり増えている。休耕田では水を入れないから湛水しない状態になる。それは水生態系への影響だけでなく、水源涵養、水質浄化などの機能も消滅する。乾燥してキレツが入れば傾斜地では大雨の際に崩れやすくなる。水田の環境保全機能(田渕、1999)が失われることになる。それで稲の栽培はしないが、湛水だけはすること(調整水田という)が行われるようになった。

図6-14は水田のもつ色々の環境保全機能を示したものである。水田は食糧生産だけでなく環境と密接な関わりをもつ国土の基本要素である。その点を充分に認識して水田を大切にしなければならない。

9. 水田地帯の湛水域の特徴

水田地帯には水田そのものの他に用水路と排水路、それに地域によっては池・沼や灌漑用の溜池があり、これらが水域を形成している。水田湛水域の特徴の一つは多様性である(表6-3)。

表6-3 水田湛水系の特徴

1. 多様性；水田、水路、ため池
2. 浅く広大な湛水域
3. 季節的変化；全面湛水と消滅
4. 流れが断続的；水管理、落差

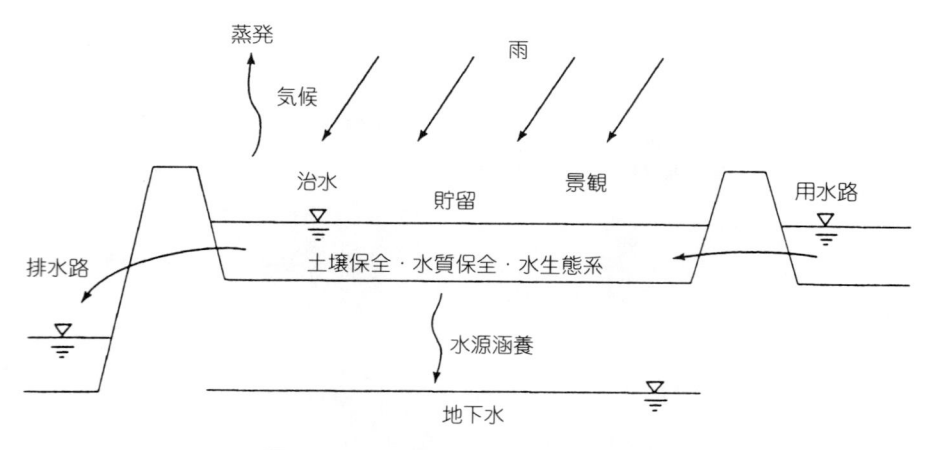

図6-14 水田の環境保全機能 (田渕1999)

第二の特徴は水田の湛水域がわずか数cmの水深で浅いこと、しかしその面積が広大であることである。稲作期が始まると湛水された面積は地域全体に広がり、見渡すかぎり水面になる。

第三の特徴とすれば、自然の水域に比べて季節的な変化が大きいことがあげられる。時期によっては湛水が消滅してしまう。生物相にとっては湛水の有無は極めて重要な死活問題であるが、水田湛水系ではそれはほとんどの水田で起こることである。生物によってはこの一時的な湛水という特徴を巧みに利用しているものもいるようであるが、この湛水の有無の時期的変化を生物相の観点から検討することがビオトープにとっては必要であろう(守山、1997)。たとえばメダカの保護のために湛水域を一部に残すといったことである。

第四の特徴は水の流れの「連続性」にある。水田では用水路から水田へ、水田から排水路へといった水の流れがある。しかしそれは絶え間なく流れているわけではない。むしろ水の有効利用の観点から必要な分だけ灌漑するようにしている。水田のタイプによって変わるが、用排分離型では水田の中の水が一杯になったら水口を止めるし、排水路への水尻は閉めてある。水路と水田との間の連絡は閉じられている時間の方が長い。

また排水路と水田との間には整備された水田ではかなりの落差がある。機械化のために排水改良した水田では1m近い落差がある。このため水田から排水路へ水が流れている時でも魚が排水路から水田へ上がるのは容易ではない。魚などの通行のためにはこの落差を少なくしたり、水の連続的な流動をおこすような工夫が必要になる。

農業工学研究所の端　憲二さんは排水路と水田との間にミニ魚道を設けて興味深い調査を行った(端、1999)。魚道は幅60cm、落差10cm程度の段差を5段にして作ったものである。その結果ではコイ、フナ、メダカなど色々の魚がミニ魚道を通って水田に入った。メダカのような小さな魚でも10cmの落差を飛び上がったという。水田での産卵も確認された。このような段階的落差などの工夫をしていくこともビオトープのためには必要であろう。

この他用水路が水道管のようなパイプラインで作られる場合がある。この場合には各区画に付けられた蛇口を開けて用水を水田に入れることになる(写真6-7)。それで水管理が楽になり、用水路のために使われる土地(潰れ地)が要らなくなり、

写真6-7　パイプラインの蛇口

除草や泥浚いなどの用水路の管理が楽になるといった利点がある。しかしポンプを通って、パイプで水が送られるので、魚などの通行は難しくなる。

このように水田は稲作の生産性向上と労働効率の向上の観点から整備され水管理が行われてきた。それを今後ビオトープという新しい観点を付け加えて、その構造や管理を検討することが求められつつある（中川、1998）。

引用文献

田渕俊雄（1999）：世界の水田　日本の水田、山崎農業研究所刊、農山漁村文化協会発売.
山崎不二夫（1971）：農地工学(上)、東大出版会.
安富六郎・多田　敦・山路永司（1999）：農地工学、文永堂出版.
中川昭一郎（1967）：水田用水量調査計画法、畑地農業振興会.
山崎不二夫・八幡敏雄・田渕俊雄・石川武男・長崎　明（1961）：下層に砂レキ層をもつ浅耕土漏水田の浸透、農業土木研究、**29**(1)、9-18.
徳永光一・石田智之・佐瀬　隆・井坂誠博（1991）：火山灰土およびマサ土地盤における根系状孔隙の発達と透水性、農業土木学会誌、**59**(5)、51-62.
徳永光一（1995）：土壌間隙のX線立体造影法、畑地農業振興会.
岩手大学農地造成研究会（1986）：破砕転圧工法による傾斜地水田の圃場整備、畑地農業振興会.
佐々木長市・徳永光一（1998）：火山灰地水田における開放浸透層内の気相成分の変動、農業土木学会論文集、**195**、1-10
守山　弘（1997）：水田を守るとはどういうことか、農文協.
端　憲二（1999）：小さな魚道による休耕田への魚類遡上試験、農業土木学会誌、**67**(5), 21-24.
中川昭一郎（1998）：水田の圃場整備と生物多様性保全を考える、農林水産技術研究ジャーナル、**21**(12), 3-8.

6.2 水田の植物相

下田 路子

　水田はイネを栽培する場所であり、イネ以外の植物群は、「水田雑草」とよばれて駆除の対象とされ、人力や除草機による除草、除草剤による防除が、稲作とともに今日まで続いている。雑草が防除の対象となるのは、肥料養分と光をめぐってイネとの競合関係が生じイネの生育量を低下させたり、雑草の種類によっては農作業の障害になるなどの雑草害が生じるからである（宮原、1992）。

　このため防除を目的とした個生態学的な研究は雑草学の分野で精力的に行われてきたが、水田雑草を保全の対象として取り扱った研究は、これまでほとんど見られなかった。本書では、水田雑草を防除の観点からではなく、生物多様性の保全を念頭に置いて検討する。さらに、全国各地で増え続けている耕作放棄水田の植物についてもふれてみたい。

1. 水田雑草の種類

　耕作中の水田では、水管理、耕起、代かき、田植え、施肥、除草、稲刈りなどの農作業が次々と実施され、これが規則正しく毎年くりかえされている。水田雑草は、このような特殊な環境に適応した植物である。

　日本の水田雑草は191種であるが、日本固有種のアギナシ以外の種は、東アジアや東南アジア、あるいは世界中に広範に分布するものである（笠原、1968）。笠原（1968）は、日本の主な水田雑草を分布パターン別に記録地点数を添えて整理しているので、そのうちの10地点以上で記録されている種を表6-4に示した。水田雑草は、全国に広く分布する種が多いことがわかる。水田は人間によるかく乱が大きい環境であるため、水田に生育する植物はコナギやタイヌビエなど一年生の種が多い。しかしながら、オモダカやクログワイなど、このような環境に適応した多年生雑草もある。

　水田の雑草は、イネの種子とともに南方から入ってきた種類と、従来から日本の湿地に生育していたものが水田に侵入した種類とがあるものと考えられる。福井県三方湖のボーリングコアの花粉分析結果によれば、深度約2mより上部にはイネ科のイネ型花粉が大量に出現するとともに、アカウキクサ属とサンショウモ科の胞子も検出されている（安田、1982）。この結果は、稲作の広がりに伴う、アカウキクサ類やサンショウモなどの水田雑草の拡大を示していると考えられる。

表6-4　日本の主な水田雑草

分布範囲	種名
日本全国	アゼナ、アゼムシロ、イボクサ、ウキクサ、キカシグサ、コナギ、セリ、タイヌビエ、タネツケバナ、タマガヤツリ、チョウジタデ、ヒルムシロ、マツバイ、ミズハコベ、ミゾハコベ、
北海道以外	アブノメ、ウリカワ、ヒデリコ、ホシクサ
日本の北半部	ヒロハイヌノヒゲ
日本の南半部	タカサブロウ

笠原（1968）の表2による。

2．水田の環境と植物

　水田には、一年中水がたまっている湛水田から稲の生育期間中にだけ一時的な湿地となる乾田まで、また山間の小さな水田から圃場整備が完了した平地部の広い水田まで様々なものがあり、このような環境の違いにより水田の植物相も異なっている。

　水田では、毎年春にすき起こして水をはり、イネの結実期までは浅い水を湛え、施肥や除草が行われる。この期間には、雑草はイネとともに生育している。イネが熟すころには田の水を落とし、その後に稲刈りが行われる。稲刈り後の水田では、夏の水田とは異なる植物相を見ることができる。このように毎年繰り返される水田の季節的な環境の変動につれて、植物相も大きく変化する。

1）春の水田雑草

　稲刈り後から春のすき起こし前までは、水田は放置されていることが多いので、水田の本来の環境、特に土壌の水分条件がよくわかる。水を落した時期でも水がたまっている湛水田から、この時期には水はまったくない乾田まで、いろいろな状態の水田があり、生育する植物も多様である。春

表6-5　春の水田雑草群落

1. スズメノテッポウータガラシ群落　　i. 典型群、ii. ノミノフスマ群
2. スズメノテッポウーコオニタビラコ群落　i. 典型群、ii. オオアレチノギク群

群落番号	1		2	
群番号	i	ii	i	ii
資料数	20	10	19	20
平均種数	5	7	7	9
群落と群の識別種				
タガラシ	IV^{+-3}	IV^{+-2}	I^+	I^{+-2}
ムツオレグサ	III^{+-4}	IV^{+-5}	I^+	.
セ　リ	II^{+-1}	II^+	I^1	r^+
ノミノフスマ	.	V^{+-1}	V^{+-4}	V^{+-4}
ゲンゲ	.	II^+	IV^{+-5}	IV^{+-5}
コオニタビラコ	.	I^+	V^{+-3}	V^{+-4}
スズメノカタビラ	.	I^+	IV^{+-4}	II^{1-5}
セトガヤ	.	.	IV^{+-3}	II^{+-2}
トキワハゼ	.	.	I^{+-1}	III^{+-3}
キツネアザミ	.	.	II^{+-1}	I^{+-1}
オオアレチノギク	.	.	.	IV^{+-2}
ハハコグサ	.	I^+	.	III^{+-2}
ノニガナ	.	.	.	II^{+-1}
ナズナ	.	.	.	II^{+-4}
その他の種				
スズメノテッポウ	V^{+-1}	V^{1-4}	V^{1-5}	V^{1-5}
タネツケバナ	III^{+-1}	V^{+-1}	IV^{+-2}	III^{+-5}
ミノゴメ	II^{+-4}	III^{+-4}	III^{+-2}	III^{+-5}
キツネノボタン	I^{+-1}	I^+	I^+	I^+
ヒメジョオン	.	I^+	I^+	II^{+-2}
サギゴケ	.	I^+	I^1	I^+
以下省略				

下田（1996）のTable1を改変。

の水田雑草の多くは、稲刈り後の秋に発芽を開始し、冬を越して翌春の田起こし前までに開花・結実を終了する。

広島県西条盆地の春の水田雑草群落を表6-5に示した(下田、1996)。「スズメノテッポウータガラシ群落」は湛水田や湿田、「スズメノテッポウーコオニタビラコ群落」は乾田に形成される春の雑草群落である。タガラシやムツオレグサのように湿田に、またコオニタビラコやスズメノカタビラのように乾田に、それぞれ生育がほぼ限られている種がある。またスズメノテッポウやタネツケバナのように、どのような水田にも広く生育する種もあることがわかる。

冬から春にかけて水がたまっている水田では植物はまばらである(写真6-8)。乾田では植物の種類が多く、また水田一面にゲンゲやコオニタビラコが咲いて、春独特の美しい景観となる水田もある(写真6-9)。

写真6-8　春の湿田
タガラシ(手前)とタネツケバナが咲いている。(1997年4月：福井県敦賀市)

写真6-9　春の乾田に咲くゲンゲとコオニタビラコ (1995年4月：岡山市)

2）夏の水田雑草

　ヒエ類のようにイネとともに生育する水田雑草は、夏から秋にかけて開花・結実する。これらの雑草は、晩秋から翌春にかけては種子や栄養器官ですごし、春の雑草とは季節的にすみわけている。表6-4にあげた種のほとんどは、夏から秋にかけてみられるものである。夏の水田では、どの地域でも湛水して除草や施肥が行われるため環境が似通ったものとなり、春の水田にみられるような湿田と乾田との間の明らかな植物相の差は認められない。また最近の管理が充分な水田では雑草は非常に少ないため、水田の環境の差による植物相の差をみることは困難である。

　水田雑草の種類は、日本だけでなく、世界中の水田で類似したものとなっている。アメリカ合衆国のミズーリ植物園では、熱帯多雨林の生態系を再現した巨大な温室の一角でイネを栽培している（写真6-10）。ここでは、イネとともにサンショウモ属、アカウキクサ属、ミズワラビ属、アオウキクサ属などが、水面が見えないほどびっしりと繁茂していた。かつての日本の水田にもこのような雑草が繁茂しており、安田（1982）の花粉分析でアカウキクサ属やサンショウモ科の胞子が検出されたのであろう。

3）秋の水田雑草

　稲刈りが終わった水田では、イネの根元で生育していた植物や新しく発芽した植物が生育する。刈り取られた稲株から新しくのびた茎にまたイネの花が咲き、たくさんの稲穂がついていることもある（写真6-11）。

　水を落とし日当たりがよくなった泥の上に生育するアゼナ、チョウジタデ、ヒエ属、カヤツリグサ属、テンツキ属、ハリイ属などの雑草類の多くは、夏から秋にかけて干上がるため池の泥の上でも見られる種である（奥田、1978；Shimoda, 1985）。水田とため池に共通種が生育するのは、土壌環境や季節的な水位変動のサイクルが似ているためで

写真6-10　ミズーリ植物園の温室で栽培されているイネ
水面一面に繁茂しているのはサンショウモ類で、オモダカ類やオオフサモも見える。
（1999年7月：アメリカ合衆国ミズーリ州）

写真6-11 稲刈りあとの水田
オモダカ(中央)やキクモ(手前)が花をつけ、イネの切株から伸びた二度目の稲穂も見える。
(1998年9月：福井県敦賀市)

あろう。

　笠原(1951)は、湿田に多くて乾田に少ない種としてオモダカ、コナギ、サンショウモ、ヒルムシロ、スブタを、また乾田に多い種としてヒエ、イボクサ、アブノメ、カヤツリグサ、アゼナを挙げている。これらの生育種群の差は、水管理を行わなくなり、水田本来の環境が明確になる稲刈り後の土壌条件の差によって生ずると考えられる。

3．稲作技術の変化が植物相へ与えた影響

　第二次世界大戦後の農村と水田には大きな変化が生じた。終戦直後から1950年代にかけては農村人口は過剰であり充分な労働力があったが、1960年代になると農村の人口は都市へ流出し、農業就業人口が急減した。またこの時代には農作業の機械化が進展し、化学肥料・農薬の多投が始まった。1970年代以降には農家・農業労働力の高齢化が進み、農村の過疎問題が深刻になった。稲作技術では、大型機械化体系が普及して稲作の機械化・化学化がさらに進展した。

　農作業の機械化、水田の乾田化、農薬の多用などによる稲作技術の大きな変革は、水田雑草の生育環境を大きく変えた。ここでは水田の植物相にことに大きな関わりのある雑草防除法と耕地整備技術の変遷を簡単に述べ、除草剤と圃場整備が植物相に与えた影響を紹介する。稲作技術の変遷に関する記述は、農文協(1991)と農林水産省農林水産技術会議事務局(1993)によった。

1）雑草防除法の変化と植物相

　稲作での雑草との闘いは、長い間農民を苦しめてきた。江戸時代までは素手による手取り除草が行われた。幕末には雁爪が用いられるようになったが、四つんばいの姿勢での除草作業には変わりがなかった。明治時代には除草機が考案され、立ち姿での除草が可能になったものの、手取り除草も併用されていた。戦後になると、最初の除草剤として2,4-Dが導入され、その後は新たな除草剤

表6-6 除草法と水田雑草の変遷

時　期	除草法・除草剤	水田雑草の種類
第二次世界大戦直後まで	人力除草（手取り・除草機）	ヒエ類などの一年生雑草が主体で、多年生雑草はマツバイを除き発生は局所的
1950年代	除草剤(2,4-D)の使用開始	コナギなどの広葉雑草が減少したが、イヌビエ類は抵抗性が強く最強害草となる
1960年代	PCPの登場・普及	一年生雑草全般が防除されたが、多年生雑草のマツバイ、ヒルムシロが多発して問題化
1970年代	CNPの普及	多年生雑草のミズガヤツリ、ウリカワ、イヌホタルイ、ヘラオモダカが増加
近　年	低薬量除草剤、選択性除草剤の開発、進展	多年生雑草のオモダカ、クログワイ、セリ、シズイなどが問題雑草となる

伊藤（1988）；伊藤（1993）；清水（1998）による。

が次々と開発され普及した。

戦前・戦後の除草法と水田雑草の変遷を表6-6に示した。除草剤の普及後は、マツバイなどの多年生雑草が増加して問題となっている。また除草剤の種類の変遷につれて、多年生の害草の種類も変化している。多年生雑草の増加は、これらの種の除草剤耐性が大きいことによるが、これに加えて、人力除草（中耕・手取り除草）が削減されたこと、作付け体系の変化（秋耕・裏作の廃止）など、他の要因も関係している（伊藤、1987；伊藤、1993；農林水産省農林水産技術会議事務局、1993）。

水田の害草となる種については、除草剤の影響や水田における発生状況の変遷が研究・報告されているが、大きな問題とはならない種に関する情報は少ないため、水田雑草全体の変遷を把握するのは非常に困難である。下田ら（2000）は、除草剤の使用を中止し手取り除草を開始して1年目と2年目の水田で稲刈後の雑草を調査し、手取り除草2年目の水田の方が雑草の種数が多いことを確認している。この結果は、除草剤が雑草の多様性を低下させていることを示す一例である。

2）耕地整備技術の変化と植物相

江戸時代までは、籾の直播きをしなければならない強湿田、田植えはできるが牛馬耕はできない湿田など、全国的に湿田が多かった。明治時代になり、乾田化、用排水改良、開田が進められ、増収と労働節約に効果があったが、第二次世界大戦前までの水田の多くは、牛馬耕を前提とした不整形・小区画・未整備・排水不良な状態であった。写真6-12は新潟県亀田郷の稲刈りの風景である。強湿田地帯の亀田郷では、戦後も土地改良事業が始まるまでは、腰や胸まで水につかり、田舟や田下駄を使う重労働が続けられていた（亀田郷土地改良区、1977；須藤、1989）。

高度成長期の農村からの労働力の流出は、農業の機械化を促進した。農業機械がその能力を発揮するためには、水田が機械の使用に適した形態・組織を持つ必要があるため、1963年に大型機械による省力一貫作業体系の導入が可能な耕地条件整備を目的とした「圃場整備事業」が創設された。

中川（1998）は、近年に水田地域の生物多様性を貧しくしてきた原因として、農村地域の都市化・混住化、農業資材（とくに農薬）の多投入、圃場整備によるビオトープの減少を挙げ、さらに圃場整備における生物多様性保全の観点からの技術的問

写真6-12　深田の稲刈り（1951年：新潟県亀田郷、本間喜八氏撮影）

題点について整理している。問題点として区画の拡大整備に伴うビオトープ空間の喪失、乾田化による生物生息環境の悪化、用・排水路の構造問題が挙げられているが、この中で水田の植物に最も大きな影響を及ぼすのは湿田の乾田化である。

自然の湿地がほとんど水田に変わった地域では、湛水田や湿田が水生・湿生植物の重要な生育地となっていた。福井県敦賀市にある中池見には、江戸時代に開田された湿田が、ほとんど未整備のまま最近まで残っており、デンジソウやサンショウモをはじめとする多様な水生・湿生の水田雑草が確認されている（下田ほか、1999）。

乾田化により水田の湛水期間が短くなったことは、水田雑草の分布に大きな影響を及ぼしたと考えられる。新山・篠崎（1975）は、乾田化がもたらした水田雑草の変化の例として、ヒルムシロ、クログワイ、タヌキモ、ミズニラ、ミズワラビの減少やヒンジモの消滅を千葉県で報告している。湿田が多かった時代には豊富に見られた水生雑草が乾田化により激減し、わずかに残った未整備の湿田にかろうじて生育していることは、千葉県だけでなく、全国各地で生じているものと考えられる。

4．絶滅のおそれのある種

伝統的な稲作が多様な生物相を維持してきたことや、近年の農村社会や稲作技術の大きな変化により、かつての身近な生き物が急減して稀少な種となっていることが認識されるようになってきた（環境庁、1996）。

笠原（1951）は、昭和17・18年（1942・1943）における各地在住の研究者からの調査回答、文献、笠原自身の調査結果をもとに、国内の水田雑草186

表6-7 絶滅のおそれのある水田雑草

種　名*	害草度*	レッドデータブックの評価**
デンジソウ	全国害草	絶滅危惧Ⅱ類
サンショウモ	全国害草	絶滅危惧Ⅱ類
オオアカウキクサ	全国害草	絶滅危惧Ⅱ類
ヌカボタデ	弱害草	絶滅危惧Ⅱ類
アゼオトギリ	全国害草	絶滅危惧ⅠB類
ミズキカシグサ	南部害草	絶滅危惧ⅠB類
ミズマツバ	南部害草	絶滅危惧Ⅱ類
タチモ	全国害草	準絶滅危惧
ミゾコウジュ	弱害草	準絶滅危惧
オオアブノメ	弱害草	絶滅危惧Ⅱ類
カワヂシャ	全国害草	準絶滅危惧
タヌキモ	全国害草	絶滅危惧Ⅱ類
アギナシ	全国害草	準絶滅危惧
スブタ	全国害草	絶滅危惧Ⅱ類
コバノヒルムシロ	弱害草	絶滅危惧ⅠB類
トリゲモ	弱害草	絶滅危惧ⅠB類
ミズアオイ	全国害草	絶滅危惧Ⅱ類
ヒンジモ	北部害草	絶滅危惧ⅠB類

*笠原(1951)第1表、**環境庁(1997)による。

種の地理的分布と発生度をまとめている。笠原が水田雑草としてあげている種の中には、表6-7に示したとおり、現在絶滅のおそれがある種に指定されているものが多数ふくまれている。また表6-7の種には、笠原が「全国害草」としている種が半分以上もある。農業の近代化が始まる以前の水田では、現在の絶滅危惧種もごく普通の水田雑草として生育していたのである。

表6-7にあげた種はいずれも水生・湿生植物であり、湛水田や湿田の乾田化がこれらの種が減少した主な原因の一つであることがわかる。さらに1970年から本格化した米の生産調整や農村の高齢化・人手不足により、生産効率の悪い小区画・未整備・排水不良な水田が耕作放棄されたことも、水生・湿生の水田雑草の減少を招いている。

5．耕作放棄水田の植物

1）米の生産調整の開始と耕作放棄水田の発生

第二次世界大戦後の稲作技術の向上により米の生産量は急増したが、米の1人当たり消費量は1962年、総需要量は1963年をそれぞれピークにして減少に転じ、大量の在庫米が発生した。このため1969年に米生産調整対策が始まり、1970年からは本格的な減反が実施された。1973年までは休耕にも奨励補助金がついたため、全国各地に大量の休耕田が生じ、1971年から1972年には、全国の水田面積の1割を上回る約30万haが休耕された(圷、1977)。休耕奨励補助金は1974年から打ち切られたが、多くの休耕田が復田されることなく耕作放棄水田となった。

生産調整政策は名称を変えながら次々と新しい対策が実施され、今日にいたっている。生産調整政策や農村の過疎化・高齢化にともない、全国各地で水田の耕作放棄が進行している。耕作放棄地(田と畑)は1990年が21万7千ha、1995年は24万4千haに達している(宇佐美、1997)。

2）耕作放棄水田の植物

水田の耕作放棄は、稲作や水田を維持するための様々な管理作業がなくなることを意味する。これらの作業の中止は、水田や水田周辺の生物に大きな影響を及ぼし、耕作中の水田とは異なる生物相が見られる原因となる。

雑草が繁茂する耕作放棄水田は、隣接田への雑草害や害虫の発生源となるため、従来は農業にとって好ましくない存在とみなされてきた。無管理状態の放棄水田では、3～5年経つと多年生草本が繁茂するため、放棄後の年数がたつほど復田は困難になる。花谷・児玉(1973)は休耕を3年続ければ農地復帰は不可能とし、安西(1989)は無管理の休耕田の状態は3年、永くても5年を限度としたいと指摘している。このため、復田可能な状態を維持するには、耕起、代かき、雑草の刈払い、除草剤の散布などの雑草対策が必要である。

3）耕作放棄水田の環境と植物

耕作田では、どのような水田であれ、少なくとも稲の生育期間中は湿地の状態が維持され、また強度の人為的な影響を受けているため、水田特有の限られた雑草類だけが生育できる環境となっている。しかし水田が耕作放棄されると、以下に述べるように、その土地本来の環境条件や耕作停止後の時間などの様々な要因により、生育する植物や成立する植物群落は多様なものとなる。

a．土壌の乾湿

耕作中の水田でも、乾田と湿田では生育種に違いがあることはすでに述べた。水管理を行わない耕作放棄水田では、水田本来の土湿条件が明確になり、より明らかな生育地の差が生じる（下田・鈴木、1981）。図6-15は、様々な土地が開田によって水田となり、さらに耕作放棄により、乾田と湿田では異なる植生が放棄水田に成立していく過程を模式的に示している。

放棄直後の乾田には、水田雑草とともに、畑地雑草ともなる乾生の草本類が生育し、一年生草本の優占する群落が成立する。やがてススキなどの乾生の多年生草本が繁茂する群落を経て、周辺地域に見られるような木本群落となる。

湿田でも放棄直後には水田雑草が繁茂するが、やがて、沼沢地や湿地に繁茂するヨシやスゲ類などの多年生草本が生育を始める。草本群落の状態が長く続くところもあるし、まもなくヤナギ類やハンノキの湿地林になるところもある。

b．耕作放棄後の年数

湿田・乾田を問わず、耕作放棄後1年目には水田雑草が多い。その後年次を追って多年生草本が増加し、3年から5年でヨシ、ガマ類、ススキなどが繁茂する多年生草本群落となることが各地で報告されている（花谷・児玉、1973；島田、1974；圷、1977；下田・鈴木、1981；安西、1989など）。また、発生種数は、耕作停止後の年次経過とともに急激に減少することが確認されている（斎藤ほか、1975；圷・黒沢、1976）。

耕作放棄後の年数と植生変化の関係を示す事例として、下田（1996）による広島県西条盆地の耕作放棄湿田の調査結果を図6-16に示した。多年生草本類が優占するまでの年毎の植生変化は大きいが、いったん多年生草本群落となった後の変化はより緩やかとなる。

c．耕作放棄水田の植生に影響を与える要因

上記のとおり、土壌の水分条件と放棄後の年数は植生の構成種に大きな影響を及ぼしているが、図6-17に示したように、その他にも耕作放棄水田の植物の生育にかかわる様々な要因が考えられる。耕作放棄後の水田に発生する植物には、本来水田にあったもの、畦畔や用水路から侵入したもの、飛来種子で定着したものがあると各地で報告されている（島田、1974；新山・篠崎、1975；圷、1977；下田・鈴木、1981；新山、1995；下田、1996）。種子の供給源となる周囲の植生は、耕作放棄後の植生の発達に大きな影響を及ぼすと考えられる。

林（1977）は、埋土種子集団は、潜在的な能力として群落の維持と再生、すなわち遷移に重要な役

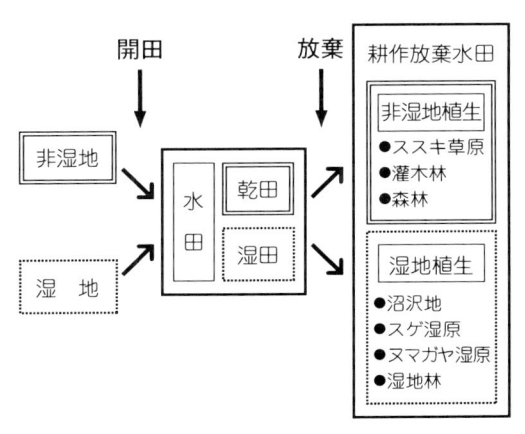

図6-15　土地利用と植生の変化

6章 水田の物理的環境と生態

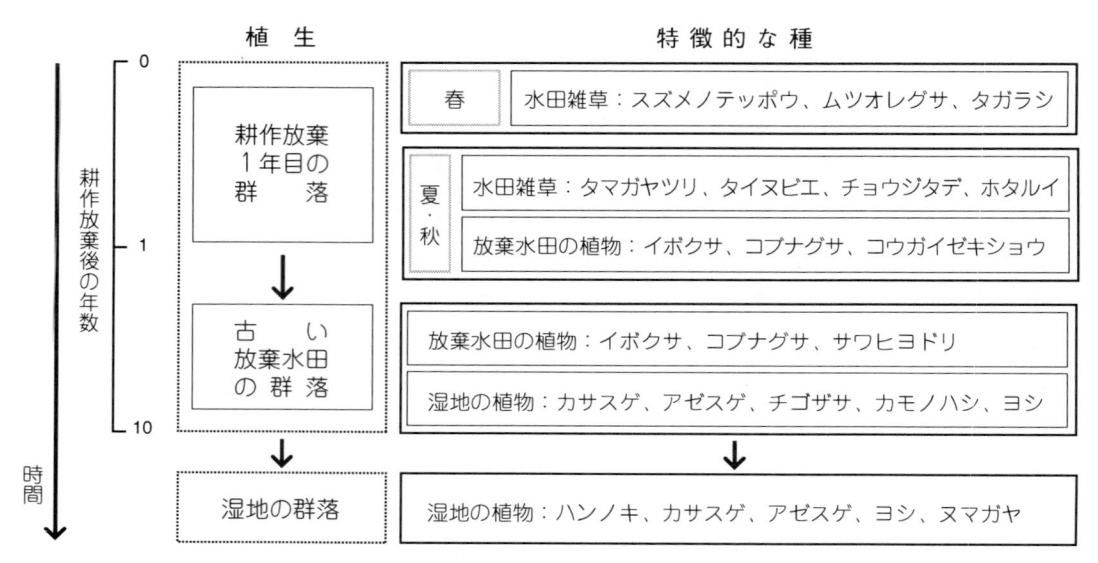

```
耕作放棄後の年数
0 ─┐
   │    植 生                    特 徴 的 な 種
   │  ┌─────────┐   ┌──┬─────────────────────────┐
   │  │ 耕作放棄 │   │春│水田雑草：スズメノテッポウ、ムツオレグサ、タガラシ│
   │  │ 1年目の  │   ├──┼─────────────────────────┤
   │  │ 群  落   │   │  │水田雑草：タマガヤツリ、タイヌビエ、チョウジタデ、ホタルイ│
1 ─┤  └────┬────┘   │夏│                         │
   │       ↓        │秋├─────────────────────────┤
   │  ┌─────────┐   │  │放棄水田の植物：イボクサ、コブナグサ、コウガイゼキショウ│
   │  │   古 い │   └──┴─────────────────────────┘
   │  │ 放棄水田 │   ┌─────────────────────────────┐
   │  │ の 群 落 │   │放棄水田の植物：イボクサ、コブナグサ、サワヒヨドリ│
10─┤  └────┬────┘   ├─────────────────────────────┤
   │       ↓        │湿地の植物：カサスゲ、アゼスゲ、チゴザサ、カモノハシ、ヨシ│
   │  ┌─────────┐   └─────────────────────────────┘
時間│ │ 湿地の群落│   ┌─────────────────────────────┐
   ↓  └─────────┘   │湿地の植物：ハンノキ、カサスゲ、アゼスゲ、ヨシ、ヌマガヤ│
                    └─────────────────────────────┘
```

図6-16　耕作放棄湿田の植生変化（下田(1996)より）

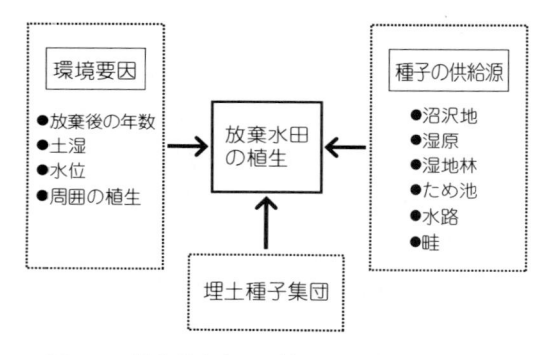

```
┌─────────┐              ┌─────────┐
│ 環境要因 │              │種子の供給源│
│●放棄後の年数│          │●沼沢地  │
│●土湿    │  ┌──────┐  │●湿原    │
│●水位    │→│放棄水田│←│●湿地林  │
│●周囲の植生│ │の植生 │  │●ため池  │
└─────────┘  └───↑──┘  │●水路    │
                  │      │●畦      │
            ┌─────────┐ └─────────┘
            │埋土種子集団│
            └─────────┘
```

図6-17　耕作放棄水田の植生に影響を与える要因

割を果たしていると指摘している。また下田ら(1999)は、耕起した休耕田や古い放棄水田の植生を除去した後に成立する群落の主要な構成種は、埋土種子集団に由来することを示唆している。これらは、埋土種子集団も耕作放棄水田の植生に影響を与える要因の一つであることを示している。

4）絶滅のおそれのある植物

自然の湿地が少ないわが国では、耕作放棄湿田は植物の貴重な生育地となっており、それぞれの植生タイプに特有な稀少種も確認されている。各地の耕作放棄水田で確認されている、絶滅のおそれのある水生・湿生植物を表6-8にまとめた（木下、1991；黒沢湿原植物研究会、1996；下田、

表6-8　絶滅のおそれのある耕作放棄水田の植物

種　名*	レッドデータブックの評価**
ミズニラ	絶滅危惧Ⅱ類
デンジソウ	絶滅危惧Ⅱ類
サンショウモ	絶滅危惧Ⅱ類
オオアカウキクサ	絶滅危惧Ⅱ類
ヤナギヌカボ	絶滅危惧Ⅱ類
オグラセンノウ	絶滅危惧ⅠA類
タコノアシ	絶滅危惧Ⅱ類
ヒメビシ	絶滅危惧Ⅱ類
ミズネコノオ	絶滅危惧Ⅱ類
ミズトラノオ	絶滅危惧Ⅱ類
マルバノサワトウガラシ	絶滅危惧ⅠB類
タヌキモ	絶滅危惧Ⅱ類
ミコシギク	絶滅危惧ⅠB類
オオニガナ	絶滅危惧Ⅱ類
アギナシ	準絶滅危惧
サガミトリゲモ	絶滅危惧ⅠB類
イトトリゲモ	絶滅危惧ⅠB類
ミズアオイ	絶滅危惧Ⅱ類
ヒメコヌカグサ	準絶滅危惧
ミクリ	準絶滅危惧
ヤマトミクリ	絶滅危惧Ⅱ類
サギソウ	絶滅危惧Ⅱ類
ミズトンボ	絶滅危惧Ⅱ類
トキソウ	絶滅危惧Ⅱ類
シャジクモ	絶滅危惧Ⅰ類

*環境庁(1997)による。

1996、1998；大黒、1998；清水、1998；下田ほか、2000)。一年生草本は耕起などの管理を行っている休耕田や放棄直後の湿田に多く、多年生草本は放棄後の年数が経過したところに多く見られる。

最近では、耕作放棄水田を生物を保全する場として活用し、表6-8にあげたような稀少種や多様な植物相の保全を目的とした管理を行っている事例もある(黒沢湿原植物研究会、1996；大黒、1998；下田、1998；関岡ほか、2000など)。

6．水田の植物の保全と問題点

多くの人手を要する伝統的な農作業が行われていた時代の水田は、多様な生物相を維持していた。農村の人手不足による農地の維持管理の困難さと農業技術の化学化・機械化、および農村の都市化による生態系への影響は大きく、これらが原因となって農村の生物多様性が損なわれたことが広く認識されるようになってきた(農林水産省農業環境技術研究所、1998)。

しかしながら農村の現状では、省力化をはかり、低コストの稲作を実施することが不可欠である。このため、農業の化学化・機械化は今後も進められ、生物への影響もさらに続くものと考えられる。

水田の生物の保全を目指すのであれば、中川(1998)が指摘しているように、農業技術開発が生産性向上に果たした大きな貢献を評価した上で、従来の技術を再検討し、生物多様性保全にも配慮した、新たな技術体系を組み立てていく必要がある。

除草をはじめとする人為的な撹乱のない耕作放棄水田は、植物の生育地として都合がよいが、栽培管理作業の多くがなくなることにより、植生は安定せず遷移が進行する。このため、耕作放棄水田を特定の種の生育地として保全する場合は、なんらかの管理を行って目的とする種に適した環境や植生を維持する必要がある。

生物の保全を目的とする特定の水田で、保全のための維持管理を行う試みが今後各地で実施されるであろう。適切な保全対策のためには、生物に関する基礎的な調査の実施、科学的で正確なデータに基づく効果的な生物保全対策の検討、継続可能な維持管理方法や実施体制の確立などが求められる。また、各地域で長年実施されてきた伝統的な農法を維持管理に生かし、農耕文化の保存・継承もあわせて行うことが望まれる。

引用文献

圷　存（1977）：休耕田の雑草、遺伝、**31**(11)、pp.29-35.
圷　存・黒沢　晃（1976）：休耕田の雑草発生と防除に関する調査研究、茨城県農業試験場研究報告、**17**、pp. 41-54.
安西徹郎（1989）：水田における休耕中の管理と休耕の年限、農業技術、**44**(12)、pp.551-554.
花谷　武・児玉正道（1973）：休耕田の雑草調査と防除の問題、農業技術、**28**(6)、pp.266-269.
林　一六（1977）：埋土種子集団、植物生態学講座4　群落の遷移とその機構、pp.193-204、朝倉書店.
伊藤一幸（1987）：稲作技術の変遷と雑草の適応戦略、研究ジャーナル、**10**(6)、pp.16-22.
伊藤一幸（1988）：除草剤の普及と耕地雑草の変遷、日本の植生－侵略と撹乱の生態学、pp.145-158、東海大学出版会.
伊藤操子（1993）：雑草学総論、養賢堂.
亀田郷土地改良区（編）（1977）：写真集・水と土と農民．亀田郷土地改良区.
環境庁自然保護局（編）（1996）：多様な生物との共生をめざして－生物多様性国家戦略－、大蔵省印刷局.
環境庁自然保護局野生生物課（1997）：植物版レッドリスト.

笠原安夫（1951）：本邦雑草の種類及地理的分布に関する研究第4報　水田雑草の地理的分布と発生度、農学研究、**39**(4)、pp.143-154.
笠原安夫（1968）：日本雑草図説、養賢堂.
木下慶二（1991）：田原湿地(和歌山県古座町)の植生について、南紀生物、**33**(2)、pp.112-118.
黒沢湿原植物研究会(編)（1996）：黒沢湿原植物群落調査報告書、徳島県池田町教育委員会.
宮原益次（1992）：水田雑草の生態とその防除、全国農村教育協会.
中川昭一郎（1998）：水田の圃場整備と生物多様性保全を考える、研究ジャーナル、**21**(12)、pp.3-8.
新山恒雄（1995）：休耕田で群落遷移を追う、現代生態学とその周辺、pp.284-291、東海大学出版会.
新山恒雄・篠崎秀次（1975）：耕地雑草群落の組成と動態－特に水田および休耕田について－、新版千葉県植物誌、pp.149-160、井上書店.
農文協(編)（1991）：稲作大百科Ⅰ　総説　品質と食味、農山漁村文化協会.
農林水産省農業環境技術研究所(編)（1998）：水田生態系における生物多様性、養賢堂.
農林水産省農林水産技術会議事務局(編)（1993）：昭和農業技術発達史 第２巻 水田作編、農山漁村文化協会.
大黒俊哉（1998）：生物多様性を保全する場としての休耕田、研究ジャーナル、**21**(12)、pp.38-42.
奥田重俊（1978）：関東平野における川辺植生の植物社会学的研究、横浜国立大学環境科学研究センター紀要、**4**(1)、pp.43-112.
斎藤博行・笠原喜久男・山崎栄蔵（1975）：休耕田の管理方式と雑草発生消長に関する研究．山形県立農業試験場研究報告、**9**、pp.135-146.
関岡裕明・下田路子・中本　学・水澤　智・森本幸裕（2000）：水生植物および湿生植物の保全を目的とした耕作放棄水田の植生管理、ランドスケープ研究、**63**(5)、pp.491-494.
島田晃雄（1974）：休耕田の復元対策と問題点（1）、農業および園芸、**49**(1)、pp.25-28.
清水矩宏（1998）：水田生態系における植物の多様性とは何か、水田生態系における生物多様性、pp.82-126、養賢堂.
Shimoda, M.（1985）：Phytosociological studies on the vegetation of irrigation ponds in the Saijo basin, Hiroshima Prefecture, Japan, J. Sci. Hiroshima Univ., Ser. B. Div. 2, **19**(2)、pp.236-297.
下田路子（1996）：放棄水田の植生と評価－広島県の湿性放棄水田－、植生学会誌、**13**(1)、pp.36-50.
下田路子（1998）：福井県敦賀市中池見の農業と植生、および維持管理試験について、植生情報、**2**、pp.6-18.
下田路子・関岡裕明・宇山三穂・中本　学・筒井宏行（2000）：「水田雑草」の動態と保全－敦賀市中池見の事例－、水草研究会会報、**69**、pp.5-11.
下田路子・鈴木兵二（1981）：西条盆地(広島県)における休耕田の植生、Hikobia Suppl., **1**、pp.321-339.
下田路子・宇山三穂・中本　学（1999）：深田の植物－敦賀市中池見の場合－、水草研究会会報、**66**、pp.1-9.
須藤　功(編)（1989）：写真でみる日本生活図引1　たがやす、弘文堂.
宇佐美繁(編著)（1997）：1995年農業センサス分析．日本農業－その構造変動－、農林統計協会.
安田喜憲（1982）：福井県三方湖の泥土の花粉分析的研究－最終氷期以降の日本海側の乾・湿の変動を中心として－、第四紀研究、**21**(3)、pp.255-271.

6.3　水田の昆虫相－水生昆虫類とその指標性

立川　周二

1．水生生物の衰退

　1960年代から、水の中にすんでいた身近な生きものが、次々と姿を消した。この現象は、自然に深い関心を持った人に限らず、多くの人が気づいたことであった。トンボが、タガメが、ホタルが、メダカが、イモリがいなくなった、その原因は水田の稲作のために、強い殺虫剤を使用したからであると、多くの人が考えた。また、そのころから日本は経済的な発展を始め、急激に農村とその周辺の景観が変化した。団地が造成されて新しい街が出現し、さかんにゴルフ場や工場が誘致された。すると、トンボが飛び回っていた池は汚され、あるいは埋め立てられ、小さな水たまりや湿地などと共に消えていった。現在、人口の70％以上が、都市部に集中し居住しているそうである。したがって農村では、農業のにない手がいない、後継者がいない状態が続いている。高齢者にも従事できるよう、すでに全国の60％の農地において、圃場整備が済んだと言われる。湿田を乾田化して水路はコンクリートという、効率一辺倒で整備された水田は、生物の生息場所としては厳しすぎて、水生生物の衰亡にさらに拍車をかけているという（伴、1979；市川、1996aなど）。このような状況の中で、地方によっては、個体数が減少し稀少となった種、絶滅に近い種、すでに絶滅してしまった種が報告されている。生物多様性の保全については、大方の合意が得られている下で、この身近な水田の生物の現況を把握し、モニタリングを続けることは急務である。

2．水田を調べる

　農村にたくさんの生きものがいたころ、その賑わいはどんなものだったのだろうか。もしそのような場所がまだあるならば、ぜひその状況を調べたい。そんな望みをいだいて、関東地方において調査場所さがしをしたが、すでにそれに応える環境はなかなか見つからなかった。幸いにも、農村のビオトープを研究するプロジェクトチームが大学に結成され、昆虫部門の担当者として参加することができた。調査地さがしは拡大され、ついに福島県相馬市郊外の山間部に位置した、36 haの水田を調べることに決まった。丘陵地に挟まれた水田は伝統的水稲栽培地、あるいは大きな谷津田とも見ることができる。中央の排水路は土水路のままで、ドジョウやスジエビの泳ぐ姿がのぞけた。1996年5月～8月まで、毎月一度、農家の離れを借りて寝泊まりして、水田やため池と周囲の里山を歩き回った。トンボ類23種、水生半翅類15種、水生甲虫類11種と共に、チョウ類54種を記録した。つづいて、1997年には福島県鮫川村および茨城県笠間市において、水田を中心とした農地を調査する機会が得られた。1998年には、学生たちと手分けをして、茨城県岩井市と水海道市にまたがる菅生沼の昆虫相を調べた。1998年から1999年には、穀倉地帯である新潟県三和村の水田に的をしぼり、圃場整備の年代が異なる地域に調査区を設定して、昆虫相を比較した。

　農村における調査対象は、とくに水田にすむ水生動物に注目した。人為のインパクトを最も強く

受けているであろうと考えられたからである。調べるといろいろな生きものが豊かに生息していた場所もあったが、いくど網を入れても何も捕まえられない場所もあった。水田に限るとどんな昆虫類がいるのだろうか。過去に「生きものが豊かだった」と言われた程度は、いったいどの位を指していたのだろうか。また、「標準的」な程度といえる、生きものの種数や個体数はどの位だろうか。結果としてどんな昆虫を指標種としてあげることが出きるか。これらに答えるには、まだまだ調査は不充分で、地域もかたよっているが、これまでに調べたことをお伝えしておきたい。

3．各地の水田

相馬市については前述したが、鮫川村の調査地は、中山間地の谷津田で、ため池がなく渓流の水を直接利用している。笠間市では、盆地の中央部の水田はすでに整備が進み生物相は極めて単純であったが、周辺部の谷津田とため池を重点的に調べた。菅生沼は平野部に残された232haの大きな沼沢地で、流入河川による堆積が進み、水深が浅くなってヨシ原の湿地が拡大し、開放水面は僅かとなっている。ここでは沼の水辺と隣接した水田を調べた。三和村は頸城平野の米作農村で、圃場整備の年代の相違により、異なった構造の水田が見られた。調査は5ヶ所を定点として、水田と水路を限定してサンプリングを行った（写真6-13）。

トンボ目昆虫の調査には、各調査地の水田内に500〜550mの歩行するルートを設定して、ルートセンサス法により目撃したトンボ成虫の種とその個体数を記録した。ルート沿いの環境は、場所ごとで異なり、たとえば相馬市では水田の中の小川沿いからため池へと連なり、また笠間市では水田に沿った雑木林の林縁を歩き、ため池に至るルートであった。調査の結果は、水田より発生したトンボとは限らず、巨視的な水田環境[注1]に生息するトンボ類とご理解いただきたい。そのほかのカメムシ目と甲虫目昆虫などは、水田、水路、水たまり、ため池の水縁より採集した結果である。$0.5 \times 10m$あるいは、$3m^2$になるようコドラードを厳密に設定し、調査地間を比較する資料も得ているが、ここでは適宜採集により得られたデータも加えた、総合的な結果を提示する。

4．水田の昆虫がみえてきた

相馬市、鮫川村、笠間市、菅生沼、三和村の5ヶ所を調査地として、水田環境の水生昆虫類をほぼ年間を通して調査した。その結果はトンボ目昆虫10科46種、バッタ目2科3種、カメムシ目13科25種、甲虫目6科34種、合計4目31科108種をあげ

写真6-13　相馬市の調査地、水生動物の豊富な土水路

注1）ここでは水田、用排水路、ため池、水田に隣接した湿地と水たまりなど、一連の水系をいう。

6.3 水田の昆虫相－水生昆虫類とその指標性

表6-9 水生昆虫類の出現頻度によるクラス分け

クラス	種	目
V	ノシメトンボ	トンボ
	ヒメアメンボ	カメムシ
	マツモムシ	カメムシ
	オニヤンマ	トンボ
	ヒメゲンゴロウ	甲虫
	シオカラトンボ	トンボ
	アキアカネ	トンボ
	ナツアカネ	トンボ
	ミズカマキリ	カメムシ
	コシマゲンゴロウ	甲虫
IV	コミズムシ	カメムシ
	アメンボ	カメムシ
	マユタテアカネ	トンボ
	タイコウチ	カメムシ
	ハネナシアメンボ	カメムシ
	ヒメイトアメンボ	カメムシ
	オオアオイトトンボ	トンボ
	シマゲンゴロウ	甲虫
	アジアイトトンボ	トンボ
	ハグロトンボ	トンボ
	ガムシ	甲虫
III	チビミズムシ	カメムシ
	ケシカタビロアメンボ	カメムシ
	オオコオイムシ	カメムシ
	シマアメンボ	カメムシ
	チビゲンゴロウ	甲虫
	コガシラミズムシ	甲虫
	ゴマフガムシ	甲虫
	ヤスマツアメンボ	カメムシ
	オツネントンボ	トンボ
	ホソミオツネントンボ	トンボ
	ヘイケボタル	甲虫
	ミズギワカメムシ	カメムシ
	モノサシトンボ	トンボ
	コオイムシ	カメムシ
	ヒガシカワトンボ	トンボ
	コシアキトンボ	トンボ
	ギンヤンマ	トンボ
	メミズムシ	カメムシ
	ウチワヤンマ	トンボ
	ショウジョウトンボ	トンボ
	ゲンゴロウ	甲虫
	オオシオカラトンボ	トンボ
	シオヤトンボ	トンボ
	コサナエ	トンボ
II	オオミズスマシ	甲虫
	ゲンジボタル	甲虫
	ヤマトゴマフガムシ	甲虫
	キベリヒラタガムシ	甲虫
	チョウトンボ	トンボ
	アオハダトンボ	トンボ
	ツブゲンゴロウ	甲虫
	ミズスマシ	甲虫
	ウスバキトンボ	トンボ
	ヒメガムシ	甲虫
	マイコアカネ	トンボ
	マメガムシ	甲虫
	マメゲンゴロウ	甲虫
	アオイトトンボ	トンボ
	オオヤマトンボ	トンボ
	オオアメンボ	カメムシ
	ハイイロゲンゴロウ	甲虫
	クロゲンゴロウ	甲虫
	クロイトトンボ	トンボ
	ヒメミズカマキリ	カメムシ
	コオニヤンマ	トンボ
	コフキトンボ	トンボ
	コガムシ	甲虫
	モートンイトトンボ	トンボ
	ミヤマサナエ	トンボ
I	ミヤケミズムシ	カメムシ
	ババアメンボ	カメムシ
	マダラコガシラミズムシ	甲虫
	ハラビロトンボ	トンボ
	ミヤマアカネ	トンボ
	クロズマメゲンゴロウ	甲虫
	ケシゲンゴロウ	甲虫
	キイトトンボ	トンボ
	イネミズゾウムシ	甲虫
	トゲバゴマフガムシ	甲虫
	トゲヒシバッタ	バッタ目
	ケラ	バッタ目
	ヒメミズシマシ	甲虫
	エサキアメンボ	カメムシ
	ホソセスジゲンゴロウ	甲虫
	ルリボシヤンマ	トンボ
	マルガタゲンゴロウ	甲虫
	ミルンヤンマ	トンボ
	ミズカメムシ	カメムシ
	ケシミズカメムシ	カメムシ
	コセアカアメンボ	カメムシ
	ハネナガヒシバッタ	バッタ目
	オオイトトンボ	トンボ
	ムカシヤンマ	トンボ
	コノシメトンボ	トンボ
	マルガムシ	甲虫
	キイロヒラタガムシ	甲虫
	オオヒラタガムシ	甲虫
	タマガムシ	甲虫
	コバンムシ	カメムシ
	アオモンイトトンボ	トンボ
	ミヤマカワトンボ	トンボ
	キイロサナエ	トンボ
	カトリヤンマ	トンボ
	ヤブヤンマ	トンボ
	オオルリボシヤンマ	トンボ
	リスアカネ	トンボ
	ルイスツブゲンゴロウ	甲虫

ることができた。このほかに、カゲロウ目、トビケラ目、ハエ目のユスリカ類とガガンボ類の幼虫が得られているが、種がまだ確定できずに残されている。これらの昆虫をまとめて**表6-9**として、調査地における出現頻度から、Ⅴ〜Ⅰのクラスに区分して示した。クラスⅤは、調査地5ヶ所の全てより採集された種で、Ⅳは4ヶ所で、Ⅲは3ヶ所、Ⅱは2ヶ所、Ⅰは1ヶ所となる。それぞれのクラス内では、調査結果の総個体数が多い順に種を並べている。つまり、クラスⅤは、水田環境に最も普遍的に見られ、比較的個体数も多い種が含まれている。そして、ⅣからⅠに至るにしたがい、次第に局所的に限られて生息し、個体数も少ない種が主体となる。しかし、われわれの調査は日本列島から見たら狭い地域で、また限られた調査方法による結果であり、このままを基準とすることはできないであろう。さらに、広範に渡る調査と資料の蓄積が必要であると考える。これらの結果とこれまでの知見を統合して、以下に昆虫のグループごとに述べる。

5．水田のトンボ類

日本はトンボ相が豊かで、180を越える種が知られている。トンボの幼虫が育ち得る多様な水環境と豊かな水資源が、多くの種類を育んでいるのであろう。それは地球上におかれた日本列島の位置と、高低のある複雑な地形が関係しているに違いない。トンボ類が発生する水域は、塩水が混じる河口の汽水域から高地の池や湿原、あるいは平地を緩やかに流れる小川から山間渓流など、広範囲にわたる。上田（1998 a, b）は身近な水辺の環境として、ため池と水田を取り上げ、そのトンボ群集について知見を総合して論じている。日本のトンボの約半数にあたる80種ほどが、ため池を主な生息場所とし、そのうちの31種が水田を利用している。つまり水田の利用者はため池にも見られ、水田のみに出現する種はいない。これらはいわゆる普通種で構成され、その代表種として、モートンイトトンボ、カトリヤンマ、シオカラトンボ、シオヤトンボ、オオシオカラトンボ、ウスバキトンボ、アキアカネ、ナツアカネの8種があげられている。

これらのなかで、アキアカネは一般にも「赤トンボ」として知られ、イネの収穫期に秋空を「おつながり」で飛ぶ姿は、馴染みの深い光景である。このアキアカネは、その生活環が水田のサイクルと一致し、最も水田の環境に適応している種と言える。アキアカネは6月上旬の頃から羽化をはじめ、成虫になると水田を後にして高冷地の山へ移動して、そこで夏を過ごす。これは平野部の夏の高温を避けて、涼しい高地で豊富な餌を摂食するためと、生理的に意義あることが知られている。秋になると体色が赤くなり、体重も増加するとともに、雌の卵巣も成熟してくる。雌雄が連なって、時には何千、何万という集団となり、山から下りて、稲刈りの済んだ水田に飛来する。浅い水たまりを見つけると交尾をすませ、雌は腹端で水面を叩くようにして産卵する（打水産卵）。この卵は水中になくとも、湿り気程度で卵の中の胚子が発育し、発生が終了すると休眠に入って冬を越す。春になり、水田に水が入ると、卵は休眠から覚めて一斉に孵化する。幼虫は餌条件に恵まれ、初期は豊富なミジンコなどを食し、後にはユスリカの幼虫であるアカムシやボウフラなどの水生昆虫を摂食して育つ。幼虫の期間は100日以内と短く、水田に水がある間に発育を終了する。このように、成虫と卵の期間が長く、幼虫の期間が短いアキアカネの生活環は、水田の季節的経過と見事なまでに一致している。水田においてアキアカネと同じような生活環を送る種は、ナツアカネ、ミヤマア

6.3 水田の昆虫相－水生昆虫類とその指標性

写真6-14 水田の中のトンボ幼虫

カネ、ノシメトンボなどのアカトンボ類に多く、ほかにもカトリヤンマやオオアオイトトンボも同様である。水田に生息する幼虫の個体数については、浦辺ほか（1986）は、面積が約10aの水田でアキアカネの幼虫が3万匹から5万匹が生息していたと推定している（写真6-14）。

われわれの調査は、畦畔を歩行しながら、目撃できたトンボの成虫を記録したもので表6-10に示した。したがって、水田から発生したものばかりとは限らず、水路やため池、あるいは周囲の林中の流れから飛来した種も含まれている。その構成は46種のうち、約半数の24種が水田から発生するといわれる種であった。他方、水生昆虫の調査時に採集された幼虫のなかで、同定できたものが15種で、未同定として残されたものが多かった。水路に生息していた幼虫が14種で、そのうち9種は水田と共通した種と考えられ、とくに圃場整備されていない古い型の水田における土水路では、多くの幼虫が生息し、水田との共通率も高いのではないかと推測している。個体数が多くどこにでもいた種は、ノシメトンボ、オニヤンマ、シオカラトンボ、アキアカネ、ナツアカネであった。とくにノシメトンボは、この調査のなかで最も個体数が多かった種で、イネの収穫期の前後に、

表6-10 水田環境に見られたトンボ類

番号	科	種	成虫	幼虫	番号	科	種	成虫	幼虫
1	イトトンボ科	モートンイトトンボ	水田		24	ヤンマ科	カトリヤンマ	水田	
2	イトトンボ科	キイトトンボ	水田		25	ヤンマ科	ヤブヤンマ		
3	イトトンボ科	アオモンイトトンボ	水田		26	ヤンマ科	ルリボシヤンマ		
4	イトトンボ科	アジアイトトンボ	水田		27	ヤンマ科	オオルリボシヤンマ		
5	イトトンボ科	クロイトトンボ			28	ヤンマ科	ギンヤンマ	水田	
6	イトトンボ科	オオイトトンボ	水田		29	エゾトンボ科	オオヤマトンボ		水路
7	モノサシイトトンボ科	モノサシトンボ			30	トンボ科	ハラビロトンボ	水田	水路
8	アオイトトンボ科	アオイトトンボ			31	トンボ科	シオヤトンボ	水田	水路
9	アオイトトンボ科	オオアオイトトンボ	水田		32	トンボ科	シオカラトンボ	水田	水路
10	アオイトトンボ科	オツネントンボ			33	トンボ科	オオシオカラトンボ	水田	共通
11	アオイトトンボ科	ホソミオツネントンボ	水田		34	トンボ科	コフキトンボ	水田	水路
12	カワトンボ科	アオハダトンボ			35	トンボ科	ショウジョウトンボ		
13	カワトンボ科	ミヤマカワトンボ			36	トンボ科	ミヤマアカネ	水田	水田
14	カワトンボ科	ハグロトンボ		水路	37	トンボ科	ナツアカネ	水田	共通
15	カワトンボ科	ヒガシカワトンボ		水路	38	トンボ科	アキアカネ	水田	
16	ムカシヤンマ科	ムカシヤンマ			39	トンボ科	マユタテアカネ	水田	
17	サナエトンボ科	ミヤマサナエ			40	トンボ科	マイコアカネ		
18	サナエトンボ科	キイロサナエ			41	トンボ科	リスアカネ		共通
19	サナエトンボ科	コサナエ	水田	水路	42	トンボ科	ノシメトンボ	水田	共通
20	サナエトンボ科	コオニヤンマ		水路	43	トンボ科	コノシメトンボ	水田	
21	サナエトンボ科	ウチワヤンマ			44	トンボ科	コシアキトンボ		水路
22	オニヤンマ科	オニヤンマ	水田	水路	45	トンボ科	ウスバキトンボ	水田	
23	ヤンマ科	ミルンヤンマ			46	トンボ科	チョウトンボ		

成虫の欄の「水田」は水田より発生するとされている種。
幼虫の欄は調査により確認された場所を示し、「共通」とは水田と水路より確認された場合。

写真6-15 最近水田に多くみかけるノシメトンボ

水田の空を飛び回っていた。最近各地で個体数が増えたと言われている種である(写真6-15)。

6．水田の水生カメムシ類

カメムシ類は大多数が陸生であり、水生カメムシ類は少数であるが、水の生活には様々な適応段階が見られる。水中でもっぱら生活する種類、水の表面で活動する種類、水辺の狭い水面で生活する種類、水辺から離れず陸上で生活する種類などである。ミズギワカメムシやメミズムシは水辺に棲んで、時として水面に飛び出る程度であるが、ここでは水生カメムシ類の中に含めて扱った。われわれの調査結果は表6-11に示した通り、水田環境から12科25種の水生カメムシ類が見出された。コミズムシやチビミズムシの仲間に未同定の種があって、さらに幾らか増えるであろう。トンボ類と同じように、水田のみに生息する種やため池のみに生息する種はなく、水田環境の水系にまたがって生息する種ばかりであった。調査時に水田より幼虫が観察された種は、水田で繁殖する種と考えられる。

日比(1994)・日比ほか(1998)はため池の水生昆虫の季節消長を調べ、ため池と水田の間を季節的に移動して生活している種がいることを明らかに

表6-11 水田環境に見られた水生カメムシ類

番号	科	種	水田	幼虫	水路	溜池
1	ミズカメムシ科	ミズカメムシ				○
2	ケシミズカメムシ科	ケシミズカメムシ	○			
3	イトアメンボ科	ヒメイトアメンボ	○	○	○	○
4	カタピロアメンボ科	ケシカタピロアメンボ	○	○		○
5	アメンボ科	アメンボ	○		○	○
6	アメンボ科	オオアメンボ			○	○
7	アメンボ科	エサキアメンボ				○
8	アメンボ科	ハネナシアメンボ				○
9	アメンボ科	ババアメンボ				○
10	アメンボ科	ヒメアメンボ	○	○	○	○
11	アメンボ科	ヤスマツアメンボ			○	
12	アメンボ科	コセアカアメンボ			○	○
13	アメンボ科	シマアメンボ			○	
14	ミズギワカメムシ科	ミズギワカメムシ	○	○		○
15	コオイムシ科	コオイムシ	○	○		○
16	コオイムシ科	オオコオイムシ	○	○		
17	タイコウチ科	タイコウチ	○	○	○	
18	タイコウチ科	ミズカマキリ	○			
19	タイコウチ科	ヒメミズカマキリ				○
20	メミズムシ科	メミズムシ				
21	ミズムシ科	コミズムシ				
22	ミズムシ科	ミヤケミズムシ			○	
23	ミズムシ科	チビミズムシ	○		○	
24	コバンムシ科	コバンムシ			○	
25	マツモムシ科	マツモムシ	○			○

幼虫の欄の○印は水田中で幼虫が見られた種である。

6.3 水田の昆虫相-水生昆虫類とその指標性

写真6-16 水田の中で一年中生活するタイコウチ

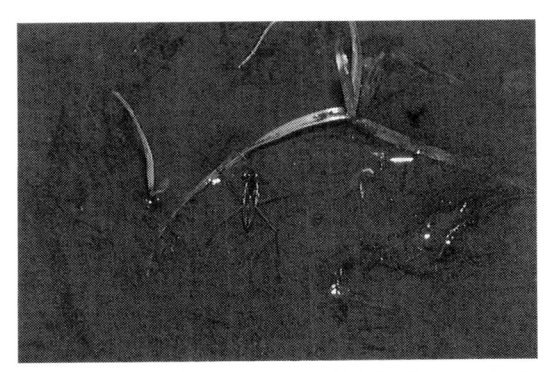

写真6-17 水田中にカメムシ目で最も多いヒメアメンボ

している。その例として、ミズカマキリはため池で成虫越冬をするが、5月下旬に水田に水が入ると、ため池から水田に移動する。6月には水田の中に、様々な成長段階の幼虫が見られるとともに、畔には卵が観察された。水田で育った新成虫は、水がなくなる8月にはため池へ移動するが、9月から10月にはため池間の移動も見られたという。そのほかにも、ため池に生息するガムシやゲンゴロウの仲間に、同様な移動と水田で繁殖をする種があると考えられている。しかし、ヒメミズカマキリはため池のヒシなどの浮葉植物に依存して生活しているので、近縁の種ではあるとはいえ、水田ではほとんど見かけない。対照的にタイコウチは、ため池で見かけることは少なく、水田で繁殖して近くの水たまりで冬を越し、水田においてほぼ一年中くらしているようにみえる(写真6-16)。種の生活史により、異なった水田との関わりがあるようだ。アメンボ類のなかで、最も水田と関係の深い種はヒメアメンボで、水田に水が入ると同時に多数飛来し、水面において活発に活動する(写真6-17)。もともと挺水植物間に生活する種であるところから、イネが生長しても水田は適した環境として生活を続け、2世代を経過するようである。その後7月ごろから次第に水田を離れて、林中へ飛翔して落葉下などに潜んで、長期間の休眠に入る。翌年の春までそのまま過ごす。同じアメンボ類の中で普通に見かけるアメンボは、水田の中ではほとんど見られず、水路やため池の解放水面上で活動している。大型捕食虫として知られるタガメは、その名が示すとおり水田の王者として、日本の水田に普通に生息していたと思われる。1960年代から農薬の影響で急激に姿を消して、現在は多くの地域で絶滅したと考えられている。われわれの調査においても、笠間市で現在も年間に2、3頭は見ているという人がいたほかは、情報はおろか実物のかけらも見ることができなかった。コオイムシとオオコオイムシも衰退が伝えられているが、相馬市、鮫川村、三和村の一部の水田で生息を確認し、産卵と幼虫の発育も観察できた(写真6-18)。

写真6-18 少なくなったオオコオイムシ(卵を背負う雄)

7．水田の水生甲虫類

今でこそ大型昆虫のゲンゴロウもガムシも珍しくなってしまったが、以前は農村の水域で必ず見かける馴染みの昆虫の一つであった。地方によっては、ため池より採取して、子供のおやつとして食した風習があったとされる。小川の水面を滑るように動き回るミズスマシ類は、アメンボとともによく目にする光景で、その存在が知られた昆虫であった。ホタルが発生する場所は、とくに限られているわけではなく、季節が来れば農村のそこかしこで見られたことであろう。このように、昆虫の中でも最大のグループである甲虫類は、水生のものをとりあげても、多くの種類が水田環境の中における生息を、身近なものとして受けとめられていた。しかし、水田環境に関した調査は少なく、断片的な記録に止まり、過去の生息状況を把握することはむずかしい。

われわれの調査より、水生甲虫類に関して得られた結果を表6-12に示した。コガシラミズムシ科2種、ゲンゴロウ科14種、ミズスマシ科3種、ガムシ科12種、ホタル科2種、ゾウムシ科1種の計34種となった。ゲンゴロウ類とガムシ類は、ともに100を越す種が日本に分布し、止水に生活

表6-12　水田環境に見られた水生甲虫類

番号	科	種	水田	水路	溜池
1	コガシラミズムシ科	マダラコガシラミズムシ	○		○
2	コガシラミズムシ科	コガシラミズムシ	○	○	
3	ゲンゴロウ科	チビゲンゴロウ	○	○	○
4	ゲンゴロウ科	ケシゲンゴロウ	○	○	
5	ゲンゴロウ科	ツブゲンゴロウ	○	○	○
6	ゲンゴロウ科	ルイスツブゲンゴロウ			○
7	ゲンゴロウ科	マメゲンゴロウ			
8	ゲンゴロウ科	クロズマメゲンゴロウ	○	○	○
9	ゲンゴロウ科	ホソセスジゲンゴロウ			○
10	ゲンゴロウ科	ヒメゲンゴロウ	○		○
11	ゲンゴロウ科	ゲンゴロウ	○	○	○
12	ゲンゴロウ科	クロゲンゴロウ	○		○
13	ゲンゴロウ科	ハイイロゲンゴロウ			○
14	ゲンゴロウ科	マルガタゲンゴロウ	○		
15	ゲンゴロウ科	シマゲンゴロウ		○	
16	ゲンゴロウ科	コシマゲンゴロウ		○	
17	ミズスマシ科	オオミズスマシ		○	
18	ミズスマシ科	ミズスマシ		○	
19	ミズスマシ科	ヒメミズスマシ		○	
20	ガムシ科	キベリヒラタガムシ	○	○	
21	ガムシ科	オオヒラタガムシ			○
22	ガムシ科	キイロヒラタガムシ			○
23	ガムシ科	マルガムシ	○		
24	ガムシ科	コガムシ	○		
25	ガムシ科	ガムシ	○	○	○
26	ガムシ科	ヒメガムシ	○		○
27	ガムシ科	タマガムシ	○		
28	ガムシ科	マメガムシ	○		
29	ガムシ科	ゴマフガムシ	○	○	
30	ガムシ科	ヤマトゴマフガムシ	○	○	
31	ガムシ科	トゲバゴマフガムシ			○
32	ホタル科	ゲンジボタル		○	
33	ホタル科	ヘイケボタル		○	
34	ゾウムシ科	イネミズゾウムシ	○	○	

写真6-19 水田で共食いをするガムシの幼虫

写真6-20 場所によっては絶滅が危惧される
オオミズスマシ

する種が多いとされている。松村(1998)はゲンゴロウ類の図鑑の記載から、水田に生息する種を数えて41としている。佐藤(1981)はガムシ類の生息環境を述べた中で、池沼と水田を合わせると14種をあげている。ともに水田環境における種類を知る一つの目安となろう。ヒメゲンゴロウは甲虫類の中では最も個体数が多く、また多くの場所より記録された種である。コシマゲンゴロウとシマゲンゴロウは水田環境の水系にまたがって見られ、個体数も多かった。ガムシ科ではヤマトゴマフガムシが最も個体数が多く、次いでキベリヒラタガムシが多かったが、ともにある程度の個体数が集中して見つかり、水田に局在的に生息しているようであった。ガムシは個体数は少なかったが、成虫のほかに幼虫が水田と水路で見られ、ドジョウを捕食中と幼虫が共食いしている様子が観察された(写真6-19)。ミズスマシ類の生息は局所的に限られ、オオミズスマシが一つの溜池に数百個体で群れ、ヒメミズスマシが土水路に普通に見られたが、ミズスマシは少数個体の事例を観察したのみであった。これまでの調査結果からは、むしろミズスマシ類が見られない水田環境が増えていると予測される(写真6-20)。相馬市の調査地において、水田中央の土水路周辺で、7月中旬の宵に、ゲンジボタルとヘイケボタルが入り交じりながら飛び回る光景が観察できた。

8. その他の水生昆虫類

調査の中にバッタ目ケラ科のケラと、ヒシバッタ科のトゲヒシバッタおよびハネナガヒシバッタを水生昆虫にふくめて扱うことには、多いに異論があろうかと思う。これらを陸生昆虫として調査する際に、充分に採集観察がしにくい事実があり、ここでは調査の便宜を考慮して調査対象に含めた。これらの種は、水田等の水辺に多く生息し、調査時に跳躍して水面に飛び出る。将来には水田の水辺の昆虫として、生態的にも評価される可能性がある。これらの種は調査結果に含めてはいるが、後半から調査対象に加えたので、資料としては評価できず今後の課題とした。ほかに、カゲロウ目、トビケラ目、ハエ目のユスリカ類とガガンボ類の幼虫がサンプリングされているが、同定ができずに残された。小林ほか(1973)は水田のスィーピング調査より、カゲロウ目ではコカゲロウ科とモンカゲロウ科の複数の不明種、トビケラ目ではヒゲナガトビケラ科のゴマダラヒゲナガトビケラと複数の不明種を記録している。日本応用動物昆虫学会監修(1980)には、イネの害虫として、ヒゲナガトビケラ科のゴマダラヒゲナガトビケラとギンボシツツトビケラの2種があげられている。

伴・桐谷(1980)はコカゲロウ科のフタバカゲロウ幼虫の水田のおける季節的消長を示した。松村(1998)は山間農地を貫いて流れる水路に、流れを跨いでマレーズトラップをセットし、得られたサンプルのうちトビケラ目の10科17属21種について検討している。優占種としてコガタシマトビケラとトウヨウカクツツトビケラの2種をあげている。水田に生息するユスリカ類についてはSurakarn and Yano (1995)によって、世界より166種、日本からは30属51種が報告されている。ユスリカ類(幼虫はアカムシ)をはじめ、水田には膨大な個体数のハエ目昆虫が生息すると考えられ、これらを重要な餌資源として、豊富な捕食性昆虫類や魚類などの生活が支えられている。ガガンボ類では、イネの苗の根や発芽を食べて被害を及ぼす、キリウジガガンボの幼虫がよく知られているが、加えて幾らかの種が水田に生息する。

9. 水生昆虫類の多様性

ここでは水田に生息する水生昆虫について、主にわれわれの調査結果を述べた。陸生種については、徳島県における小林ほか(1973)のスイーピング法による調査報告がある。13目134科450種を越える昆虫とクモが記録された。日本応用動物昆虫学会監修(1980)によると、日本のイネの害虫として、8目132種の昆虫と、ダニ類2種、線虫類14種があげられている。宇根ほか(1989)は「虫見板」という独自の昆虫観察法を考案し、これによる広島県における調査結果として、クモ類などをふくめ106種の動物を提示している。

長いこと水生昆虫を観察してきた宮本(1981)は、過去を振り返って、「昭和36・7年頃には、どこの池に出かけてもまだたくさんの水生昆虫が見られた。ハイイロゲンゴロウやマツモムシ、タイコウチ、水面にはオオミズスマシやオオアメンボが多かった。川にはゲンジボタルの幼虫やナベブタムシも普通で、採集する気もおこらないものであった。周囲に水田や蓮根堀のある地帯では、夏の夜電灯にミズムシや小型のガムシ、ゲンゴロウ類がうるさいほど集まることがまれでなかった」と述べている。当時は水田に限っても、豊かな生物相が保持されていたに違いない。水田の生物相を構成する種は、ほとんどが普通種であり、もともと個体数が少ない種ではない。それにも関わらず、現在は大きく衰退しているということは、問題を深刻に受け止める必要があろう。

日比がミズカマキリの生活環で示したように、日鷹(1998)はタガメも水田だけで生活環を全うできるか疑問を呈し、水田環境を移動して利用する昆虫の生態研究をすすめる必要性を述べている。ここにあげた水生昆虫の大多数が捕食性であり、他の昆虫等を餌として成育しているということは、水田の中に基本的な餌動物が、いかに豊富に存在しているかということを表している。水生昆虫類の多様性を修復するためには、この餌動物の生産性の高さと、安定した水管理の持続が必要であり、水田環境の中に連続した水系と、池沼や河川のような恒常的な水域の環境も保全されることが重要であろう。昆虫類は飛翔という手段で空間を移動することが可能で、水中になければ移動ができない魚類や貝類と大きく異なる。圃場整備が済んだ水田の水路には幾らかの昆虫は生息するが、魚類や貝類はほとんど見ることができない。

「アメンボも蛙も村を出る気なし」
　　　　　　　　　　　　　　　　津田清子

参 考 文 献

新井　裕（1996）：水田に適応したアカトンボ、昆虫と自然、**31**(8)、pp.23-26.
伴　幸成（1979）：陸と水の接点に生きる－コオイムシの生活戦略、アニマ、(77)、pp.29-33.
伴　幸成・桐谷圭治（1980）：水田の水生昆虫の季節的消長、日生態会誌、**30**(4)、pp.393-400.
日比伸子（1994）：虫たちの集う池、昆虫と自然、**29**(5)、pp.19-20.
日比伸子・山本知巳・遊磨正秀（1998）：水田周辺の人為水系における水生昆虫の生活、江崎保男・田中哲夫 編、水辺環境の保全、生物群集の視点から、pp.111-124、朝倉書店.
日鷹一雅（1998）：水田における生物多様性とその修復、江崎保男・田中哲夫 編、水辺環境の保全、生物群集の視点から、pp.125-151、朝倉書店.
市川憲平（1996a）：関西における水生カメムシ類の現状と保全の必要性について、昆虫と自然、**31**(6)、pp.5-8.
市川憲平（1996b）：コオイムシ類の繁殖生態、昆虫と自然、**31**(11)、pp.8-11.
石田昇三・石田勝義・小島圭三・杉村光俊（1988）：日本産トンボ幼虫・成虫検索図説、pp.1-140、東海大出版会.
小林　尚・野口義弘・日和田太郎・金山嘉久正・丸岡範夫（1973）：水田の節足動物相ならびにこれに及ぼす殺虫剤散布の影響、第1報水田の節足動物相概観、Kontyu、**41**(3) pp.359-373.
小林　尚・野口義弘・日和田太郎・金山嘉久正・丸岡範夫（1974）：水田節足動物相ならびにこれに及ぼす殺虫剤散布の影響、第2報水田の節足動物群集における種数および生息密度の季節的変動、Kontyu、**42**(1) pp.87-106.
松村　雄（1998）：水田生態系における昆虫の多様性とは何か、農林水産省農業環境技術研究所編、水田生態系における生物多様性、pp.127-155、養賢堂.
宮本正一（1981）：水生昆虫について、昆虫と自然、**16**(8)、p.7.
守山　弘（1997）：水田を守るとはどういうことか、生物相の視点から、pp.1-205、農山漁村文化協会.
日本応用動物昆虫学会監修（1980）：農林害虫名鑑、pp.107-109、日本植物防疫協会.
佐藤正孝（1981）：日本の水生甲虫類概説Ⅱ、ガムシ上科、昆虫と自然、**16**(8)、pp.2-6.
Surakarn, R.and K. Yano（1995）：Chironomidae（Diptera）recorded from paddy fields of the world, a review. MAKUNAGI、**18**、pp.1-20.
田口正男（1997）：トンボの里、アカトンボに見る谷戸の自然、pp.1-144、信山社.
上田哲行（1998a）：ため池のトンボ群集、江崎保男・田中哲夫編、水辺環境の保全、生物群集の視点から、pp.17-33、朝倉書店.
上田哲行（1998b）：水田のトンボ群集、江崎保男・田中哲夫編、水辺環境の保全、生物群集の視点から、pp.93-110、朝倉書店.
宇根　豊・日鷹一雅・赤松富仁（1989）：田の虫図鑑、害虫・益虫・ただの虫、pp.1-86、農文協.
浦辺研一・池本孝哉・武井伸一・会田忠次郎（1986）：水田におけるアキアカネ幼虫のシナハマダラカ幼虫に対する天敵としての役割に関する研究、Ⅲ.水田内における捕食率の推定、応動昆、**30**(2)、pp.129-135.

7章　農山村の野生生物

7.1　淡水魚類の生息環境

板井　隆彦

　農山村地帯では、有史以来森や林が伐り開かれ農業や林業が行われてきた。農林業は常に自然環境に働きかけて営まれ、自然環境は大なり小なりその影響を受けてきた。森林が伐り開かれ草地となったところでは動物群集は森林性のものから草原性のものへと変わったであろう。水が引かれて水田となったところでは湿生の動物群集へと変化したであろう。用水をとられて減水した川は、とくに夏期には日射と水田で暖められた水の流入で著しい水温上昇が進んだはずである。川の環境は付近が農地になる前とは大きく変わり、生息する河川生物も大きく変化したものと思われる。

　しかし大型機械を用いず営農してきたほんの50～60年前までは、農業水路に生息する生物種の特定のものが農業地域における人為的介入によって絶滅したり、ひどい場合には全体がほぼ消滅してしまうようなことはめったに起こらなかったはずである。中部日本以西の中山間農業地域のほぼ上端近くの渓流域には、コイ科魚類では最上流域にタカハヤ、その下流にカワムツ(山陽地方までの間にはさらにアブラハヤ)、その下流にオイカワといったような渓流魚がすみわけ的に分布しているが(板井、1977、1980 a, b)、源流まで水田などとして開発されたところでは、最上流性のコイ科魚類のタカハヤが住まなくなって、カワムツが源流まで生息するようなことも起こっている(板井、未発表)。しかしこういったことも近代的な大規模農地開発、およびその他の高度の開発から生じたもので、比較的最近のものと思われる。

　現代においては、全国のいたるところで大規模な農地整備事業を大規模にかつ急速に進め、一帯の川のすべてを川底までコンクリートを張ってそれまでいた生物のほとんどが生息できないようにしたり、さらには用水と排水を分離して農閑期には川から水がなくなってしまうような水路を生み出してきた(端、1985)。魚の生息場所としての機能を川からまったく奪ってしまうようなこうした変化が進み、農山村の水域から急に生き物が見えなくなってきている。中部以西の太平洋岸から瀬戸内地方を経て北九州にかけて広く分布していた、小川のシンボルフィッシュともされる小形の淡水魚のカワバタモロコは(金川・山田、1992)、おもにそういった整備を受けて生息地をつぎつぎと失っていったのである(板井、1982、1989；星野、1997；金川・板井、1998)。

　いま、静岡県の西部地域の大河川のひとつのダ

ムから始まる農業用水路(以下これをダム-用水路システムという)を下流へたどりつつ、農業水路における魚類の生息実態と生息環境についてみていくことにする。なお農業水路としては、専用の用水路と排水路、および兼用の用排水路がある。ここでは専用の用水路は魚の生息場所としては考えず、排水路および用排水路だけを取りあげ、農業水路と一括することにしたい。ダム-用水路システムは大河川から出発する河川灌漑システムとしては代表的なもので、他にはクリーク灌漑・溜池灌漑などのシステムもある(志村、1987;田林、1990)、静岡県においては大河川の下流域であっても発達した三角州の平野はなく、九州の佐賀平野などに発達したようなクリークと水門による灌漑システムはほとんど見られない。また溜池灌漑システムは掛川地方を中心にかなり発達し、現在も広く見られるが、用排水のシステムは河川灌漑システムと類似する。したがって、これらの灌漑システムにおける魚の生息環境についてはとくに取り上げることはしない。

なお農業水利は農地で行われるさまざまな事業によって整備されている。整備事業の名称や内容は主目的により異なるが、よそ目にはそれらの区別は明確でなく、またここではそういった区別もとくに必要がないので、簡便のためそれらを一括し単に農地整備ということにする。

1. 農業地域

農業や林業が営まれる地域は、標高のとくに高い一部の地域、および市街地を除く日本のほとんどの地域を覆う。その水域は、イワナやヤマメ・アマゴなどの生息する源流域・上流域から河口近くの感潮域まで、じつに淡水魚類のすむほぼすべてにわたる。イネの伝来以来日本では古くから農地開発が進められ、限られた水資源の利用も高度

に進められてきた(玉城、1983)。したがって、われわれが農業地域の水域で現在見る魚類群集は古くからの人間の農業活動との関わりの中で形成されてきたものである。

農業地域のうち、本節ではわさび栽培などごく特殊な農業が行われるような山間地域は除外し、水田を主とする中山間農業地域から平地農業地域の農地だけを見ることにする。また地域としては静岡県を中心とした本州の中部地方としたい。したがって水域ではそこに生息する遊泳性の魚でいえば、おもにタカハヤやカワムツ(関東地方から東北地方ではアブラハヤ)の生息域から下流側を扱うことになる。

2. 中山間農業地域

本地域の開析谷では水田、茶畑や果樹園、緩傾斜地では牧場などが営まれる。これらの農地のうち河川ともっとも関係が深いのはやはり水田である。大規模な用水路整備が行われる以前は、川沿いの森林が伐り拓かれて水田が造成され、川から用水が導かれた(田林、1990)。現在でもこの地域の最上流部の水田では、川水を水路で川から直接導水する渓流灌漑システム(田林、1990)とよばれるものが見られ、堰が造られている場合でもごく簡易のもののことが多い。しかし川を下るにつれて比較的大きな堰や水門が見られるようになる。

水田地帯の川は、水田に用水をとられて減水し、排水の合流により流量を回復する。農繁期にはこういった取水による減水区間と排水の合流による流量回復区間が、繰り返して見られる。こうして用排水路となった川は大きな流量変動を余儀なくされ、水温は農繁期とくに夏期には異常なまでに高まる。また水田から川に水が返されるときには、水田に投下された肥料により水は著しく富栄養となっている。さらに耕耘によって農地から泥も大

量に供給される。こうして生じた水質変化や底質変化により、川の魚類構成は水田として開かれる以前に有していた本来のものとは一変してしまっているはずであるが、それがどのようなものであったかは多くの場所ではすでにわからなくなっている。とくに堰が連続して設置され、川が堰と堰の間にはほとんど流れが失われてしまっているようになったところも決してまれではないが、そのようなところでは魚の上下移動も分断されてしまい、止水性の魚ばかりが優占するようになってしまうことさえある。

近年は、取水されてから排水が合流するまでに長区間を要したり、あるいは排水が別の河川に放流されてしまい、合流しないままで終わったりするような川も少なくはない。こうした川では渇水はさらに著しくなり、降水がない限り農繁期には川水がなくなってしまうことさえ生じている。当然のことながらこういった川では川水が流れているときでも、魚はほとんどみられない。

一方、河川のダムから農業用水として取水された水は、通常は専用水路で運ばれ、水田地帯で分岐して小用水路を経て水田にたどり着く。こういった用水路は許可水利権の問題もあって農繁期には豊水するものの、農閑期には渇水を余儀なくされるが(端、1985)、用水路は基本的にはたんに水を運ぶためだけの水路であって魚の生息場所ではなく、実際にあとで述べるこういった用水路には豊水期でもほとんど魚影はみられない。しかしこのような用水路は水だけでなくときに魚をも運ぶ。用水が流域を越えて配されるときは、水源河川の魚もまた同じように運ばれ、用水の恩恵を受けている流域では、予期せぬ魚の侵入を受け、ときに在来の魚類群集が大きく攪乱されることがある。

3．中山間農業地域の魚類と生息環境

1）天竜川と一雲済川

静岡県西部の大河川、天竜川の下流部には天竜川が形成した扇状地状の平野に田園地帯が広がり、この天竜川の下流部には左右岸から中小規模の支流がはいる。平野の上半部には、支流の中・下流部の川沿いに小規模な農地がみられ、下半部には比較的よく整備された農地が広がる。これらの農地周りの河川は農業水路となっており、河川生物はその影響を強く受けたものとなっている。まず、そのような天竜川の小支流のひとつ一雲済川を取りあげ、魚類の生息状況とその生息環境についてみることにする。

2）天竜川下流域の河川環境と魚類相

一雲済川が流れ込む天竜川は静岡県の西部地域にある。天竜川は長野県の諏訪湖を源流として長野県南部を約200 km流れ下り、静岡県に入って大千瀬川、水窪川、気田川といった大きな支流や、阿多古川、二俣川、一雲済川などの小さな支流を合流しつつ約95 km流れて遠州灘に注いでいる(図7-1)。天竜川の本流には、長野県内に大久保・吉瀬・泰阜・平岡、静岡県内に佐久間・秋葉・船明の各ダムがある。これらのダムは発電用水を供給し、静岡県内のダムではさらに用水の一部を農業用水として流域の内外に供給している。

天竜川は静岡県の中では在来の魚類相のもっとも豊かな河川と考えられていて(板井、1982、1994)、静岡県の流程部分の魚種を数えるだけでもおよそ83種に達し(板井、1982、1983；静岡県、1980；環境庁、1987；リバーフロント整備センター、1999)、長野県内の流程部分のものを加えてもわずかに増えるにとどまる(信州魚貝類研究会・行田、1980；建設省中部地方建設局浜松工事

7章 農山村の野生生物

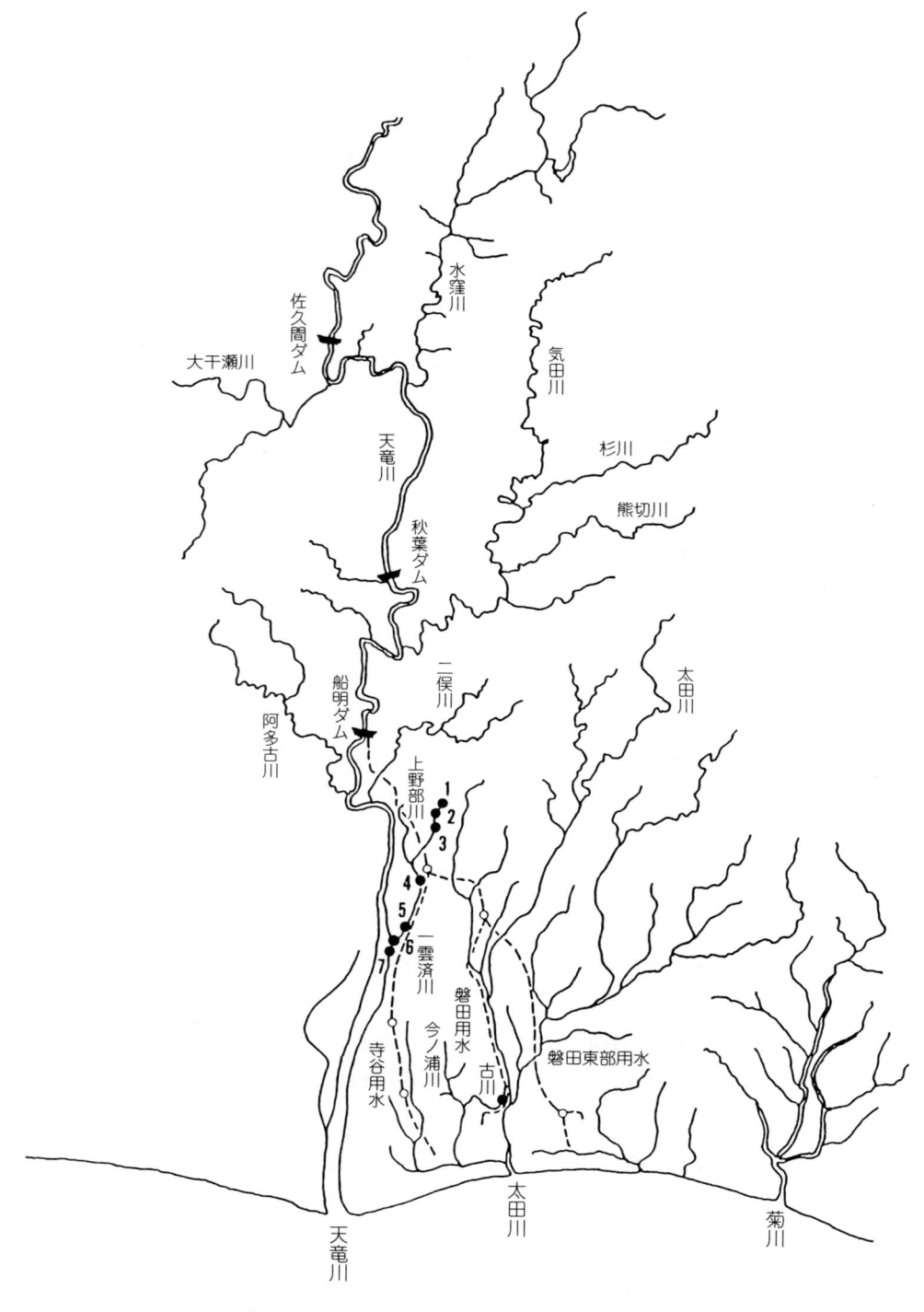

図7-1 天竜川と一雲済川、太田川と古川および磐田用水

7.1 淡水魚類の生息環境

(A) 本流筋（上流部の支流を含む）

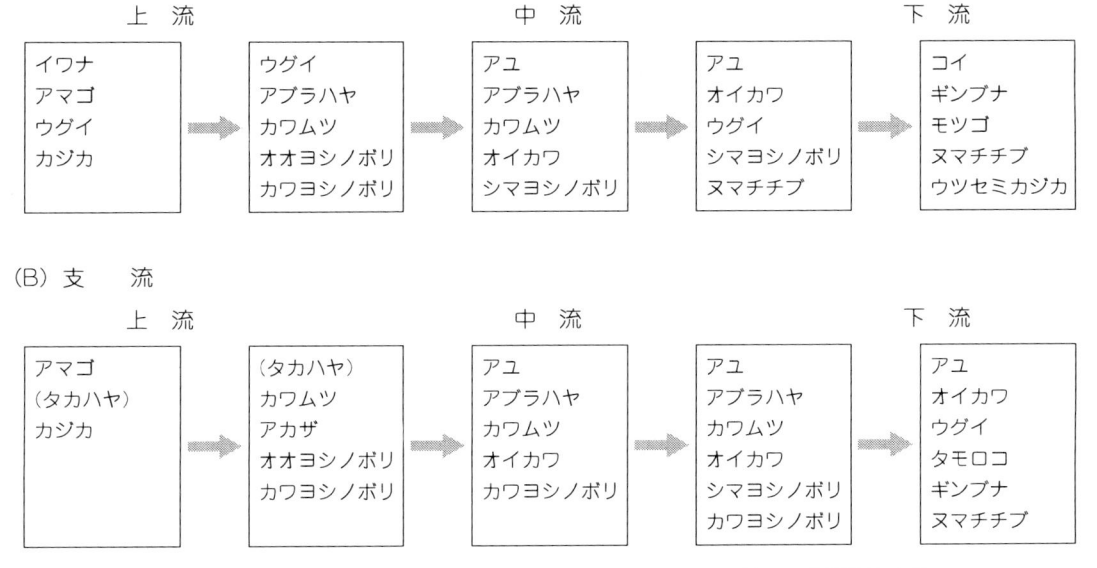

上流	中流		下流	
イワナ アマゴ ウグイ カジカ	ウグイ アブラハヤ カワムツ オオヨシノボリ カワヨシノボリ	アユ アブラハヤ カワムツ オイカワ シマヨシノボリ	アユ オイカワ ウグイ シマヨシノボリ ヌマチチブ	コイ ギンブナ モツゴ ヌマチチブ ウツセミカジカ

(B) 支流

上流	中流		下流	
アマゴ (タカハヤ) カジカ	(タカハヤ) カワムツ アカザ オオヨシノボリ カワヨシノボリ	アユ アブラハヤ カワムツ オイカワ カワヨシノボリ	アユ アブラハヤ カワムツ オイカワ シマヨシノボリ カワヨシノボリ	アユ オイカワ ウグイ タモロコ ギンブナ ヌマチチブ

図7-2　天竜川本流筋(A)および下流部の支流(B)の上流から下流への魚類相の変化
（板井、1982、1983；静岡県、1980；環境庁、1987；リバーフロント整備センター、1999をもとに作成）
ウグイは上流側では河川型、下流側では回遊型である。

事務所、1995；リバーフロント整備センター、1995）。

この川の景観変化に応じた魚類構成の移り変わりを見るには、源流の諏訪湖やその流入河川の上川などから始める必要はなく、静岡県内の気田川（あるいは水窪川）のような大支流から河口までたどる方がよい。この川筋を仮に本流筋と呼ぶことにしよう。

板井（1982、1983）、静岡県（1980）、環境庁（1987）などの調査資料をもとに、天竜川に生息する在来の主要魚種をリストアップすると、本流筋では上流域から下流域に下るにつれて図7-2の(A)のようなものとなる。本節でとりあげる中心的な場所である支流での魚の構成は本流と異なる（図7-2の(B)）。また支流でも天竜川の下流部の上部に流入する水窪川や中部に合流する気田川などと天竜川の下流部の中部以下に合流する二俣川や一雲済川などとではさらに異なる。前者ではイワナやカジカが見られ本流筋に近い。後者ではイワナやカジカは不在で、逆にモツゴ、メダカなどのほか、まれにカワバタモロコなどが生息する川もある。

なおタカハヤは図中では（　）内に示したが、この魚は天竜川水系の下流部の支流にはかなり広く分布するものの、下流部の支流でも中・上部の支流にはあまり生息せず（板井、1982、未発表）、たとえば中部の支流の気田川筋でもごく下流の支流に見られるだけとなっている（静岡淡水魚研究会の小林正明氏のご教示による）。また天竜川にはカワムツA型、ニゴイ、スゴモロコ、タイリクバラタナゴなども移入しており、これらのうちではニゴイが本流筋のほぼ全流程で、タイリクバラタナゴがいくつかの支流の下流部の主要構成員となっている。

天竜川の川水は農業用水として高度に利用されている。佐久間ダム・秋葉ダム・船明ダムで取水された用水の灌漑先は、天竜川流域にとどまらず

東側の太田川流域、また西側の三方原台地や、さらに県境を越えて豊川流域にも及ぶ。豊川流域への豊川用水は佐久間ダム、三方原を灌漑する三方原用水は秋葉ダム、天竜川右岸を灌漑する浜名用水と天竜川左岸を広く灌漑する磐田用水は船明ダムから取水される。最後のものが今回取り上げる用水で、この磐田用水は、天竜川左岸を灌漑する寺谷用水を分岐して太田川流域にはいり、さらに太田川左岸を灌漑する磐田東部用水を分岐して、本線は太田川右岸を南下し灌漑する(図7-1参照)。この太田川流域には、その東端で大井川の発電余水を利用した大井川用水が入り込んでいる。こういった水系をまたぐ水利用は、詳しくは後述するが、意図しなかった魚の交流を生じさせている。

3) 一雲済川の河川環境と魚類相

本流筋のひとつとした気田川を源流から河口へとたどると(図7-1参照)、その支流の杉川は上流部の支流、熊切川は中流部の支流、天竜川本流の支流の阿多古川、二俣川や一雲済川などは下流部の支流と見ることができる。これらの支流に生息する在来の主要魚種は、上流から下流へとつぎのように変化する(板井、1982など)。すなわち上流部の支流ではイワナ・アマゴや河川型のウグイ・カジカが見られ、その下流への変化は本流筋と同じ変化である(図7-2の(A))。

一方、中流部の支流では最上流の生息者は遊泳魚ではアマゴ、底生魚ではカジカであるが、これらの魚も下流部の支流では多くはカジカを欠き、またアマゴさえも欠くこともある。これらの中下流部の支流では最上流からやや下ると(あるいは最上流から)タカハヤが現れ、またオオヨシノボリやカワヨシノボリもほぼ場所を同じくして見られるようになる。さらに下るとカワムツB型が加わる。中流景観のところではアユ・オイカワが優占的になり、タカハヤに代わってアブラハヤ、底生魚ではオオヨシノボリに代わってシマヨシノボリが見られるようになる。

中流部の支流は山地流でこのような魚類相を保ったまま本流に合流するが、下流部の支流は本流に合流するまでにさらに平地流の景観が加わって、遊泳魚ではオイカワ、回遊型のウグイ、タモ

写真7-1　一雲済川のst.2の景観

ロコ、底生魚ではヌマチチブが多くなり、さらに河川によってはモツゴ、ギンブナやメダカなども加わってくる（図7-1の(B)）。一雲済川は天竜川におけるこういった下流部の支流のひとつで、最上流部にはアマゴ、カジカのみならずタカハヤも欠く。

一雲済川　一雲済川は天竜川に合流するまでの流程が約10kmの小河川である。源流部は山地だがその標高は200mほどしかなく、全体として緩やかな川となっている。1999年5月から2000年5月にかけて静岡淡水魚研究会の会員とともにこの川の源流近く（st.1）から天竜川との合流点付近（st.7）まで7か所の魚類調査を行う機会をえた（図7-1参照）。まずこの結果について述べることにする。

　調査を行った一雲済川は山間を流れる間（st.1、st.2）は流量は乏しいものの流路は自然のままである（写真7-1）。しかし山間から平地に流れ出たとたんに（st.3）、川は水田地帯のコンクリートの両面護岸を一部含む堤で込まれた中をかなり直線的に流れるように変わる（写真7-2）。取水堰も設けられている（写真7-3）。ここは周囲の景観からみて中流域のやや下部にあたると考えられるところであるが、早瀬は形成されず平瀬からとろ的な流れのまま流れ下る。やがて淵やとろばかりが長く続くようになり（st.4：写真7-4）、さらに下って天竜川の河川敷に近づくと再び平瀬が現れ（st.5）、そのまま天竜川の河川敷内の流れとなって（st.6、st.7：写真7-5）流れ下り天竜川に合流する。これらの地点における河川環境の概要は表7-1に示しておいた。

一雲済川の魚類　この川における7地点の魚類調査結果に（表7-2）、この川における過去の知見（板井、1982；板井・金川、1997；静岡県天竜土木事務所、1996）を合わせると、一雲済川で採集され確認された魚種は34種となった。なお今回の確認魚種数のうち、カワムツのA・Bの異型は別種として数えている。

　一雲済川と周辺の環境および生息する主な魚を上流から下流にかけて概観しておく（表7-1、表7-2参照）。まず、st.1は源流近くだが、緩やかな平瀬的な流れが卓越するところで、川水の

写真7-2　一雲済川のst.3の景観

7章　農山村の野生生物

写真7-3　一雲済川のst.3にある農業用水取水堰

写真7-4　一雲済川のst.4の景観

表7-1　一雲済川の上流(st.1)から下流(st.7)にかけての河川環境の変化

	st.1	st.2	st.3	st.4	st.5	st.6	st.7
標高（m）	108	65	45	25	22	18	16
河川形態	Aa-Bb	Aa-Bb	Aa-Bb	Bb-Bc	Bb-Bc	Bb-Bc	Bc
流幅（m）	0.3	1.5	4.0	8.5	9.5	17.5	13.0
淵の底質	礫・巨石	礫・巨石	粗砂	泥	泥・砂利	泥・砂利	泥

流幅はst.7は2000年5月3日、それ以外は1999年7月25日のもの。

7.1 淡水魚類の生息環境

写真7-5 一雲済川のst.7の景観

表7-2 一雲済川の上流(st.1)から下流(st.7)への生息魚種の変化

場所 河川形態	st.1 Aa-Bb	st.2 Aa-Bb	st.3 Aa-Bb*	st.4 Bb-Bc	st.5 Bb-Bc	st.6 Bb-Bc	st.7 Bc
カワムツB	+++	+	+++	±	+	+++	++
アユ			+	++	++	+++	++
オイカワ			++	++	++	+++	++
タモロコ			+	+++	++	++	++
タイリクバラタナゴ			±	+	±	+	+++
ギンブナ				++	+	+	++
コイ				+	±	+	±
アブラハヤ				+		+	
ニゴイ				±	±	+	++
カワムツA				±		+	±
モツゴ				+	++	+	+
ゲンゴロウブナ				+	+	±	
メダカ				+++	+	+++	++++
オオクチバス				+			
タカハヤ						±	
ウグイ						++	+
カワヨシノボリ	+++	+++	++++	++	+++	++	++
オオヨシノボリ		++				±	
アカザ		+					
ドジョウ			+++	+	++	+	
ナマズ				++	+	+	±
カムルチー				±			
シマヨシノボリ				+	±	+	++
ヌマチチブ					++	++	++
スジシマドジョウ小型種					++		
ウナギ						±	±
トウヨシノボリ							±

(筆者らの1999年の5月および7月、および2000年5月の調査による(板井ら、未発表))。
魚は生活型により分け、上段に遊泳魚、下段に底生魚を並べた。また配列は、上流から採集されたものの順に並べた。
表内の±～++++の記号は、調査員1人120分あたりに換算した採集数により、±：まれ(0.25～0.9)；+：やや少ない(1.0～3.9)；++：ふつう(4.0～15.9)；+++：多い(16.0～63.9)；++++：非常に多い(64.0～)に区分したものである。

少ないAa-Bb移行型の河川形態の区間が長く続く。淵の底質のほとんどは巨石の混じりの礫で、遊泳魚ではカワムツB型、底生魚ではカワヨシノボリだけがみられた。st.2は、川の両岸が山の斜面となっていて、付近には水田などの農地はない(図7-2)。瀬にも淵にも巨石が多いが、淵では巨石の大部分は砂礫にはまった状態となっている。生息魚種はst.1と同じくカワムツB型とカワヨシノボリが優占し、他にはオオヨシノボリやアカザも少ないながら見られた。

st.3は川が山間から出て間もないところで、淵底は粗砂が卓越している。周辺一帯は水田である(図7-2)。ここの遊泳魚はカワムツが優占するが、アユやタイリクバラタナゴもわずかながらみられた。これより下流、st.4に至るあいだに支流の上野部川が合流して川の水量が増し、川幅もやや大きくなる。

st.4付近には堰が崩れてその名残が瀬状になっているところを除き瀬がまったくなく、ゆったりとした淵状の流れが続き、底質は泥が卓越している(写真7-2)。ここではタモロコ、ギンブナやオイカワおよびメダカ、底生魚ではカワヨシノボリが優占的で、ほかにカワムツB型のほかアブラハヤも見られるがいずれも少ない。またカワムツA型、ニゴイ、タイリクバラタナゴ、カムルチーやオオクチバスなど移入種も多種みられた。

st.5付近は、左岸の一雲済川の旧河道と思われる小池(三十三番池)からの流入があり、またそのすぐ上流の右岸からも水田の間を通る農業排水路が合流している、淵底には泥は多くはなく、むしろ砂利や粗砂が多い。st.6は一雲済川が天竜川の堤を横切るところである。st.7は天竜川の河川敷内のゆったりとした流れで、河川形態はBc型ともいうべき状態で淵の底質は泥と細砂のところが多い(写真7-4)。これら3地点は生息する魚種も多く、その構成も比較的似ているので一括するが、遊泳魚ではオイカワとアユがいずれの地点でも多く、メダカやタモロコも多い。タカハヤやウグイは、一雲済川ではこの区間の下部で見つかっている。底生魚ではカワヨシノボリが圧倒的に多いが、シマヨシノボリやヌマチチブなども少なくない。

なお、st.3付近から下流はほぼ一面が水田となっていて、7月の調査時にはst.3とst.4の地点の水温は30℃を越え、測定時の気温を上回っていた。水田で暖められた水が小排水路などから合流して生じた水温上昇と推定された。また、7月の調査ではst.5付近から下流は、下流に下るにしたがって逆に水温が低下した。天竜川の伏流水の湧出水の流入によるらしく、st.4とst.5の間では約6℃、st.5とst.6の間で、約2.5℃、st.6とst.7の間で約1℃下がった。

一雲済川は山間を流れる間は河川環境はごく自然的だが、山間から流れ出て天竜川の河川敷にはいるまでの間は、流れはかなり直線的となるなど水田経営の影響を強く受けている。この水田の影響のある区間の上部の一部は用水路として、大部分は排水路としての機能を担っている。また川はしっかりした堤防の中に閉じこめられている。コンクリート護岸はst.3からst.4の間の上半部に見られる程度だが、水際に植物群落が多少とも存在するのは、st.5より下流である。st.4より上流では水際にはほとんど植物はなく、ツルヨシやミゾソバの小株が点在する程度である。st.6付近の川幅がやや広がったところに河床に砂礫が堆積して小さな河原や中州を形成しているところもみられるが、それまでのst.5より上流は狭い堤防のあいだを川岸いっぱいに川水が流れる。

農用地区間の一雲済川は、このように水路化されて蛇行を失い瀬と淵のはっきりしない流れとなり、水生植物は少なく、湿性植物の進出もほとんどなくて水際の多様性も乏しくなっている。魚は生活史上、川の中に成魚や未成魚の摂餌場所、休息・避難場所、繁殖場所、仔稚魚の生息場所といった多様な環境の存在がそれぞれの種に応じ必要である。しかし一雲済川のとくに農用地区間は、多種が多様に生息するには生息場所の多様性が欠けた状態になっている。また排水路化され、農繁期には流入する水田排水による夏期の水温上昇や肥料による富栄養化が生じていて、これに伴う溶存酸素不足もとくに渓流性の魚種の生息にとっては厳しいものとなっているであろう。

一雲済川の上流から下流への魚類相の変化を概観すると、まずこの川には渓流性のアマゴやタカハヤが不在で、カワムツB型とカワヨシノボリが最上流の魚となっている。アカザとオオヨシノボリが上流域の下部で現れ、中流域ではこれらに代わってアユ、オイカワ、アブラハヤに底生魚のシマドジョウが加わり、下流域にアユ、オイカワなどとともにタモロコやモツゴ、ギンブナ、メダカや底生魚のドジョウやナマズ、ヌマチチブに移入種のタイリクバラタナゴが見られるといったようになっている。

しかし詳しくみると（表7-2参照）、上流から下流への魚類構成の移行が不整で、中流部でそこに当然多く見られるべき中流域の魚がごく少なくなっている。たとえばst.3ではアユやオイカワ、カワムツB型に代表されるAa-Bb移行型の河川形態に相応した魚類相がみられるが、その下流のst.4では、アユは不在で、カワムツB型やオイカワも著しく少なく、それに代わってメダカ、タモロコ、ギンブナといったBb–Bc移行型の河川形態にふさわしい魚が多くなっていて、その上流とは魚類相が急変している。そして川が堤防から解放されるst.6やst.7まで下ると河川形態はBb–Bc移行型やBc型ながら再びアユやオイカワの多い流れに戻るのである。したがって中流部のst.4で出現した状態は農業水路化の影響と考えられる。さらに、天竜川水系の河川に広く生息している渓流魚のアブラハヤは（図7-2参照）、一雲済川ではst.4とst.6でわずかに見られただけとなっている。一雲済川の流程からみると中流部のst.4やst.5などで多く見られるものと期待されたが、実際にはほとんど不在であった。止水化した農業水路の生息環境、および生息場所をめぐる多種との競争関係がこれに関係しているものと推察される。

なお、タカハヤも図7-2にあげた天竜川の主要魚種のひとつであるが、一雲済川では先に述べたとおりタカハヤは下流部の天竜川の河川敷内の流れの中だけで見られ、本来の生息域のやや標高が高くて河川形態がAa型ないしAa-Bb移行型の上流域ではまったく見られない。したがって、一雲済川のタカハヤがこの川の中だけで全生活史を過ごしているとは考えにくい。またウグイもごく幼い未成魚が下流部の一部だけに見られたが、このウグイは天竜川の下流部を主な生息場所とする回遊型のウグイと判断されており（リバーフロント整備センター、1999）、一雲済川には産卵適地もないので、タカハヤと同様に天竜川本流を通じ一時的に入り込んだにすぎないものと判断される。

なおホトケドジョウにも言及しておきたい。一雲済川の魚類調査ではホトケドジョウの採集も期待されていた。この川の支流の上野部川には生息が確認されているからである（板井ら、1999）。この魚については、筆者は、静岡県内

の淡水魚の生息地について1970年代から1980年代初めにかけて多数の協力者とともに実地調査を行ったときから、とくに関心をもって調査してきたが、10数か所の生息地を記録したにとどまっていた(板井、1982)。近年この魚について改めてその生息地を調べ直したところ、比較的多くの生息地を記録することができたものの、以前に記録されたホトケドジョウの生息地の大部分が失われてしまっていることが明らかにされた(板井ら、1999)。一雲済川の支流での生息地はこの調査で見つかったものであるが、一雲済川本流の今回の魚類調査ではついに発見できなかった。

ホトケドジョウは一雲済川流域のような低山帯の斜面に接した土水路で、深みに落葉が堆積しているようなところを生息適地とし、山からの浸み出し水や湧水を水源とした小川やそれに続く水田用水路などの一次流を主な生息場所とし、規模が大きな流れにはほとんど生息しない。またこれにはこの魚が他の魚との共生を避けることが関係していることが示唆されている(板井ら、1999)。こういった場所が近年開発の対象となり、あるいは水路整備等を受けて、静岡県内の生息地は著しく孤立していることも明らかにされている(板井ら、1999)。

一雲済川の本流の源流部や上流部の支流にもホトケドジョウの生息適地と考えられるところがあるが、ホトケドジョウはいままでのところ発見されていない。一雲済川の中流部の支流の上野部川の生息地は、筆者らによる調査かぎりでは、天竜川の静岡県側の流域内の唯一の生息地となっている。流域の広い天竜川でもあり調査が行き届いているわけではないが、生息地が局限され孤立していることは疑いがない。一雲済川の川周りで行われてきたような河川や水路の工事は天竜川の下流域には広く認められるものであって、治水あるいは農地整備など目的を問わずコンクリートの溝化を進め、魚の生息場所を奪っている。また同時に、一つの河川内、また支流と本流の合流点にしばしば設置される落差工の設置により、魚の生息場所は分断された。天竜川水系におけるホトケドジョウの生息地の孤立化はこういったことにより促進されたものと思われ、この一雲済川もその一例となっている。

現在河川工事や農地整備として行われる水路整備では、多自然型やビオトープ型の工事が一部取り入れられつつあるが(静岡県農林水産部、1998)、もとの生息環境を壊し、まったく新たな環境を創り出すような、あるいは周辺にはすでに保全すべき自然が失われてしまったところで行われるような、不適当なあるいはむだな工事と思われるものも少なくない。ホトケドジョウに限ることではないが、せめてこういった孤立化した個体群の生息地を拡大するような方向での取り組みがなされないものであろうか。

4）ダム―用水路システムのひとつの問題点

天竜川の本流には最下流の船明ダムを始めとして、いくつかのダム設置されている。船明ダムには魚道が設置されて魚の遡上障害が多少とも緩和されているが、その上流の秋葉ダムや佐久間ダムには魚を移動させる機能は備わっていない。ウナギ、アユ、サツキマス(アマゴ)、およびシマヨシノボリ、ヌマチチブなどのハゼ科魚類、アユカケ、ウツセミカジカのカジカ科魚類などの生活史を完結する上で必ず川と海とを行き来しなければならない通し回遊性の魚の上下移動は、ダムによって著しくあるいは完全に阻害されている。なお天竜川では秋葉ダムより上流でも通し回遊性の魚の一

部が見られる。トウヨシノボリ・ヌマチチブ・ウキゴリの3種のハゼ類であるが、これらはダム湖で陸封されたものと推測されている（板井、1982；建設省中部地方建設局浜松工事事務所、1996）。

天竜川に加えられているもうひとつの大きな人為をあげるならば、川が強固な連続堤で仕切られていることである。このため、かつてそれがなかった時代に下流部の平野部でふつうに見られたはずの流路の自由な変更と他水系との連絡は、それぞれが平行的に流れるようになって、ほとんど不可能となっている。先に述べたとおりダムから用水路システムを通じて大河川から中小河川へ、たとえば天竜川から太田川などへと魚が送り込まれているが、逆に中小河川から大河川への、たとえば西の馬込川や東の太田川などから天竜川への魚の逆方向の移動は絶たれている。

さらに、川筋に沿って、また本流と支流との間に設置された多数の河川工作物によって、川筋の上下すなわち縦の分断、本流と支流の間のいわば横の分断があちこちで生じている。そういった生息地の分断は魚の小規模な絶滅の可能性を高めると考えられている（樋口、1996；プリマック・小堀、1997；鷲谷、1999；森、1999など）。そういった絶滅が生じた場合の回復は、その後の同じ水系の他河川、あるいは近隣の他水系からの移動によらねばならないが、現在見られるような、河川間のいわば平行的分断とひとつの川における縦断的・横断的分断は、その回復を阻害していて、一つの河川全体での絶滅の危険性を増大させている。

河川におけるこうした人為による流れの分断、また流量減少や河床上昇など河川環境の変化が、川に生息する魚に著しい影響を与えていることは間違いない。とくにダムによるアユの遡上阻害については、ダムがアユ漁場を分断している天竜川漁協やダムの上流にアユ漁場をもつ気田川漁協などの漁業協同組合の関心が高い。漁協ではとりあえず遡上阻害を問題としがちだが、当然産卵のための降河の阻害も考える必要がある。またダムによる移動阻害はアユばかりではない。とくに天竜川下流域にはウツセミカジカとアユカケの2種の通し回遊性のカジカ科魚類が生息することがわかっているが（建設省中部地方建設局浜松工事事務所、1996など）。アユカケは船明ダムの建設以前にはかなり広く分布していたが（水産庁淡水区水産研究所、1976）、ダム建設以後はダムの上流にはまったく見られなくなっている（静岡県、1980；板井、1982；環境庁、1987；リバーフロント整備センター、1995；建設省中部地方建設局浜松工事事務所、1996）。天竜川にはこれら以外にも多種の通し回遊魚が生息しているが、船明ダムより上流では見つからないものが多い。

船明ダムには右岸に魚道がつけられていて、アユはある程度遡上できるものの、遡上力が大きくないアユカケなどの魚にとっては遡上不可能となっているようである。さらには天竜川にはかつては降海してマス（すなわち、サツキマス）になる魚が多産したようであるが、近年はまったく見られなくなり（板井、1982）、漁協などでも放流事業なども実施したこともあるが、海より遡上してきたマスは船明ダムを越えて産卵適地のある上流へ遡上することはほとんどなく、事業の成果はあまりなかったようである。

天竜川に見られるような利水ダムの存在が、一般に下流の流量減少、またダム上流での堆砂による河床の平坦化すなわち堰堤型平瀬化（川那部ら、1994）の原因となって、魚の生息環境を悪化させていることを筆者も古く指摘したことがある（板井、1982）。この堰堤型平瀬化の現象は、とくに

利水ダムに限るわけでなく、堰のような小型の貯水施設、あるいは砂防ダムや床止めでも必ず起こる。これによる生息場所の障害についてはアマゴやアユなどの水産上の重要魚種は他書に譲り、ここではレッドリスト（環境庁自然保護局野生生物課、1999）に載せられたアカザについてだけふれておくことにしたい。

アカザは、静岡県内では静岡県中部の瀬戸川を東限としてこの川以西に分布し、東側の安倍川や富士川などには不在である（板井、1982）。瀬戸川での生息地はかなり局部的であるが、大井川水系、太田川水系や天竜川水系などには生息河川は多い（静岡淡水魚研究会、未発表）。しかし、いずれの河川でも生息密度はごく低いようで、現在アカザに関する調査を中心になって実施している静岡淡水魚研究会の小林正明氏によると（私信）、アカザの生息空間となる頭大から一抱えもあるような巨石の浮き石が堆砂や流量減少の進行でごく少なくなっているためらしい。一雲済川でも、アカザは生息は確認された。しかし生息域はごく短く、それはおもに上流部における土砂流入と中流部における農業水路化の両者が原因しているものと考えられる。

また先に述べた魚の侵入の問題もここで触れておきたい。ダム－用水路システムの整備は、大河川から中小河川への魚の拡散を助けている。たとえば、ニゴイは静岡県にはいなかった魚であるが、諏訪湖を通じ天竜川にまずはいり、用水が届く太田川水系や都田川水系にはまもなく侵入し（板井、1982）、現在は大井川にも飛び火している（リバーフロント整備センター、1997）。また太田川と大井川の間に位置する菊川には天竜川の用水ははいらないが、大井川の灌漑用水がはいり（建設省中部地方建設局浜松工事事務所、1996；静岡県農林水産部、1999）、この川には以前は不在だったアブラハヤや河川型のウグイの侵入が起きている（リバーフロント整備センター、1997；板井ら、未発表）。このように用水路整備は給水を受ける流域の河川魚類相の攪乱を招いていて、オオクチバスほどの問題とはされないが、水産上は無価値または有害とされるニゴイなどの非在来魚の侵入はこれ以上は防ぎたいものである。

4．平地農業地域の魚類と生息環境

1）太田川と古川

船明ダムで天竜川の川水を取水した磐田用水は、磐田郡豊岡村の一雲済川の中流部の神増地先で天竜川の左岸下流部を主に灌漑する寺谷用水を分岐したのち分水嶺を越えて太田川水系内にはいる（図7-1参照）。磐田用水はさらに太田川の左岸を潤す磐田東部用水すなわち社山幹線を分岐し、本線は向笠御厨幹線として太田川の右岸を流れ、太田川下流の福田地区を灌漑して終わる。古川は磐田用水本線の末端近くにある。

古川の流れる一帯は太田川の下流部と古川が注ぐ支流今ノ浦川に挟まれた低湿地である。この古川はかつては掘込まれた土水路で水田用排水路として用いられてきたが、静岡県営の灌漑排水事業の整備を受けて専用排水路となった。この川にはカワバタモロコの良好だが孤立した生息区間があり、三面コンクリートの水路としての改修にあたり小川と池からなる専用保護水域が造成された（松村、1993；金川・板井、1998）。

2）太田川の河川環境と下流域の魚類相

太田川は磐田原を隔てて天竜川の東に隣り合う川である。本流の流程は約44 kmと天竜川には及ぶべくもないが、仿僧川、原野谷川、敷地川など多くの支流に恵まれて流量も比較的多くかつ安定している。古川は太田川の下流域の左岸の低湿

地帯を太田川に接して流れ、やがて離れて西方に向かい今ノ浦川を経て仿僧川にはいり、河口近くで太田川に合流する。

太田川の魚類相は静岡県内の中では非常に豊かなものであって、また天竜川のものとよく一致する(板井、1982)。近年の太田川の魚類調査では74種の魚が記録されたが(静岡県袋井土木事務所、1996)、筆者や静岡淡水魚研究会のごく最近の調査でさらに新たに数種見つかっている(静岡淡水魚研究会、未発表)。この太田川の下流域に生息する主要魚種は、オイカワ、ウグイ、ギンブナ、ボラ、ヌマチチブなどである(板井、1982；静岡淡水魚研究会、1996；静岡県袋井土木事務所、1996)。

3) 古川の魚類相と生息環境

太田川流域は用水路の整備と一体になった各種の農業農村整備事業が行われ、カワバタモロコが生息するような低湿地の小河川や小川は排水路として整備されてきた。近年に整備された河川では、直線的でまたコンクリート製の護岸が施され、水田まわりの土水路も三面コンクリートの水路へと変わった。

太田川の中流部の支流の敷地川流域には磐田用水の幹線沿いにカワバタモロコの生息地が2か所見つかっていたが(板井、1982)、その生息地は水路整備と河川改修とによって1980年代に失われた(板井・金川、1989；板井ら、1990)。下流の古川周辺にも数か所のカワバタモロコの生息地が見つかっていたが(板井、1982)、古川を残し他は敷地川流域とほぼ時を同じくして失われた(板井・金川、1989；板井ら、1990)。

カワバタモロコがかろうじて生残した古川も、磐田用水の幹線沿いの水田地帯にあり、低湿地の冠水被害の対策として静岡県によって灌漑事業(水田農業確立排水対策特別事業)により整備された(松村、1993)。この川のカワバタモロコの生息地の筆者らによる保全活動については本書のシリーズの「魚から見た水環境」に詳しい(金川・板井、1998)。この小川はほぼ一様な流れが長く続くので、ここでは一雲済川のように流程に沿ってみることはせず、改修の前後で生息する魚類がどのように変化したかに焦点を当ててのべる。

整備前 古川は水路整備が実施される前は堀込まれた土水路で(写真7-6)、マコモ、アシ、ガマ類の抽水植物やホザキノフサモ、オオカナダモ、エビモ、マツモなどの沈水植物、ミゾソバなどの湿生植物の群落が川の両岸や水中に繁茂していた。この小川の最上流部の普通河川部分は筆者らが気づいたときにはすでに三面コンクリートの水路整備中であったが、静岡県の準用区間の起点から下流2kmほどの間は上記のような景観が続き、生息する魚類もほぼ一様で、とくにカワバタモロコがかなりの密度で生息するところとなっていた(金川、1992；静岡淡水魚研究会、1996)。整備前にはメダカを最優占魚種として表7-3の左列に示したような魚種が主に生息し、とくに底泥にすむ二枚貝を必要とするタイリクバラタナゴや生活史のうえで止水を必要とするカワバタモロコがかなり多かった(金川、1992；静岡淡水魚研究会、1996)。

整備中 表7-3の中段に示したように、下流から進められた整備がカワバタモロコの生息区間に近づくにつれて、流れの速い部分があらわれるようになり、当初は主要魚種こそ大きくは変わらなかったが、それまでは不在だったハゼ科魚類等も見られるようになった(金川、1992)。しかし、全面改修の直前になると魚類相も大きく変化し、カワバタモロコもまったく見られなくなってしまった(板井、1996)。

7章 農山村の野生生物

写真7-6 整備前の古川

表7-3 古川の整備前、整備途中および整備後の優占魚種

	改修前	改修途中		改修後
	（1988〜89）	（1989〜90）	（1993）	（1996）
1位	メダカ	メダカ	モツゴ	ギンブナ
2位	モツゴ	モツゴ	メダカ	モツゴ
3位	フナ類*	フナ類*	ギンブナ	メダカ
4位	タイリクバラタナゴ	タイリクバラタナゴ		
5位	カワバタモロコ	カワバタモロコ		
順位外	オイカワ コイ ドジョウ ナマズ カムルチー	イセゴイ ウナギ オイカワ コイ ドジョウ ナマズ カムルチー シマヨシノボリ ヌマチチブ	コイ タイリクバラタナゴ ドジョウ カムルチー シマヨシノボリ	カワバタモロコ ゲンゴロウブナ タイリクバラタナゴ ドジョウ ナマズ カムルチー シマヨシノボリ
出典	金川、1992	金川、1992	板井、1996	板井、未発表

優占種は金川（1992）にしたがい、全採集個体数に対して個体数が10％を越えるものを抽出した。

整備後 整備にあたり、カワバタモロコの生息区間の中程に古川に接してカワバタモロコの保護水域を造成し（松村、1993）、古川はその後三面コンクリートの水路として改修された（金川・板井、1998）。改修された古川は拡幅されて一様な浅い流れとなり（写真7-7）、また掘り下げられたので側溝との間に大きな落差が生じた（写真7-8）。

筆者は、古川の改修区間については、改修が完成した1995年から1年間のあいだをおいて、1996年から1998年まで3年間、底質や水生植物の被覆度などを含む河川環境と生息する魚類等の水生動

写真7-7　整備後の古川

写真7-8　側溝の間に生じた落差

物について調査を行っている(板井、未発表)。

改修直後の古川は川底には泥がほとんどなく、水生植物としてはマツモがわずかに見られたのみとなっていた。やがて水田など周辺からの流入によって土砂が堆積し始めると、ミゾソバなどが進出したが、水中にはほとんどマツモしか見られないままであった。魚は、魚種数こそ減らなかったものの優占的な魚の魚種が減少して、ギンブナとモツゴが最優占魚種となり、メダカはかなり減少した(表7-3、右列)。改修前に優占的に生息していたタイリクバラタナゴとカワバタモロコは著しく減ってしまい、とくにカワバタモロコは、改修後には1～2個体がまれに採集されるだけとなった(板井、未発表；金川直幸氏のご教示による)。

このカワバタモロコは、改修を受けた古川が浅い平坦な流れの水域となってしまい、本種の生息がとうてい不可能な環境となっているので、改修の際に隣接して造成されたカワバタモロコ保護水域から逸出したものと見て間違いなさそうである。

ところでこのカワバタモロコの保護水域であるが、水路と三面の池により構成され、設計では水路の上下流端を古川とつなぐはずだったが、造成された水路は掘削された古川の水位よりはるかに高かったために著しい水漏れが生じ、再度の工事を行って上流部の連絡を完全に絶ち、下流端だけで水門を隔てて古川とつながるかたちになった。水門は頑丈なもので、ふだんの魚の移動は望めないが、水田が冠水するような増水時に魚が移動するようである。改修された古川のカワバタモロコはそういった際に保護水域から流出したものと思われる。じつはこの保護水域の造成はここがこういった魚の分散の核となることも目的のひとつとしていた。しかし、整備を受けた水路に流出したカワバタモロコの定着はもくろみ通りにはいっていない。改修後の古川には、繁殖場所となる側溝との連絡はまったくなく、また仔稚魚の生息環境となるたまりなどもまったく形成されていない。古川ではカワバタモロコが逸出個体をもととして個体数を回復していくにはまだ環境要素が不足していると判断される（金川・板井、1998）。

なお、改修後の古川でギンブナの優占度が著しく高くなったことの理由は不明である。モツゴの優占度が相対的に高くなったのは、この魚がコンクリート壁面にも産卵可能で、産卵場所が減少しなかったことが関係するものと推定される。水路整備によって古川の魚類群集の構造は一変したが、魚種数が減らなかったのは後で述べるように、他の生息地との連絡性がある程度保たれたことによると考えられる。

5．農業水路の問題点と今後

船明ダムに源を発した農業用水路を天竜川から太田川へと二つの水系にまたがってたどり、一雲済川と古川の排水路化した二つの川の魚類とその生息環境について以上に概観した。そして農業水路化はその川にもとあった魚類相や生息状況を大きく変えることが指摘できたことと思う。

ある場所で「魚が生息する」ことは、たんにそこに魚が見られることではなく、その場所において魚の生活史上の生活要求がほぼすべて満たされて再生産しているということを意味すると考えると、そこで再生産が行われているとは考えられない一雲済川のタカハヤやウグイ、また古川のカワバタモロコなど多くの魚は、一時的にとどまっているだけで生息はしていない魚ということになろう。

調査で明らかにされた魚類リストを見るだけではわからないが、各魚種の生息状況を問うと、農業排水路の整備によって魚の生活要求が満たせず生息できない魚が生じていることがわかる。一雲済川のタカハヤやウグイは別として、著しく個体数の少ないアブラハヤや、古川のカワバタモロコやタイリクバラタナゴはそういったものとみてよいと思われる。魚の生活要求としては、成魚や未成魚の食物や避難場所、繁殖場所および仔稚魚の生息場所と食物が主なものと考えられるが、これは魚ごとに異なる。魚にとってたとえその一部が欠けてもは生息が不可能になることはいうまでもないことで、改修といった人為的な干渉を受ける前に本来その場所に有していたこれらの一部あるいはほぼすべてが、人為によって失われるのである。用水路と排水路の分離をともなう現代的な整備では、とくにこの変化が著しい。

近代以前に造成された農業水路は多くの魚を住

まわせてきたので、そういった整備を好ましいとする考えることが多い（斉藤、1984；斉藤ら、1988；藤咲・水谷、1999など）。多様性の高い魚類群集をもつ水路の重要性については筆者もそれを同意したい。しかしその一方でホトケドジョウが生息するような水路としてはごく末端に位置するごく細い水路も考慮する必要があるのではないか。この魚は先にも述べたように水源近くの源流部に（樋口、1996；板井ら、1999）、ほとんど単独で生息することが多い（板井ら、1999）。この魚にとって多様化は生息を阻害することになり、むしろ望ましくない。近代的あるいは現代的農業水路整備が、魚の生息場所を悪化させることについては多くの指摘があるが（斉藤、1984；君塚、1990；望月、1992；中村、1998；片野、1998、谷田貝ら、1999）、悪化した魚類の生息環境を考える際には、たんに多様化の方向のみを考えるのではなく、そこにもとあった「自然魚類相」というべきものをも考える必要があるということを指摘しておきたい。

そのことはとりあえず置き、農用地を流れ、かつては用水路しても排水路としても機能し、多くの魚を住まわせていた小川が、農業排水路としての整備を受けるとどのような変化が生じるかを要約しておきたい（坪川、1985；端、1985；小林、1989；金川・板井、1998；片野、1998）。

① 水田の整備拡大により水路は直線的となる。
② 水田を乾田化するために水路は掘り下げられ、水田および側溝とは不連続になる。
③ 農地と水路とに生じた高低差による農地の崩落を防ぐため強固な護岸が敷設される。
④ 排水を妨げる水生植物の繁茂を防ぐために底面もコンクリート化する。
⑤ 用水をパイプライン化して農閑期には用水の供給を絶ち、排水路を乾燥化させる。

上記のいずれの変化が生じても魚類への影響は決して小さくはない。とくに⑤まで整備された排水路では、当然のことながら水生生物はほとんど住まず、毎年農繁期に他所から入り込んだものが一時的に見られ、農閑期になると移出しあるいは死に絶える。専用用水路であるが古川を横断する磐田用水は（写真7-9）、農閑期には水が完全に干

写真7-9　古川を横断する磐田用水

上がる。その後には、無数のカワニナとヒメタニシおよびドジョウの死骸が残される。貝類が全滅するかは定かではないが、魚類の生残はまったく不可能である。このような水路に入り込んだ動物たちに常に待ち受けている運命を考えると心が痛む。

④までの改修を受けた古川のような三面コンクリート化された水路では、先に述べたような多くの魚の生活史上の生活要求を満たせないことについての指摘がいくつかある。まず改修を受けた直後は底土を失って抽水植物や沈水植物など水生植物が生育しない状態となる（小林、1989；金川・板井、1989；片野、1998）。こうしたところでは付着藻類や底生動物の生育の場が失われ、魚の食物供給がほとんどなくなる（坪川、1985；小林、1989；金川・板井、1998）。また、改修された水路ではほとんどの魚にとって産卵や仔稚魚の生活する環境が失われている（小林、1989）。すでに述べたとおり、小川に生息するカワバタモロコは、他の魚がほとんど侵入してこない側溝に入り込んで産卵することが多いが（金川、1994；金川・板井、1998）、水路と側溝とのあいだに落差が生じると、それを完全に妨げてしまう（斉藤、1984；斉藤ら、1988；湯浅・土肥、1989；望月、1992；森、1997；片野、1998）。またカワバタモロコの仔稚魚は流れが澱んだ淵で生活するが（金川、1994）、コンクリート水路にはこういった環境もない。ギンブナやメダカは水草や岸辺からもたれ込む湿性植物の茎や葉を、ドジョウやナマズ、タイリクバラタナゴは底泥あるいは底泥中の二枚貝を産卵基質として用いるが（川那部・水野、1989など）、これもほとんど失われてしまう。

古川では、全面的改修を受けて魚が一時的に消失した後、1年ほどで改修前とほぼ同じ種類の魚が見られるようになった（板井、未発表：表7-3参照）。魚の回復は、隣接して造成された保護水域からの流下、あるいは古川の本流筋に当たる今ノ浦川などからの溯上によってもたらされたと思われるが、水路に水田などから流れ出た土や泥が時間の経過とともに堆積し始め、水生植物や湿性植物がわずかながらも生育するようになって、生息環境もある程度回復したことも大きいと思われる。しかし、カワバタモロコやタイリクバラタナゴなどの魚の失われた生息環境が回復することは望めず、かつてのような状況にまでの回復は現状のままでは不可能と思われる。

近年の農地整備では、水路を古川のような三面コンクリートとしないまでも、乾田化のための水路の掘り下げと水田の土の保護のための両岸のコンクリート護岸化の②や③の整備は避けられない。水路が掘り下げられて側溝や水田との間に大きな落差が生じ、これらから排水路へは水は滝のように落下する形となる。ドジョウやナマズ、カワバタモロコなどの水田や側溝に入り込んで繁殖するような魚にとっては、水路から側溝・水田への魚の進入が絶たれ、重要な繁殖場所が失われてしまう（斉藤、1984；斉藤ら、1988a、b；片野、1998など）。このような用排水を分離するかたちで進められる現代的農業整備が（端、1985）、今後の日本の農業経営に是非とも必要かどうかは、農業に関わる側（端、1985；田林、1990）と野生生物の生態研究やその保護に関わる側（斉藤、1984；斉藤ら、1988；湯浅・土肥、1989；片野、1998など）とでは、認識に大きなずれがあり、その構図は農業整備を行いつつ自然環境保全を図ろうとする新しい農業政策（静岡県農林水産部、1998；神宮寺ら、1999）にも認められる。

6. 今後の農地整備と水路整備

近年の農業経営は現代化が大きく進みつつある。日本の主要な農業である水田経営は、農業従事者の高齢化やウルグアイ・ラウンド合意といった国際化に伴う農業構造改善の必要性などにより大規模化、省力化および多様化が進められ、さまざまな圃場整備事業が展開されている（農林統計協会、1999）。とくに強力に進められている用水路と排水路の分離、整備は、かつて農村に見られた河川生物の生息状況を大きく変えてしまった。また都市近くの水田などの農地は農地整備で乾田化され、さらに転用され住宅地へと変わっていったところも多い。本稿で取りあげた静岡県磐田市の古川や今回は取りあげなかった藤枝市の藪田川といったカワバタモロコの生息する小川周辺のかつては農業経営さえ難しかった湿地は、農地整備や流域の開発にともなう河川改修によって乾田化し、また宅地へと変わっていった（金川・板井、1998）。

農業水利は現在用水と排水の分離からさらにパイプライン化が進められている（端、1985）。しかし水路からたとえ一日でも水が干上がってしまう状態が生じれば、魚などの水生生物の生存は不可能となることは自明である。この点だけにおいても用排水を完全に分離する水路整備は河川生物にとって問題が大きいし、パイプライン化に至ってはもってのほかと言わざるを得ない。農業水路で魚やその他の生物の生息を保持するという環境保全の考えは今日では当然のものであるが、この観点からは、まず農業水路に常に一定以上の量の水が流れることが保証されなければならない。農地整備の必要性から用排水の分離をある程度進めたとしても、農繁期においてもいわゆる余水を利用して流量の維持をはかる（端、1985）ほか、農閑期にも用水路にある程度の配水を行い、排水路に常に水が流れるようにすべきである。

用排水路として利用されているような常時流水がある川でも、整備を受けると川としての自然的性質は大きく失われる。川は自然的には蛇行し、蛇行部に淵ができる（可児、1944；水野、1995）。淵にはこういった蛇行部にできるM型の淵のほか、底質の違いによってS型、岩などの周りにできるR型などいくつかの型の淵があるが（川那部ら、1956；水野、1995）、筆者はこのうちもっとも一般的なM型の淵こそ安定し生物に多様な生息環境を提供できる重要なものと考えている。こういった淵は魚のふだんの生息場所となるのみならず、その深みは隠れ場所や冬期の越冬場所（小林、1989；片野、1998）、また対岸にできる川原などの氾濫場所と合わせて洪水時の避難場所ともなる（水野、1995）。しかし整備された水路は、たとえコンクリートの護岸が張られなくても、堤で狭められた中を直線的に流れて、M型の淵を形成せず、できるとすれば河川横断工作物や水制によるS型またはR型の淵となる。これらの淵もとくに川幅いっぱいに水が流れているような水路では仔稚魚の生息場所は形成されにくいし（小林、1989；金川、1994）、まして洪水時には避難場所がなく、ほとんどの魚が流されてしまうことになる。

したがって、三面コンクリート水路は論外として、魚の多様な生息環境を水路において保つには、M型の淵を形成するような蛇行をまず回復させるべきということになる。直線化し速やかな排水を促すかたちで造成されてきた農業排水路でこれを行うことは容易ではないかもしれないが、現在は農村においても自然環境保全は重要な視点となっており（静岡県農林水産部、1999）、生物が住まない水路は基本的につくるべきではないし、現在見られるそういった水路は、三面コンクリート水路

も含め将来は改善されていくことが予想される。この改善のもっとも重要な視点が蛇行部の淵と筆者は主張したいのである。水路は流れが緩く明瞭な瀬と淵が形成されないので、蛇行などは重要でないとの主張もあるが(端、1985)、たとえば本節でとりあげた、古川、あるいは藪田川(金川、1984；金川・板井、1998)のカワバタモロコの生息地が、その上・下流の改修により、淵が浅くなるなどの微妙な変化が生じ、カワバタモロコの減少の原因となったと推測されることを考えると、やはり瀬と淵は重要で、安定したな淵の形成のために流路の蛇行は必要なのである。蛇行の確保はすでに整備を受けた水路でも、現在でも水路の屈曲部や溜池などの利用によってある程度回復させることは可能と思われるし(端、1985)、今後行われる新たな水路整備にあたっては、原地形を生かした蛇行の確保がまず行われるべきである。なお、多自然型川づくりでみられるような河道の蛇行を回復するような修復例(リバーフロント整備センター、1992、1996)は農業水路の改善にも大いに参考になると思われる。

農業水路の整備の進行によって、水田周りから急速に生物の生息場所が失われていったが、その中で何とか魚の生息場所を確保しようとの考えもかつて提示されたりした(斉藤、1984；斉藤ほか、1988)。現代においては、環境保全への社会的要請がこのときよりもはるかに高まっている。農地整備においては、環境を壊さず生き物の生息を脅かさないことは当然のこととして、以前にあった環境へ復元させたり(restoration)、場合によっては以前より優れた自然環境や生物の生息地を創り出す行為(replacement: reclamation)(Bradshaw, 1997；プリマック・小堀、1997)が当然のこととして行われなければならないであろう。

環境の変化に対応できず絶滅のおそれが高くなっているホトケドジョウやカワバタモロコはいわば水路整備の被害者である。これらがまだ生残しているうちに、コンクリートの無機的な水路を多様な生息環境をもつ小川へと変える手だてが打てれば、長い間にはかつての生物相の豊かな農村環境を取り戻せるかもしれない。

一方、水路整備にたとえば蛇行を促す構造、その他の環境要素を付加すると、整備やその後の維持管理には余分な負担が生じる(端、1985；近藤、1999)。水路に水生生物の生息のための要素を多く付け加えて多様化し、単純なコンクリート護岸から離れれば離れるほど、整備にかかる費用が増大し、したがって受益者の農家の負担が増え、水路維持のための労力も増えることになるのがいままでの整備事業のあり方であった。農地における自然環境の保全は農家の理解と協力なしには達成できないが、このような方式のままでは農業水路に生物多様性の維持や回復をはかることについて、農家の積極的な協力を得ることは困難であろう(端、1985；近藤、1999)。だからこそ農業経営には自然との共生のための新たなるパラダイムが必要となってくる(佐藤、1999)。整備に際しての従来のような単純な受益者負担の原則は一考されねばならない。

現代の農業水利は生態系との調和により行われるべきことは、農業土木の方面も認めるところである(志村、1987)。農村の自然環境保全についてのこういった取組みが、行政、農家、住民に広く理解されることがその実践への第一歩となろう。農村自然環境保全事業はそういった取組みのひとつで、静岡県においても規模はまだ小さいが実践され始めた(静岡県農林水産部、1999)。

農山村地帯の自然環境は長年のあいだ人為の影響を受けてきた。そしてそこにもとあった自然環境や生物群集を変化させてきた。こういった農業

水路に魚の住む豊かな自然環境を取り戻すことについては誰の依存もなかろうが、実際に取組むにはもう一つの課題がある。復元の目標をいかなる時点に置くかである。現在ほど人為の力が大きく加わらなかった頃の自然（川那部、1992による人間的自然）、あるいは人間の介入がなかった頃の自然（川那部の生物的自然）まで戻すのかについては、多くの関係者の議論と合意が必要となろう。いったんそれが決まれば、そのためにどのような改善や維持管理が必要かについて充分な調査と検討を行うことが次に必要なこととなる。以前は農業用水域の整備に際しては、ほとんど事前の調査が行われないまま実施されることが多かったが、最近は環境アセスメント的な事前調査が義務づけられるようになってきた（静岡県農林水産部、1998；神宮寺ら、1999）、これに上記のような復元の視点を付加させなければならない。

引用文献

Bradshaw, A.D.（1997）：What do we mean by restoration? Urbanska, K.M. *et al* ed. Restoration ecology and sustainable development. 397pp. Cambridge Univ. Press, Cambridge, pp.8-13.

藤咲雅明・水谷正一（1999）：魚類の生息場所としての水田環境．森誠一編、淡水生物の保全生態学．247pp.、信山社サイテック、東京、pp.76-85.

端　憲二（1985）：農業水路の魚類保護について．淡水魚、**11**、64-72.

樋口文夫（1996）：谷戸に生きる魚、ホトケドジョウ．桜井善雄ほか編、都市の中に生きた水辺を．288pp.、信山社、東京、pp.170-180.

樋口広芳（編）（1996）：保全生物学．253pp.、東京大学出版会、東京．

星野和夫（1997）：カワバタモロコ．日本の希少な野生水生生物に関する基礎資料、Ⅳ．590pp.、㈳日本水産資源保護協会、東京、pp.211-217.

板井隆彦（1977）：奈良県高見川のアブラハヤ属（*Phoxinus*）魚類の2型、その形態的生態的特徴について．静岡女子大紀要、**10**、201-220.

板井隆彦（1980a）：静岡県瀬戸川水系のアブラハヤ属（*Phoxinus*）魚類の2型、流れに沿った分布について．静岡女子大紀要、**13**、153-175.

板井隆彦（1980b）：アブラハヤとタカハヤ．淡水魚、**6**、76-84.

板井隆彦（1982）：静岡県の淡水魚類．208pp．第一法規、東京．

板井隆彦（1983）：静岡県自然環境基本調査、淡水魚類調査報告書．105pp.、静岡県生活環境部自然保護課、静岡．

板井隆彦（1989）：静岡県のカワバタモロコ個体群．環境庁自然保護局野生生物課編、日本の絶滅のおそれのある野生生物、レッドデータブック．342pp.、㈶野生生物研究センター、東京、p.319.

板井隆彦（1996）：人工水路の自然復元の過程．平成7年度教員特別・学長特別研究研究報告書、88pp.、静岡県立大学食品栄養科学部・大学院生活健康科学食品栄養科学専攻．pp.41-44.

板井隆彦・金川直幸（1989）：静岡県の淡水魚類、追補1．静岡女子大学研究紀要、**21**、71-87.

板井隆彦・金川直幸・杉浦正義（1990）：静岡県の淡水魚類、追補2．静岡女子大学研究紀要、**22**、65-94.

板井隆彦・杉浦正義（1996）：人工的水辺における自然回復度の水生小動物による評価．静岡県立大学国際関係学部教養科研究紀要、**8**、77-100.

板井隆彦・杉浦正義・金川直幸（1999）：静岡県の希少淡水魚ホトケドジョウ *Lefua costata echigonia* の生息地の現状．環境システム研究、**6**、51-74.

神宮字寛・森誠一・沢田明彦・近藤　正（1999）：イバラトミヨの生息する湧泉環境と基盤整備事業．森　誠一編、淡水生物の保全生態学、復元生態学に向けて．247pp.、信山社サイテック、東京、pp.45-55.

金川直幸（1992）：カワバタモロコの生態研究．静岡県学術教育振興団研究報告書（1992）．288pp.、㈶静岡県学術教育振興財団、静岡、pp.77-79、152-154.

金川直幸（1994）：カワバタモロコの生態調査．動物と自然、**14**(2)、20-27．
金川直幸・板井隆彦（1998）：カワバタモロコの生息地と河川改修．森　誠一　編、魚から見た水環境、ビオトープの基礎づくり．243pp.、信山社サイテック、東京、pp.61-80．
金川直幸・山田辰美（1992）：シンボルフィッシュとしてのカワバタモロコ、失われゆく小川の自然．淡水魚保護、**5**、18-22．
可児藤吉（1944）：渓流性昆虫の生態．古川晴男編、昆虫、上、pp.171-317、研究社、東京．
川那部浩哉（1992）：自然の何を守るのか．文藝春秋、**1992**(2)、206-213．
川那部浩哉・丸山　隆・谷田一三（1974）：高瀬川水系とその魚類について．高瀬川流域自然総合調査報告書、高瀬川流域自然総合調査委員会、pp.223-232．
川那部浩哉・宮地傳三郎・森　主一・原田英司・水原洋城・大串竜一（1956）：溯上鮎の生態、とくに淵におけるアユの生活様式について．京都大学生理生態業績、**79**、39pp.
川那部浩哉・水野信彦（編）（1989）：日本の淡水魚．720pp.、山と渓谷社、東京．
環境庁（1987）：第3回自然環境保全基礎調査、河川調査報告書、北陸・甲信越版、**22**、19-36．
環境庁自然保護局野生生物課（1999）：汽水・淡水魚類のレッドリストの見直しについて．環境庁自然保護局野生生物課1999年2月18日付ホームページ．
片野　修（1998）：水田・農業水路の魚類群集．江崎保男・田中哲夫　編、水辺の環境の保全、生物群集の視点から．200pp.、朝倉書店、東京、pp.67-79．
片野　修（1988）：ナマズ Silurus asotus のばらまき型産卵行動．魚類学雑誌、**32**、203-211．
紀平　肇（1983）：環境の変化と魚相の変遷、用水路の魚類．淡水魚、**9**、58-60．
君塚芳輝（1990）：河川改修による魚類の生息環境の変化、近頃の魚の悩み（中）．にほんのかわ、**49**、21-39．
建設省浜松工事事務所（1995）：平成6年度天竜川魚類にやさしいダム施設調査検討業務報告書．241pp.、建設省浜松工事事務所、浜松．
建設省浜松工事事務所（1996）：菊川の事業概要（パンフレット）．建設省浜松工事事務所、浜松．
建設省静岡河川工事事務所（1994）：河川水辺の国勢調査平成5年度大井川水系魚介類調査報告書．124pp.
近藤高貴（1999）：用水路と二枚貝の生活．森誠一　編、淡水生物の保全生態学、復元生態学に向けて．247pp.、信山社サイテック、東京、56-62．
松村史基（1993）：カワバタモロコの保護と排水路改修の両立への試み．農業土木学会誌、**61**、1009-1012．
望月賢二（1992）：ミヤコタナゴの現状と保護．淡水魚保護、**5**、86-96．
森　誠一（1997）：トゲウオのいる川．206pp.、中央公論社、東京．
森　誠一（1999）：ダムと魚相．森誠一編、淡水生物の保全生態学．247pp.、信山社サイテック、東京、pp.86-102．
森　誠一・西村俊明（1998）：魚から見た堀田環境．森誠一編、魚から見た水環境、ビオトープの基礎づくり．243pp.、信山社サイテック、東京、pp.209-223．
水野信彦（1995）：魚にやさしい川のかたち．135pp.、信山社出版、東京．
中村幸弘（1998）：新潟県にみるトミヨ生息地の消滅．森　誠一　編、魚から見た水環境、ビオトープの基礎づくり．243pp.、信山社サイテック、東京、pp.81-91．
農林統計協会（編）（1999）：平成10年度農業白書．574pp.、農林統計協会、東京．
プリマック・リチャード・小堀洋美（1997）：保全生物学のすすめ．399pp.、文一総合出版、東京．
リバーフロント整備センター（編）（1992）：まちと水辺に豊かな自然をⅡ．多自然型川づくりを考える．185pp.、山海堂、東京．
リバーフロント整備センター（編）（1995）：平成4年度河川水辺の国勢調査年鑑、魚介類調査、底生動物調査編．786pp.、山海堂、東京、pp.319-351．
リバーフロント整備センター（編）（1995）：平成4年度河川水辺の国勢調査年鑑、魚介類調査、底生動物調査編．786pp.、山海堂、東京、pp.319-351．
リバーフロント整備センター（編）（1996）：まちと水辺に豊かな自然をⅢ．多自然型川づくりの取り組みとポイント．229pp.、山海堂、東京．

リバーフロント整備センター（編）（1997）：平成6年度河川水辺の国勢調査年鑑、魚介類調査編．64pp. +CD-ROM、山海堂、東京．
リバーフロント整備センター（編）（1999）：平成9年度河川水辺の国勢調査年鑑、魚介類調査、底生動物調査編．73pp. +CD-ROM、山海堂、東京．
斉藤憲治（1984）：農業用水路の改修工事の影響を少なくするために、私案．淡水魚、**10**、47-51.
斉藤憲治・片野　修・小泉彰雄（1988）：淡水魚の水田周辺における一時的水域への侵入と産卵．日生態会誌、**38**、35-47.
佐藤洋一郎（1999）：森と田んぼの危機．227pp.、朝日新聞社、東京．
志村博康（1987）：農業水利と国土．306pp.、東京大学出版会、東京．
静岡県（1980）：第2回自然環境保全基礎調査、河川調査報告書．130pp.、静岡県．
静岡県袋井土木事務所（1996）：平成7年度二級河川太田川中小河川改修工事に伴う魚介類及び底生生物調査業務委託報告書（河川水辺の国勢調査）．静岡県袋井土木事務所、袋井．
静岡県河川課（1992）：みずべとの新たなふれあいを求めて．66pp.、静岡県土木部河川課、静岡．
静岡県農林水産部（1998）：静岡県農業農村整備環境対策指針．30pp.、静岡県農林水産部農地計画室、静岡．
静岡県農林水産部（1999）：静岡県の農村整備（パンフレット）．静岡県農林水産部．静岡．
静岡淡水魚研究会（1996）：活動報告．ざこ（静岡淡水魚研究会機関誌）、**13**、26-31.
信州魚貝類研究会・行田哲夫（1980）：長野県魚介類図鑑．284pp.、信濃毎日新聞社、長野．
水産庁淡水区水産研究所（1976）：船明ダム建設と関連利水事業が水産生物の棲息、繁殖におよぼす影響に関する調査、昭和50年度報告書．水産庁淡水区水産研究所、東京．
田林　明（1990）：農業水利の空間構造．239pp.、大明堂、東京．
玉城　哲（1983）：水社会の構造．257pp.、論創社、東京．
坪川健吾（1985）：河川改修による魚相の変化、倉安川用水（岡山県）の場合．淡水魚、**11**、55-58.
湯浅卓雄・土肥直樹（1989）：岡山県における水田及び水田に類似した一時的水域で産卵する淡水魚群、アユモドキを中心として．淡水魚保護、**2**、120-125.
鷲谷いづみ（1999）：生物保全の生態学．182pp.、共立出版、東京．
谷田貝泰子・渡辺恵三・大谷直史（1999）：精進川の多自然型川づくり事業の成果と問題点．森　誠一 編、淡水生物の保全生態学、復元生態学に向けて．247pp.、信山社サイテック、東京．pp.115-130

7.2 フラクタルエコトーンと鳥類の生息環境

清水　哲也

1. 鳥類相と地図

　地図情報を頼りに見知らぬ土地の鳥類相を推定し、実際にその地で調査して得られた鳥類相とどれほど近いかを競うという、ちょっとしたゲームを友人としたことがある。推定された種と、実際に確認された種が一致していれば、1種に付き1点としてその合計点数を競うのであるが、推定種リストにあがっていなかった種、または推定種リストにあげられていても実際には確認されなかった種、それぞれ1種につき1点減点という採点方法を用い、調査時間は1時間とした。推定種リストの種数を多くあげるには、地図情報から実際の環境を具体的にイメージする能力、その生息環境に生息しうる種、調査時期に適合した種、さらに1時間の調査時間内に必ず出現しそうな種など、それらを総合的に解析できる経験に裏付けられた能力が要求されることになり、これがこのゲームの面白さに奥行きを与えていたものと思われた。下の表7-4は、私と友人との勝敗の結果であり、調査対象は図7-3の通りである。これは旅行の帰路、洋上のフェリーの上で友人に発案、たまたま地図上で目にとまった子生という農村集落において実施することを決め、陸上を遙かはなれた日本海のただ中で鳥類相を推定した。

　現地について調査した結果、僅差で私が勝利を収めたのであるが、この時、われわれは地図情報の何を頼りに推定種リストを作成し得たのであろうか。負けを喫したとはいえ、友人のリストもそんなに実際の鳥類相とかけ離れたものではない。

　では、どうして地図情報だけで、実際に近似の鳥類相を予想し得たのであろうか。それには、日本産鳥類約500余種の一種一種の生息環境を詳細に検討する、というよりも、むしろ、地図情報から

表7-4　地図情報より推定された種と実際に確認された種の比較

種数	実際に確認された種	地図情報より推定された種		
		清水	友人	推測合計
カイツブリ	●	×	●	●
ゴイサギ	●	●	●	●
アマサギ			○	○
コサギ	●	●	×	●
アオサギ	●	×	×	×
カルガモ	●	●	●	●
トビ	●	●	●	●
サシバ	●	×	×	×
キジバト	●	●	×	●
ヒバリ			○	○
ツバメ	●	●	●	●
コシアカツバメ	●	×	×	×
キセキレイ	●	×	×	×
セグロセキレイ	●	●	●	●
ヒヨドリ	●	●	●	●
ウグイス		○	○	○
エナガ		○		○
ヤマガラ	●	×	●	●
シジュウカラ	●	●	×	●
メジロ	●	●	●	●
ホオジロ	●	●	●	●
カワラヒワ	●	×	●	●
スズメ	●	●	●	●
ハシボソガラス	●	×	●	●
ハシブトガラス	●	●	×	●
合計種数	21種	13種	13種	17種
推測できなかった種	—	8種	8種	4種
推測したが、確認されなかった種	—	2種	3種	4種
採点結果	—	3点	2点	9点

注）●実際に確認された種および一致した推測種
　　×推測できなかった種
　　○推測したが、確認されなかった種
　　調査は、1989年8月に福井県大飯郡高浜町子生で行った。

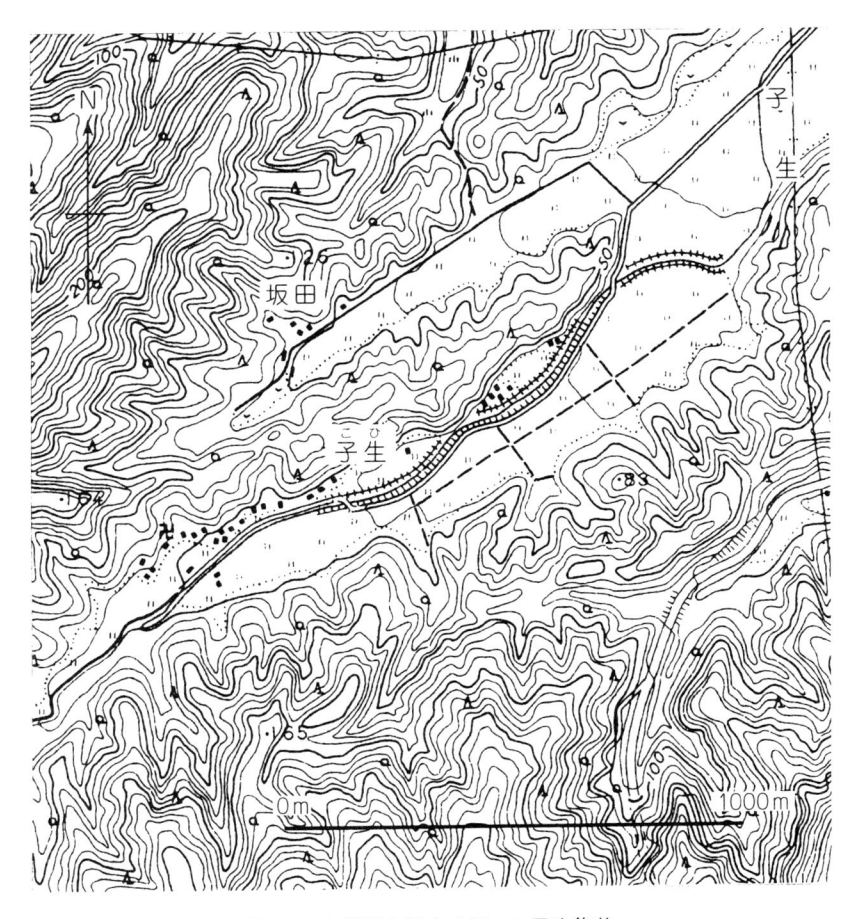

図7-3 鳥類相の推定を行った子生集落

ある程度「ひとまとまりと判断される生物群集の生息域の最小空間単位」すなわち、丘陵地、水田、沢、集落、溜池などを読みとり、経験的にそういった環境でよく見かける鳥類を反射的に想定する、という作業を行っていたようである。要するに、鳥類一種一種に適合する個々の生息環境というブロックを積み上げて、地図から読みとれる情報に近似の環境を再構築して検討していたのではなく、地図という地理的な情報から「ひとまとまりと判断される生物群集の生息域の最小空間単位」と一体関係にある鳥類群集を想定していたのである。

2. 環境の分類

この「ひとまとまりと判断される生物群集の生息域の最小空間単位」を景観生態学では一般的にエコトープ呼ぶ。エコトープは、有機的空間単位であるビオトープと無機的空間単位であるジオトープより成り立つ。さらにビオトープは、フィトトープ(植物)とズートープ(動物)より成り、ジオトープは、モホトープ(地形)・ヘドトープ(土壌)・ヒドロトープ(水文)・クリマトープ(気候)などの空間単位に分類される(横山、1995)。生物群集の多様性、ひいては豊かな自然とは、これらの諸要素が一つとなって機能することで保たれる

わけである。

しかし、生物群集の多様性を理解するためには、要素(空間単位)の細分化だけでは捉えきれない他の側面がありそうである。ビオトープは確かにジオトープに基本的に依存するのであるが、この捉え方は少々理想化されたものといってよい。たとえば、森林はフィトトープの構成員でありながら、構造的な複雑さと規模の大きさなど、それ自体が一種のジオトープ的な役割となって、さらに微細(昆虫類・プランクトンなど)な生物群集のエコトープが形成されている。このように、エコトープが「入れ子的」な構造をとることによって、実際の生物群集はまさに捉えがたいほどの多様さを呈しているのであるが、この「入れ子的」な側面そのものが、生物群集の多様性を理解するもう一つの視点になると筆者は考えている(後述するが、これが自然界のフラクタルな側面である)。

3．エコトーンと鳥類の生息環境

琵琶湖の湖岸を中心に、湖の沖合から内陸の耕作地までの地域に出現する鳥類の種数・個体数を環境別に記録集計したものが、図7-4である。これによると、湖岸に成立するヨシ原およびヤナギ林(湖岸植生)に極めて多くの鳥類が集中して生息していることがわかる。

これは、ヨシ原・ヤナギ林といった湖岸という境界面のみにしか成立しない環境を利用する種がいかに多いかを示している。また湖岸の鳥類相を構成する種は、カイツブリ、コガモなどに代表される水鳥類、サンカノゴイやオオヨシキリなどヨシ原のみに依存して生活するスペシャリスト(単一環境に依存し攪乱に弱いグループ)、ホオジロやカシラダカなどの陸鳥類という三つのグループに大別される。それに湖岸を境界とした湖水域と内陸側に生息する種に加え、ヨシ原・ヤナギ林といった湖水側にも内陸側にも属さない環境に依存する種が加わって、多様な鳥類相が形成されていたのである。

2種類(以上)の隣接したエコトープでは、さらにその重なる場所において、エコトーンと呼ばれる環境の移行帯が存在する。エコトーンは二つの空間に挟まれた帯状の範囲で、両方の空間の種が重なり合ってみられる場合を示すが(Forman, Godon, 1986)、二つの空間のどちらとも別の生態的特性を持った空間が成立し、独特な生物群集がみられる場所を示す場合もある(Blab, 1997)。水

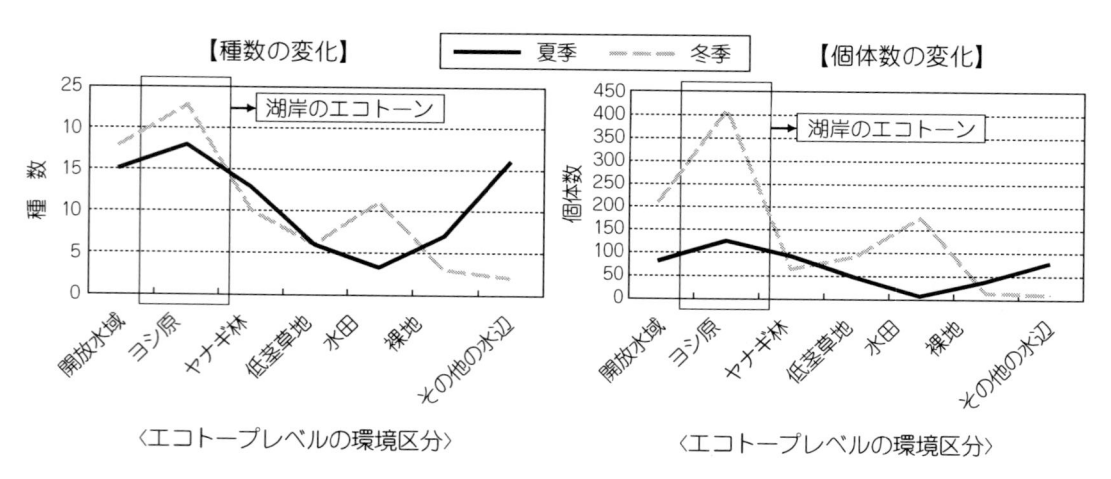

図7-4 湖岸付近の環境と種数および個体数の変化

辺（川岸、湖岸、干潟）や林縁（マント植生など）が、その具体例としてあげられる場合が多いが、エコトープの概念と同様、微視的な生物群集を尺度としてみた場合、自然界ではさらに細かな網の目のようなエコトーン（樹皮や一時的な雨水による水溜まりの縁と、それらに依存する種々の昆虫類やプランクトンなど）で張り巡らされているものと考えられる。余談であるが、エコトーンにおける、この入れ子的構造の出発点は、やはりわれわれ人間を含む巨視的な生物群集とする視点が大切であると筆者は考える。無機的空間単位としてのジオトープがエコトーンの成立を保証する土台であると捉える方が、地形図をもとに土地利用計画をするわれわれ人間活動の尺度にほぼ等しいという点で、重要と思われるからである。そういう意味において、ジオトープに直に成立する湖岸などに代表される巨視的なエコトーンは、われわれ人間活動による地形の改変によって直接的な影響を受けやすいエコトーンであるといえる（河川の護岸などが顕著な例としてあげられよう）。

4．フラクタルエコトーン

琵琶湖の湖岸、特に南部の東岸は図7-5のように、凹凸のある不定型な形状をかつて有していた。この原因は、主に河川によって上流から運ばれる堆積物によって形成された大小さまざまな規模の三角州によるものであり、河川の流路が変化して河口の位置が変われば三角州は成長を止め、半島状の地形として残る。

湖岸のエコトーンを特徴づけるヨシ原は、沖積平野のすべての湖岸面で成立するのであるが、その生育状態（面積・密度・高さなど）は一様ではない。

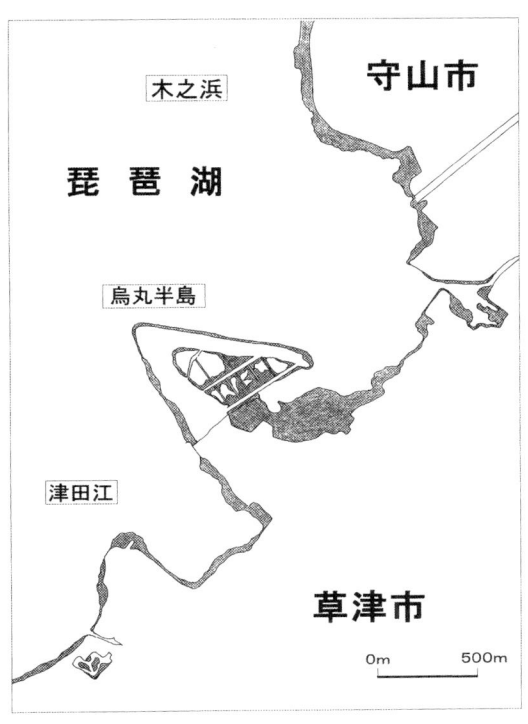

図7-5　湖岸の形状とヨシ原の分布

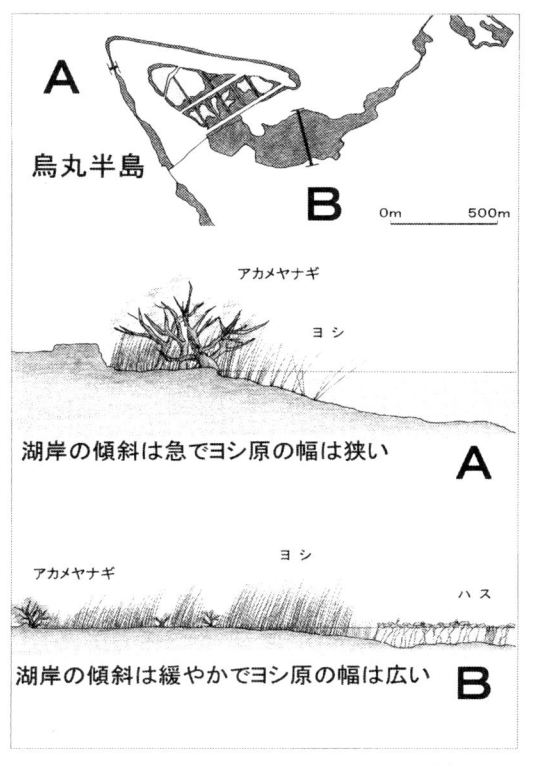

図7-6　湖岸線の形状と湖岸植生の分布変化

7章　農山村の野生生物

　図7-6に示されるように、湖岸の断面形状は主に波浪による湖岸の浸食作用により形成されるが、湖岸線（エコトーン）に凹凸があるとその浸食作用に差違が生じる。すなわち、波浪の影響を受けやすい湖岸線の凸部では断面が急峻になり、逆に凹部では緩慢になる。ヨシが生育できる水深は約50 cm前後（最大70 cm）であるため、急激に深くなる湖岸線の凸部ではヨシ原の幅は狭くなり、逆に凹部では広大な面積を有するようになる。これとは逆に、ヨシ原とともに湖岸のエコトーンを特徴づけるアカメヤナギを主体としたヤナギ林は、波浪による浸食作用の大きな所に選好的に群落を形成する傾向がある。このため湖岸線の凸部などに大きな群落が成立しやすい。

　表7-5は、湖岸線の凸部と凹部における湖岸植生の生育状態と鳥類相とを比較したものである。それによると、凸部の湖岸にはコジュケイ、コムクドリなどといった樹林性の種が多く、凹部の湖岸では広大なヨシ原においてサンカノゴイ、クイナ、などといったインテリア種的（本来は森林で使用される用語で、充分な面積を有する森林の内部に選好性を持つ撹乱に弱い種とされる）な種がみられるといった、いくつかの特徴的な違いがみられる。また、ヨシ原の代表的な夏鳥であるオオヨシキリ（図7-7）の生息密度と、ヨシ原の生育密度の関係に注目すると、凸部のヨシ原は急峻な湖岸断面に起因する波浪の影響を強く受けるため、密度の低い疎なヨシ原が形成されやすく、それに応じてオオヨシキリの生息密度も低くなる。逆に、凹部ではヨシ原の密度は高くなり、オオヨシキリの生息密度もそれに応じて高くなるという傾向が見られた。

　その他の種についての詳細はここでは紹介できないが、結果を要約すると、ヨシ原に生息する鳥類全般に亘って、ヨシ原の生育密度の違いによる鳥類の生息密度の変化が確認された。カイツブリなどの水鳥の多くは疎なヨシ原を選好し、オオヨシキリなどの小鳥類の多くは密なヨシ原を選好するという基本的傾向が得られた。ただ、種によってはこれらの傾向と逆行するような選好性をもつ種（サンカノゴイ・ヨシゴイなど）もみられた。これらの結果から導かれる結論として、「入り組んだり出っ張ったりといった、どこを切り取っても一様ではない」湖岸線の形状が、エコトーンの植生の生育形態にも変化をもたらし、その結果として生ずる多様なニッチ（生態的地位）に対応した、多くの鳥類種の生息を保証しているということになる。さらにそれは、生物群集の多様さを保証する一つの重要な概念の存在をも示唆していると思われた。筆者はこの概念に、生態学でのエコトーンと、フラクタル幾何学的なその性質とを組み合わせ、フラクタルエコトーンと呼ぶことにしている。専門用語の氾濫は、同様な概念のシノニムの氾濫となる危険があることは重々承知している

図7-7　オオヨシキリ

7.2 フラクタルエコトーンと鳥類の生息環境

表7-5 湖岸の形状にみる湖岸植生の生育状態および鳥類相の変化

湖岸の形状	湖岸植生	湖岸の形状 ヨシ原の群落立地タイプ	水ヨシ成分と陸ヨシ成分の面積比率	生育密度	茎高	ヨシ原の面積 ヤナギ林の毎本本数	鳥類相の変化 ヨシ原で繁殖する代表的な種とその生息密度(個体数/ha) カイツブリ	バン	オオバン	オオヨシキリ	ヨシ原を象徴する種	樹林性の鳥類(渡り通過種含む)	遊禽類
凹部	ヨシ原	水ヨシ	30～40%	75本/m²	251cm	5.92ha/km	2.72	1.53	1.70	1.75	サンカノゴイ ヨシゴイ チュウヒ	—	多
		陸ヨシ	60～70%	85本/m²	279cm		×	0.34	×	5.98	クイナ カッコウ		
	ヤナギ原	—	—	—	—	29.3本/km	—				—	シジュウカラ	
凸部	ヨシ原	水ヨシ	50%	31本/m²	227cm	3.57ha/km	4.70	×	2.03	1.02	サンカノゴイ チュウヒ	—	小
		陸ヨシ	50%	143本/m²	241cm		×	×	×	11.11	—		
	ヤナギ原	—	—	—	—	40.5本/km	—				—	コジュケイ キジバト ホトトギス キビタキ オオルリ コムクドリ	

注)
1. ヨシ原は、ヨシを含むマコモ・ハスなどの湖岸性抽水植物群落の総称とした。また、水ヨシは、抽水して生育するヨシを示し、陸ヨシとは、湿地または乾燥した陸地から直接生育するヨシを示す。
2. ヤナギ林は、湖岸に自生する樹高2m以上の樹木を対象とし、その多くはアカメヤナギである。
3. 遊禽類とは、カイツブリ類やカモ類など、水の中でも特に水上生活に適応したグループを示す。
4. ×は、生息が確認されなかったことを示す。—は、該当項目ではないことを示す。

が、科学とは、本来数学によって秩序づけられるべきであるという、フランスの大数学者ポアンカレ（二つの天体の場合に比べて、第三者の天体が加わると天体の動きを正確に知ることができなくなるという、彼の3体運動の研究が今日のカオス研究の発端となる）の忠告に従い、われわれ生物や生態を専門とする人々だけではなく、畑違いと思われがちだった物理学や数学の専門の人々から、今まで見落としていた新しい着眼点やアイディアがもたらされるのではないかという希望的観測で、そのように名付けることとした。その定義としては「ジオトープが潜在的に有するフラクタルな形状によってもたらされる生態的空間内容に、周期性のない不連続な変化（揺らぎ）を有するエコトーン」としている。また、場合によっては必ずしも無機的空間単位であるジオトープに限定されるのではなく、森林（または一本の樹）などの擬似的ジオトープにおいても適用でき、生物群集のあらゆる尺度でも幅広く応用可能な概念であると考えている。そのエコトーンについても、従来からの水平方向の広がりのみでなく、たとえば階層構造をもつ森林を地面と大気との垂直方向に幅をもった接触面と捉えれば、これも一種のエコトーンであると考えられる。このような概念の拡張と普遍化は、注意すべき事柄であることは充分に承知しているが、フラクタルを扱う場合、どうしても必要となる場合が出てくる。フラクタルについては、次に述べることとする。

5．フラクタルを理解する物理学の寄り道

　ガラスコップにお湯をそそぎ込み放置すると、やがて熱が冷めて水になる。これは、お湯という熱エネルギーが、それよりも低い温度状態にある空気に逃げたためである。なんとも当たり前のことであるが、この逆、すなわち水を入れたコップに対して、周りの低い温度の空気から熱エネルギーが集められて勝手に沸騰しだす（！）ということは、日常では決して目にすることはない。すなわち、エネルギーは高所から低所へと移動し、不可逆的であることを証明している。物理学では、お湯の状態を熱力学的「ポテンシャル」が高い状態にあると表現し、やがて冷めて水になる状態、すなわち何の反応も起こらなくなった最終地点を「平衡状態」と表現し、さらにお湯から水に変わるまでの経過を「系の進化」と表現する。そして最近では、エネルギーのポテンシャルが極値（もっとも高所と考えられる位置）にある状態を、系の進化に「アトラクター」として働いている、という表現が使われる。アトラクターには引きつけるという意味があり、平衡状態へと引き寄せる要因そのものを表現するために用いられる。お湯が冷めて水になるような反応は、たとえば漏斗の底に向かって転がり落ちてゆくボールと同様、最終的には一つの固定された点で平衡状態になることから「固定点アトラクター」が働いていると表現される。このほかアトラクターには、系の進化の最終段階で止まりかかったコマのようにぐるぐると回転することで平衡状態となる「リミットサイクルアトラクター」があることが知られている。これは、原子核の周りを回る電子の運動、地球のや自転・公転（これが昼夜と四季をもたらしている！）などに働いている周期的な性格（回転のほかに反復も含まれる）を持ったアトラクターとされる。そして近年、さらにもう一つの奇妙なアトラクターが発見された（図7-8）。

　1971年、お風呂場の水道の蛇口をゆっくりと全開にしたら、流れ出る水が最初はスムーズに流れていたのに、やがて乱れた複雑な流れに変化したのをみて、この時にいったい何が起こったのかを知りたいと考えた人がいた。ダヴィッド・リュエ

図7-8　固定点アトラクターとストレンジアトラクター

ルとフローリス・ターケンスのこの研究のアブストラクトには「散逸系における乱れと、それに関係した現象の発生のメカニズムについて」と表記されているが、彼らが得た結論は、われわれにも身近な樹の形や雲、海岸線といった自然界の複雑な形状をもたらすアトラクターの存在を明らかにした。

お風呂場の水道の蛇口を強くひねると、ほとばしり出る勢いに乗って細かく枝分かれした水滴が飛散する。やがて水滴の群は風呂桶の底に当たって消失するが、もし風呂桶の底が無限に深かったならば、水滴の群はさらに細かな水滴に霧散し、その水滴の軌跡は無限大に複雑となるだろう。これまでに述べたアトラクターとはまったく性格が異なるが、このような複雑化もまた、安定した系の進化の平衡状態を表していると考えられ、ターケンスはこれにストレンジ（奇妙な）アトラクターが働いていると表現した。

ストレンジアトラクターの性格は極めて複雑で

7.2　フラクタルエコトーンと鳥類の生息環境

あるにも関わらず、われわれの身近に様々な例を見いだすことができる。特に自然環境の調査やその復元の難しさを知っている人々にとっては、比較的親近感を覚えるアトラクターであると思われる。それは、このアトラクターの特徴の一つである「初期条件に敏感に反応する」という側面である。ある観測者が、霧散する水道水の軌跡のある途中段階を逆側から眺めたとき、びしょ濡れになるのであるが、濡れながらもその人がある一粒の水滴に着目し、この水滴はどのような条件によって位置や軌跡が決定されているのかと考えたとき、このアトラクターのもつやっかいな性質が顔をのぞかせる。霧散する水滴のある一粒は必ず水道の蛇口という出発点からスタートしたことに違いないのであるが、そのスタート地点における非常に些細なできごと、すなわち蛇口の形状が「真円からややずれて僅かな凸凹があった」とか、さらに「蛇口の金属を構成する原子が出口付近に一個分多く飛び出していた」など、通常では測定不可能な程の極めて微細なできごとが、その後のある水滴の軌跡を決定する重大な要因となるようにアトラクターが作用するため、時間と距離が隔たれば隔たるほど、水滴の位置と蛇口の形状との因果関係を特定することが無限に不可能に近づいてゆく、という性質を持っているのである。

これを猛禽類の生息調査にあてはめて考えるならば、たとえば、たった1例のクマタカが観察された際に、この調査範囲はクマタカの（恒常的な）生息環境なのか、それともたまたま確認されただけなのか、という問いの困難さにも似ている。この場合、現時点で1例のみ確認されたクマタカという観測状態は、霧散する水滴群のある途中段階の一水滴に相当し、この確認された個体の生息環境、言い換えるなら行動圏そのものが蛇口（初期条件）に相当する。われわれはこの問いに対して、

特別に追加調査を実施し、観察例数をできる限り増やすことで蛇口との距離を詰め、ほぼ事実と遜色ないレベルまで行動圏を特定して結論を出すのであるが、厳密な意味において、初期条件（樹の本数レベルで表現されるような行動圏！）にたどり着くことはできない。したがって、樹を一本切ったという微視的な初期条件が、クマタカがいなくなってしまったという巨視的な結果に増幅されて現れる可能性そのものが、ストレンジアトラクターの好例と考えられる。

また、天気予報が、高性能なコンピューターを用いても3日後、4日後と予測日を延長するほど正答率が指数関数的に落ち込むことは、ストレンジアトラクターの代表的な例であるとされている（1963年、天気予報が度々はずれる理由を説明しようとしていた気象学者エドワード・ローレンツが、方程式を用いてシュミレーションするうちに、このアトラクターの存在を発見した。そして彼の方程式に対して特別に敬意を払い、ローレンツアトラクターとも呼ばれる）。そしてこれらはみな、初期条件に極めて敏感に反応するため、因果の筋道は必ずあるはずなのだが、それをたどることは系の進化とともに無限に困難になるというアトラクターの性質によるものである。そして、ストレンジアトラクターのもう一つの特徴は、「系の進化の軌跡はフラクタルである」という側面である。

稲妻の軌跡は、詳細に枝分かれした山間渓谷の流れが徐々に合流して成長し、やがて一本の大きな流れとなって海へ注ぎ込む河の様相とちょうど逆の形をしている。あるいは、一本の幹から自由に分枝してゆくケヤキなどの大樹の樹形をひっくり返した形に相違していると表現してもよい。それはまた、水道の蛇口を強くひねった際に勢いよくほとばしり出る水流の軌跡のようでもある。あるいはその軌跡の途中段階の断面図は、夜空の星の配列のようであり、また雨の日に、車のフロントガラスに付着する水滴の分布のようでもある。

自然界の様々な要素のうち「形」ひとつを取り上げてみても、一見無秩序に見えるなかに、ある共通点があることが見いだされる。それは、星の配列という巨視的なレベルでも、フロントガラスに付着する雨水の分布という微視的なレベルにおいても、「尺度に依存せず（尺度不変）、似たような形が無限に繰り返される（自己相似性）」という性質である。このどのような尺度でも同じ形であるように見える不規則な形の奇妙な幾何学を記述するため、1975年にベノワ・マンデルブロが考案した言葉が「フラクタル」である。

われわれは、空間を記述するのに、線は1次元、面は2次元、立体は3次元であるというふうな整数で記述されるものと教えられてきたが、フラクタルの次元は1と少々、すなわち1.25839…次元というような分数の次元で表される。このことを説明するために、マンデルブロは次のような質問を投げかけた。「イギリスの海岸線の長さはどれくらいあるか？」。海岸沿いの街の間をハヤブサが滑翔するように、直線距離で測れば大ざっぱな数字が得られる。次に、人が渚に沿って歩いた場合は入り江や湾が含まれることになり、海岸線は長くなる。アリが歩行した場合、小石や倒木なども巨大な構造物となり、さらに海岸線は長くなる。最後に、動物性プランクトンが測れば、微細な構造物の凹凸も含まれて海岸線は無限に等しい長さとなるだろう。ここにフラクタルの特徴が明瞭となる。それは、長さの尺度を無限小にとったとき、海岸線の長さは無限になる。にもかかわらず、イギリスの海岸は地球という有限の球面上に収まっている。有限の中に、無限が有るという矛盾、すなわちあらゆる箇所で微分不可能な性質をもつものがフラクタルである。

われわれが普段見ている雲、樹の形、湖岸線の複雑な形は、ストレンジアトラクターの系の進化のある途上の一軌跡であり、その特徴はフラクタルなものであると表現できる。

6．フラクタルエコトーンからみた自然保護の視点

有限の中に無限があるというフラクタルの概念は、生物群集の多様性を考える上で、極めて重要な視点をわれわれに提供してくれる。

すなわち、一定面積の中に生息しうる生物群集の多様さは、エコトーンのフラクタル性が提供する多様なニッチ（生態的地位）と密接な関係があり、先に紹介した琵琶湖における湖岸環境と鳥類の生態がその具体的な例としてあげられる。またそれは、エコトーンの土台となるジオトープの普遍的価値をも示唆している。このエコトーンのフラクタル性を、筆者はフラクタルエコトーンと呼んだのであるが、その概念により導かれる生物多様性保全の価値基準を、琵琶湖の湖岸を例にとって説明すれば、おおむね次のようになる。

それは、極めて長い時間をかけて河の堆積物より形成された湖岸線のもつフラクタルな形状そのものに普遍的な価値を認め、この湖岸の形状を損なわないようにするという点を生物多様性保全の出発点とする、ということである。こうすることで、今まで見過ごされてきた、エコトープを支えるジオトープの形態的な側面の持つ重要な役割そのものが見直されるようになれば、いままでどちらかといえば天然記念物などに代表される注目種の有無によってその地域の自然環境の価値を評価しがちであった視点に対して、一石を投じることができるかもしれないと考えている。

極めて大ざっぱな言い方をすれば、クマタカを意識せずともクマタカを「守ってしまう」ような、大らかな自然の評価概念と表現できようか。「意識せずとも」とはすなわち、生物の多様性の基盤であるフラクタルエコトーンそのものを、いわば一種の注目種のように扱うため、クマタカに代表される生態系の最上位種を含む生物群集（この群集もまたフラクタルである）すべてがその中に含まれてしまうからである。

また、このようにたとえることもできる。猛禽類などの生態系の最上位種は、ストレンジアトラクターの系の進化において、初期条件（その地域特有の生態系の基盤）からもっとも隔たった位置にある存在のため、実際に保全すべき初期条件を分析するにはあまりにもアトラクターの影響を受けすぎた存在であり、極めて困難である。これを避けるために、蛇口である初期条件にできうる限り近づくフラクタルエコトーンという視点が必要なのである。本当にわれわれが守らなければならないのは、その地域特有の生態系の基盤である。これをいかに正確に言い当てられるかを天気予報にたとえれば、フラクタルエコトーンという視点が明日の天気であるならば、生態系の最上位種から見下ろした視点は、1週間後の天気の予測の困難さに似ていると表現できるであろうか。

余談になるが、たとえば猛禽類のみに注目した調査では、その時点で生息が確認されている個体Aに対しては、極めて有効な情報がもたらされるのも確かであるが、そもそもなぜここに生息し得たのか、10年、100年先といった時間の尺度に支配されず、個体ＡＢＣＤ‥‥ではない「種」そのものを誘引せずにはおかない普遍的な生息環境の基盤を見極めるには、保護対策の即効性に優れている現在の方法を尊重しつつも＋αの別の視点、すなわちジオトープのフラクタルな側面をどの程度まで改変（多くは単純化）しようとしているのかを把握する視点も同時に必要であろう。生態系の

最上位種である猛禽類は、生態系の基盤が揺るいだとき真っ先に絶滅へと追いやられてしまう種であることを、われわれは決して忘れてはならない。

次に、代表的なフラクタルエコトーンの例を挙げる。フラクタルエコトーンは、ジオトープのフラクタルな形状を基盤とした比較的巨視的なエコトーンであり、かつ生態的な空間内容に不連続な変化を有するものである。それは、湖岸のほかにも砂嘴(砂州)、干潟、海岸、河岸および河川敷などの主要な水辺、山岳丘陵地の足部(林縁)、谷戸(谷津田)、峡谷、などがあげられよう。これらの環境は、従来から生物の多様性が高い場所として認識されてきたのであるが、ジオトープのもつフラクタルな形状に主眼を置く点がフラクタルエコトーンの概念の特徴であり、この土台さえ消失されなければ、これらをニッチ(生態的地位)とした生態系の存続が保証されるという考えに立脚する。このようにみてくると、護岸やダム、道路建設などの土地利用によって、ありとあらゆる場所においてフラクタルエコトーンが破壊されている現実に気づかれるであろう。凸凹のフラクタルな地形の多くは、人間活動によって直線的な、または微分可能なきれいな曲線に造りかえられてきたことが理解される(**写真7-10**)。裸地が極相林に至るまでにかかる時間よりも、遙かにその形成に時間のかかるジオトープを、いともあっさりとわれわれは改変してきたということがいえる。

このように、生態系の基盤として大きな影響力を持つ地形のフラクタルさが破壊される、すなわち、ある一定面積の中での多様さの基盤が損なわれたため、巨視的な生物から微視的な生物に至る生物群集の入れ子構造の微少単位に至るまでが連鎖的に消滅してゆくことで、近年のレッドデータ種の急速な増加を招いたという筆者の予測は、あながち外れてはいないと思うのだが。

次に、フラクタルエコトーンの復元の可能性について述べる。種の絶滅は、決して人間の手で取り戻すことはできないが、ジオトープは地形であり、何とかすればその模造品を創出できる可能性

写真7-10　直線的な人工湖岸 (1985年)

がある点が、唯一の救いである。フラクタルは、フラクタル次元によって定量的に測定できる。フラクタル次元は、平面の場合1と2の間、立体の場合2と3の間において、それぞれ小数で表記される。平面の場合、2に限りなく近い数値ほど次元が高く、立体の場合は3に限りなく近い数値ほど次元が高くなる。しかし、自然界の湖岸線などのフラクタル次元は、様々なアルゴリズムを経て成り立っており、その結果必ずしもフラクタル次元の高いものばかりとは限らないものも多く、フラクタルエコトーンの復元に応用する場合、単にフラクタル次元の高い形状のものを作り出せばよいというほど単純なものではない点に注意すべきである。それよりも、フラクタルエコトーンが消失する以前のその地域の「古地図」、すなわち潜在的なジオトープの情報があれば、これを用いてフラクタル次元を解析し、なるべくその場所にふさわしい形状を細心の注意をもって創出することが大切である。要するに、数式のみをこねくり回して疑似地形を作り出すのではなく、すでにある自然から法則を導き出すという姿勢が重要である。

実際、フラクタルな形状をシュミレーションするのは、ＳＦ映画の背景などにも使用されているフラクタルアートなどの例のように、極めて簡単である。しかし、それをもってエコトーンが再生するかどうかには、何の保証もないのである。数式のみからの発想もまた、式に代入する数値のほんの少しの差違に敏感に反応するという、ストレンジアトラクターの影響を強く受けるということである。

ダム湖の湖岸は既存の地形に基づくフラクタルな形状を持っているが、生態系は貧弱そのものである。こういった危険な落とし穴が潜んでいるのである。いや、落とし穴というよりも、フラクタル幾何学という数学上の砂漠の中において、フラクタルエコトーンという奇跡的なオアシスを人工的に見つけだすことは、やはり容易ではないものと思われる。一度失った自然を再生するには、どのような学術分野においても安直な道は無いと覚悟すべきであろう。何をするにも「自然から学ぶ」という謙虚な姿勢を基本としなければならない。そのような意味において、フラクタルだけでなく、河川工学などの諸分野と連携をとった学際的な研究が必要なのは言うまでもない。そして無論、単に地形を復活させるだけでは疑似フラクタルジオトープのままにとどまるので、その後の遷移(エコトーンの自然形成)を考慮した、たとえば潜在自然植生にそった植生の復元を計画の中に同時に盛り込むことは、無論、忘れてはならない。

この意味において、杉山氏の提唱されているビオトープの形態学(杉山、1995)には、筆者も大変影響を受けた部分の多い文献でる。それには、具体的な環境の物理的構造の分類が体系的に示されており、動植物とフラクタルとの具体的な橋渡しとなる核心的な部分について詳細な記述があり、このような文献を大いに研究の中に取り入れられるべきであろう。

そこで、筆者が思うに現在危機的な状況にあるフラクタルエコトーンは、「水辺」と「谷津田」の2種類である。北海道の道東地方にみられる風蓮湖や辺寒別牛川などの湿地群、谷津田などの伝統的技術の中でゆっくりと熟成された農村環境は、フラクタルエコトーンの好例であるばかりでなく、その形状と生物群集の多様生とを結びつける、われわれの知らない「情報」が隠されているのである。その学術的価値は、遺伝子レベルの情報に決して勝るとも劣るものではないであろう。これらの際だった事例は、そのままの形で後生に伝えたいものである。

7．日本人と自然

　能楽師の観世寿夫は次のように述べている。「日本の場合はあらゆる文化の中で自然の捉え方、自然との関わり合いの問題がたいへん大きい。能に顕れる自然観にしても、人間と対抗する自然というものではない。〈自然〉ということばは、中世では〈フト〉という意味に使われていた。〈自然（フト）何とかしたときに来てください〉と謂うように用いられる。随って自然というものは人間と対立するものとしてあるのではなく、何かのときにフト出偶うもので、それが音と音との間（余白）というような把えかたに、考え方として影響しているのだろう。そして、日本文化の根底にある無常観と謂うものは諦めの思念ではなく、ただ一刻も同じではありえない変転する自然（時空）にたいして、フト出会う人間の生（人生）を、積極的に肯定する思想なのだ。（武満、1980）」。話の節々に、ストレンジアトラクターを肯定するような内容が感じられるのは筆者だけではあるまい。

　滝の音を背景に吹く能管の調べと、既存の地形を尊重して形づくられる谷津田や棚田は、既にあるものにたいして「すこしおじゃまさせていただきます」という謙虚な姿勢を保ちながら、実際にはうまい具合に相乗効果を導き出すことに成功しているという点で、見事である。この場合、滝の音や自然地形は西洋的な発想からいえば単なるノイズ（雑音）であり、近代の日本は効率化のためにあらゆるノイズを取り除くように、世界の隅々にまで働きかけてきたと考えられる。言い方を変えれば、ノイズを肯定する積極的な理由が見つからなかったため、意に反して否定せざるを得なかったのかもしれない。しかし今日、奇しくもその西洋科学から「フラクタル」という形でノイズが復権を果たしつつあるのは、なんとも複雑な気分である。

　農村の景観を俯瞰したときに見られる、集落、耕作地、雑木林の織りなすフラクタルな様相は、既存の地形を尊重することで生み出された、人が作り出したフラクタルエコトーンといえる。われわれの長い歴史の中でゆっくりと育て上げられてきた伝統技術の中に、自ずとフラクタルを尊重するような要素が備わっていることが実感される。また、人と自然の合理的な調和のありかたのすべてが集約されているようにも思われる。また近年の例では、尾瀬沼の木道の自動車道路版といった趣をもつ一部のエコロードなどは、極力ジオトープの改変の度合いを抑える技法という点でも注目される。

　遷移に任せ、潜在的な自然が復元する様は、たとえば大怪我をした人が、その後のリハビリによって元の健康な状態を取り戻す様に似ている。しかし、楽器の演奏者やスポーツマンは、めざす自分の目標にむけて訓練することで、自らの体をそれにもっとも適したものとなるよう努力をする。むろんその訓練が度を超えれば、健康を害するだけなのだが、優れた人は自分の体（自然）の状態と対話しながら、ゆっくりゆっくりと体をつくっていく。その結果、自らの意志も達成することができるのである。それはまさに、農村という伝統的土地改良法やエコロードにも当てはまるのではなかろうか。

　北海道道東の、風蓮湖の湖畔に立って目にする広大な風景の美しさ。強弱自在なるそのキタヨシの野を渡る風、遙か対岸からこだまするタンチョウの呼び声、湖面に映える緋色の朝焼け。筆者が目の当たりにしたこれらの世界のただ中に、ややこしい理論抜きに、われわれ人間もこの流れの中にあり、それらを何か体現できる可能性があるのだということを感じさせてくれるようであ

図7-9 マンデルブロート集合の部分拡大
(描画：日高清代志氏作成ソフト「Mandel (1998, ver1.0)」(http://www.people.or.jp/~hidaka/) による)

写真7-11 かつての琵琶湖の湖岸部のようす (1985年)

る。自然の大切さとは、むしろこういった部分に原点がある。色彩・音・温度、その他諸々、五感を通じて知覚される尺度不変の世界の有様そのものが、人生を豊にするヒントなのであり、かつては日常生活の中で分け隔てなく享受することをわれわれはできたのである。しかし近年、都市部の多くの子どもたちの日常から、これらの自由が奪われてしまったのだとすれば、その責任はとても重大なものであるといえるだろう。子どもによる凶悪な犯罪の増加は、その詳細については解らぬまでも、人生という有限の中に、無限の可能性があることを理解しえないことが、ストレートに狂気となって立ち現れているような気がするのである。

繰り返すが、フラクタルとは有限の中に無限があるという自然の本質の一つの現れである。フラクタル幾何学という数学上の砂漠の中において、フラクタルエコトーンという奇跡的なオアシスを見つけだすことは容易ではないと前述したが、図7-9に示されるようなマンデルブロート集合（フラクタル幾何学の提唱者、ベノワ・マンデルブロが発見した複素数の集合）の微細なフラクタルの入り江の中に、ふと懐かしい形状を想起することがある（写真7-11）。この入り江を見て「このような湖岸の形状を持つ山地の溜池であれば、冬にオシドリが越冬するであろう」とか、「これが急峻な河川上流部の谷であれば、営巣可能な巨木と餌条件さえととのえば、クマタカがやって来るかもしれない」と、地図情報のみから鳥類相を予想したごとく、想像もするのである。

8．まとめ

無機的環境の形状と生態系の多様さの関係については、これまで経験的（直線的な形状は生物に好ましくないなど）には理解されてきたのであるが、入り組んだり出っ張ったりという自然の形状の客観的な根拠については、以外に希薄であったように思われる。コップにそそがれた湯が、やがて冷めて水になるという自然現象と同等な、強固で普遍的な自然界の法則について、まだ充分に浸透していないという判断から、フラクタルについて少し長く触れた。

また、琵琶湖南湖東岸一帯での鳥類調査の結果から、フラクタルな湖岸線の形状に応じてエコトーンの内容が無段階に変化することによって生み出される多様なニッチが、湖岸の鳥類相の豊かさの基盤になっていることを突きとめ、このようなジオトープの形状に起因するエコトーンの変化を、フラクタルエコトーンと名づけた。しかし、フラクタルを用いた具体的な自然環境の復元については、今回は概念とアイディアの提示にとどまった。今後、諸分野にまたがった学際的な研究によって、自然環境の評価・復元の双方において、より普遍的・包括的な方法が確立されることを望む。

引用文献

杉山恵一（1995）：ビオトープの形態学、環境の物理的構造,朝倉書店．
横山秀司（1995）：景観生態学、古今書院．
Coveney Peter・Highfield Roger・野本陽代 訳（1990）：The Arrow of Time、時間の矢生命の矢、草思社．
Stewart Ian・須田不二夫・三村和夫 訳（1992）：Dose God Play Dice?、カオス的世界像、白揚社．
Blab Josef（1997）：ビオトープの基礎知識、pp.71、(財)日本生態系協会．
清水哲也（1999）：湖岸環境と鳥類の生態、非売品．
武満 徹（1980）：音楽の余白から、能と無常、pp.64-66、新潮社．

8章　農村の未来像

千賀　裕太郎

1．N町での生活日誌：2020年7月某日

　N町は、人口約7,000人の美しい農村である。東西に細長い町の中央を、ヤマメ、イワナの宝庫といわれる清流が流れている。町域の60％が林地で、他の大半は水田と畑である。茅葺き屋根の大型の建物と、瀟洒な木組みを切妻に浮きだたせた独特のデザインの民家が集落を形成している。集落は表を石積の畔が独特の景観を見せる水田に、背を竹や雑木の山に面して、秩序ある落ち着いたたたずまいを見せている。山野辺の道ではサイクリングや乗馬の姿がよく見られる。猛禽類の雄飛する里山に夕方ともなればヒグラシがこだまし、銀ヤンマが里山と田や池との間を巡回している。山の奥にはツキノワグマも生息する。過去最高の人口を記録したのが1963年の9,500人。以後減り続けたが1995年から横ばい、2005年からライフスタイルの変化により自然との共生を求めて移住してくる人や、Uターンしてくる人などによって微増となっている。

　A氏40歳、当町に12年程前に妻と移住してきた雑誌編集者で、自然の豊かな農村地域でゆとりのある生活をしたい、とりわけ子どもをスクスク育てたい、というのが来村の理由である。早朝5時半起床、洗面をすませて家の前の畑に出る。トマト、ピーマン、キュウリでカゴが一杯になる。なお、昨朝は長男と近くで渓流釣りを楽しんだ。二人でヤマメが16匹釣れた。

　朝食は、とれたての野菜・果物に、この村の有機米にモチアワとアズキを混ぜた雑穀米、それにやはり地元の味噌に自家製の野菜をいれたみそ汁に小魚と漬物。食後は9時までゆっくりと音楽を聴きながら、ニュースをパソコン兼用のテレビ画面に映して読む。

　9時にはE-mailに仕事の指示が入る。A氏の出版企画と編集の仕事は、いわゆるSOHO（スモールオフィス・ホームオフィス）方式だから、会社への通勤は月に2～3度でよい。ほとんどの仕事はメールでこなせるようにしたからである。就職当初に味わった通勤地獄はこの町にはない。

　夕方4時からは、地域のクラブ活動が始まる。この町に球技、ポニー乗馬、園芸、手品、絵画、音楽など15のクラブがあり、体育系と文科系の複数のクラブに属す人も少なくない。実は5年前に抜本的な教育改革があって、小・中・高等学校とも3時には下校するようになった。子育ては学校を含む地域全体で、という趣旨からである。このため、地域の各クラブには子どもから老人までが集う。A氏はスキー・テニス部（夏テニス、冬スキー）と太鼓部に所属。6時までたっぷり2時間テニスで汗をかき、シャワーの後、3カ月に一回の例会に参加。地ビールに天然のヤマメの塩焼き、地元産の手作りハム、ウドやイタドリの酢味噌和えなどをつまんで歓談。余興に自慢の太鼓を披露。

8章　農村の未来像

8時帰宅。A氏は、同町の町づくり委員会の座長でもある。月に1～2度は、他地域からの視察者につきあって説明会や交流会に顔を出す。

長男a君（10歳）は小学校4年生。6時起床。洗面ももどかしく、共同草地のポニーのもとへ。餌と水を与え、ブラッシングして一旦帰宅。家族で朝食をとって7時20分にポニーに跨がって仲間と登校。住宅地から学校まで馬道が通じていて、車道を横切ることがない。道の脇にはせせらぎが流れ、多くは林間の涼しい道だ。約30分の道程をおしゃべりしながらゆっくりと進む。

2時半にポニーで下校。集落の外れを流れる川のそばで、仲間たちと秘密基地づくり。5年生のガキ大将を先頭に、木の枝や麦藁等を組み合わせて、子どもが5人くらいは入れる小屋を建設中。水田もよく遊びの場になる。ナマズ、ドジョウ、タニシ、タイコウチ等を捕まえるのである。身体が冷えれば田の泥の中に寝そべり、暑くなれば川に飛び込む。4時半からサッカーのクラブ活動に参加。元一部リーグ選手が同じクラブの監督兼キャプテンなので、クラブ員の上達も早い。大人とも一緒のクラブだ。

夕食前に、翌朝のカブトムシ捕獲の準備に裏山のクヌギの幹に蜂蜜を塗る。今日は父がクラブの例会で不在なので、母（38歳）と妹（7歳）と三人で、山菜と地鶏料理を中心とした夕食。サッカークラブ終了間際に、水田地帯から山の森に向かって移動する赤トンボの大群に包まれたことを家族に報告。地面近くから杉のこずえのあたりまで、夕陽を羽にキラキラ反射させ、さわさわと羽音を聞かせながら動く赤トンボの大群のなかにしばらく身を置いていた感動を、a君は生涯忘れないだろう。

B子さん（A氏の妻、38歳、作業療法士）、6時起床。地鶏の餌やり、卵の収穫のあと朝食準備。

8時半に自転車で介護保険センターへ。午前中は、特別養護老人ホームのリハビリ指導、午後は各集落にあるデイケアーセンター兼介護ホームで、遊びを交えたリハビリ指導。B子さんは園芸療法士と乗馬療法士の資格もある。この日はアルツハイマー症の老人たちにハーブを育てながらのセラピーを実施。老人ホームにはポニーも飼っているので、週に2回はホースセラピーも実施する。4時からは、B子さんもクラブ活動に参加。B子さんは園芸クラブに属し、町中を花一杯にする運動を推進している。今日はクラブ員がつくった花の苗を分けて各集落に配布。明後日には、各集落の公共施設の前は花で一杯になるだろう。5年前からの園芸クラブの活動によって、ほとんどの家の垣根や窓やベランダに、外に向かって花が飾られるようになり、町の雰囲気がとても明るくなった。

夕食後、8時過ぎに皆で近くの池へ涼みに。蛍の群れがリズミカルに光の点滅を繰り返している。今夜は新月なので闇が濃く、蛍の舞いが一段と美しい。

2．岐路に立つ地域社会―あたりまえの農村像

2020年におけるA氏の家族の生活日誌は、筆者が理想とする一つの生活像であるが、"春の小川"、"ふるさと"、"メダカの学校"などの児童唱歌に謳われていたように、その大部分は1950年代までなら、どこの地域でも普通に見られたものである。ごく普通の村の風景とそこでの人の営み、それがいわゆる高度成長期を境に次々に姿を消していったのである。

20世紀の後半に、都会に人が著しく集中し、都市周辺の農村が都市化し、逆に中山間地域農村が過疎化していった。その結果として、住みやすい地域社会ができたかといえば、どこにもそうした

場所はできなかった。たしかに、生産の現場で機械化や情報化が進んで苛酷な労働は減少した。地域間の移動時間は新幹線や高速道路が整備されて縮小し、情報アクセスも格段に整備された。生活や生産の場での衛生面には長足の進歩があり、医学や医療技術の発達もあって国民男女の寿命も延びた。しかし不思議なことに、人々の間に"幸福"感は生まれなかった。むしろ言い知れぬ不安感が募るようになった。水と空気の汚染、地球の温暖化、降雨パターンの変化、紫外線量の増大、環境ホルモンによる生物のメス化、アトピー性皮膚炎や花粉症の激増等、地球環境悪化は容易に身の回りに感じられる段階に達した。そればかりか、子どもの自殺や殺人といった、これまでにない社会病理も出現し始めた。子どもらの通う学校は"いじめ"から"学級崩壊"にまで荒廃がすすみ、17歳付近で大人への階段を踏み越えられずに犯罪にいたる子どもが増えた。こうした状況を目の当たりにして、多くの若い父母が子育てに悩み焦っている。人間の内なる自然が汚染され、人間社会を再生産するメカニズムに破綻が生じ始めているのである。

"地球環境汚染"と聞くと、テレビで見る北極やアフリカの遠いかなたの出来事に思ってしまう。しかし、当然ながら地球は地域によって構成されている。地球の病理は地域社会の病理なのである。

21世紀を迎えた今、いわば山岳登山で言う"分水嶺"を歩行中のところ、日本社会はあらゆる面で岐路に差しかかっていると人々は感じている。豊かさを実感できる地域社会の建設か、このまま決定的な破局を迎えるのか。おそらく、ここ5～10年が21世紀の地域・地球の在り方を左右することになろう。

こうした状況のなか、前節で語られた"あたりまえの農村像"を求めることは、実現不可能な単なるノスタルジアに過ぎないのであろうか。筆者は、そうは思っていない。近い将来に充分に実現可能な夢だと思っている。もちろん、単純に昔に戻ることではない。20世紀に人類が勝ちとった各分野での進歩を踏まえて、これを再吟味して、しっかりと基礎に据えて先に進むことである。

こうした農村の具体的なビジョンを地域で掲げて、もてる力を集中すれば、5～10年で明らかに"美しい村"の未来像が見えてくるはずである。そのためになすべきことを次に述べてみよう。

3．美しい村の条件－生態系と地域文化の健全性

都市空間と比べて本来の農村空間がもっている特質は、その健全性であろうと思う。美しい村の景観は、空間のもつ健全性によって裏打ちされている（写真8-1）。

まず第一に、地域生態系の健全性である。地域の自然地理的条件をベースにして、自然と人間が持続的に共生しうる土地利用が保全されていることが、農村地域の生態系の健全性の基礎となる。この場合の土地利用とは、林地、農地、宅地等の単なる利用種目により構成される概念ではなく、農法や生産基盤の在り方、さらには住民のライフスタイルといった利用行為の作法をも含意する。

農村では本来、各種の空間が人間と自然の共生を保証する多面的機能空間として存在するところに大きな特徴がある。たとえば、農村内を流れる人工の水路であれば、主目的は生産（水田灌漑）のためであっても、用水が集落の居住区域を通過するとき、飲用・家事用水、防火用水、融雪用水などの生活用水として利用されるほか、庭への引水や子どもの遊び場、カワエビやメダカ、トンボやカゲロウ等の野生動植物のためのビオトープ用水

189

8章 農村の未来像

写真8-1 わが国独特の農村景観 (提供：秋山恵二朗)

としても機能してきた(写真8-2)。とりわけ伝統的農法が展開されていた1960年代までは、近代的な圃場整備や灌漑排水事業が実施される以前の水田地帯であれば、水田と用水路は自然河川と連結していて、ドジョウやナマズ等のビオトープネットワークとして健全な生態系を維持してきたのである。農村に住む人々は永く、水路や水田から魚類や甲殻類を獲得してタンパク源としてきた。充分な大きさのある里山の林からはキノコや果実を採取し、ウサギや猪狩りなどを行って、自然からの恵みを巧みに得ていたのである。

こうした人と自然との共生空間としての地域生態系が、農村部で不健全化した原因はいくつかあるが、農業内部の要因としては、農薬や化学肥料を使用する近代農法の展開と農業基盤整備が大きい。農薬使用や農業基盤整備の導入は、農業生産方式の合理化にとって不可欠のものとみなされた。農薬の多用はビオトープ劣化の化学的原因となり、農業基盤整備の展開はビオトープ破壊の物理的原因となり、地域生態系は全面的に不健全化したのである。

したがって、美しい農村を取り戻すためには、少なくとも、現代の化学物資依存の慣行農法と、

写真8-2 子どもにとっては貴重な体験となる川遊び (提供：村上 敏)

農業基盤整備の在り方の見直しが不可欠である。特に、農業基盤整備の在り方の見直しについては項を改めて論ずる。

第二に地域文化の健全性が農村空間の美しさに反映していることである(写真8-3)。日本の農村の多くは、長い歴史を経て豊かな伝統と文化を育んできた。自然地理的条件を巧みにとらえ、自然と共生する生産と生活の在り方を追求するなかから、地域独自の空間や家屋のデザインを発達させてきた。茅葺き屋根の民家、石州瓦に切妻白壁の民家、白い漆喰と黒い窓枠の蔵造りなど、伝統的家屋のデザインは地域個性の優れた表現である。建物の基礎工や水田の畦の石積や石組みにも地域

写真8-3 伝統的なたたずまいをみせる茅葺き屋根の民家

によって独特のものがある。河川に設置されている取水堰や床止め堰、堤防や遊水池の形状にも、伝統河川工法のもつ独特の工夫が読み取れるのである。

こうした空間に刻まれた文化的な地域の個性は、農村景観の個性美を構成する重要な要素なのである。

しかしながら、こうした文化的価値をもつ空間は、高度成長期の効率優先の価値観を許容するものとはならず、狭義の快適性や利便性、短期的一面的な生産効率の追求のなか、その価値を正当に評価されずに消滅させられていったのである。代わりに出現したのは、単機能追求型の陳腐な空間デザインであり、工業製品を素材とする画一的で、かつ無秩序で没個性的な地域景観の出現である。したがって、前述したような美しい村をつくりだすには、空間の文化的価値の再認識のもと、地域空間のデザイニングがあらためて必要である。

4．地域ビジョンの策定とソフト施策―N町の場合

実はN町でも、1980年代に農業基盤整備が実施され、用水路は3面コンクリート張りの構造となった。人手不足と市場の要求から、化学肥料・農薬多投の農法が全面的に展開していた。茅葺き屋根の民家は次々に新建材の住宅に変わっていった。N町が再び、前述したような美しく住みやすい農村となるには、どのような課題をどのように解決してゆかねばならなかったのであろうか。

美しい村づくりに取り組むに当たって、同町の行政と議会では、"住民による住民のためのまちづくり"をモットーにすることとした。しかし2001年時点で、こうしたまちづくりに成功している事例は多くなく、次の4点の懸念があるとした。第一は、住民が本当に参加してくるだろうか、ということである。昔に比べて地域への関心や愛着は薄れていると考えられるからである。第二に、合意形成は可能であるか、ということである。職業や生活スタイルが著しく多様化し、したがってまた価値観も多様化していることに加えて、どちらかといえば個人主義化してきている住民が、自ら合意を形成できるだろうかという疑問である。第三に、よい成果が得られるか、ということである。技術やセンスに優れた専門家に任せた方が速くよい成果が得られるのではないか、ということである。第四は、ビオトープを含むできあがった共同空間や施設の維持管理は適切に行われるだろうか、ということである。20世紀の後半にも"農村公園"なるものが補助事業で各地に建設されたが、維持管理が不充分なところが多い。また、水路を再び土や石積の構造にすれば、維持管理はコンクリートよりもはるかに大変になる。

こうした不安を解決できる手法として2001年

からN町は、"グラウンドワーク型町づくり"を選んだ。グラウンドワーク型町づくりとは、住民、企業、行政のパートナーシップを運動の主体と位置づけ、専門家の持続的な支援のもと、身近な地域環境改善に実践的に取り組むことを中心にして、様々なものが地域課題を複合させて解決して行くプロセスの追求を特徴とするものである。

1）ビジョン策定に向けて委員会の発足

地域を構成するすべての主体が、地域の将来像（ビジョン）を共有しなければならない。そこで15ある各集落ごとに「むらづくり委員会」が設けられ、それぞれの委員会から代表2名づつと、町会議員、商工会、農協、土地改良区、その他各種住民団体等から選ばれた委員およびグラウンドワーク専門家を含む学識経験者からなる「N町まちづくり委員会」が設けられた。

20世紀のこれまでの地域計画では、住民参加といっても、"何が不足しているのか"、"どんな施策を要求するか"といった施策課題での住民からの意見聴取が一般的だった。N町では、グラウンドワーク専門家としてこの町に一貫してかかわっているS氏の助言を容れて、ライフスタイルやワークスタイルのイメージを共有することから論議を始めた。各集落のまちづくり委員会ではまず、この地域で、①どんな暮らしがしたいのか、②どんな仕事をしたいのか、③どんな子育てをしたいのか、を徹底論議して大きな共通の地域イメージを共有したうえで、④そのためにどんな地域資源を活かせるのか、⑤今不足していて取り入れるべき施策はなにか、が話し合われた。グラウンドワークでは、合意形成の手法としてワークショップを重視する。5〜6人ずつのグループに分かれて、積極的に意見を述べ合い、これを模造紙に書き出していって、普段はそれぞれの心の中に隠れ

写真8-4　子供達が作成した地域の自然地図
（提供：秋山恵二朗）

ている価値観や希望を明示できるようにする。さらに、ワークショップでは、皆で地形図をもって町内を巡回し、美しい場所、問題のある箇所、散歩や道草のコース、昔よく遊んだ場所、子どもに残してやりたいビオトープ、乗馬のコースとしてふさわしいルート等、思い思いに図面に書き込み、これを会議室に持ち寄って論議しながら、共通の図面を作成して行く、いわゆる"点検地図づくり"を行った（写真8-4）。

こうした共同作業と並行して、専門家による外国や国内の他地区の事例紹介や、地域生態系や地域の伝統文化に関する学習会を重ねた。

10カ月ほど経て、集落でのワークショップが一定程度の段階に達し、それぞれの将来の生活上、職業上のビジョンを描き始めたことを確認して、全町レベルのまちづくり委員会が発足した。ここでは、集落レベルの論議を持ち寄るとともに、全町民が共有できるビジョンの策定論議が活発に行われた。

2）ライフスタイル計画：どんな生活がしたいのか

ここで重要なことは、"大規模なレジャーランドの建設"という具体的なハード事業による"経

済発展"であるとか、"安全で明るく豊かな町へ"といった抽象的なスローガンではなく、一人一人の具体的なライフスタイルのイメージの積み上げによって、ビジョンを構成させたことである。"子どもがポニーで登下校する町"もその象徴的なものの一つである。価値観が多様化していている社会であるとは言われているが、同じ地域に住んでいる人達の間には、論議しているとおのずと共通点が出てくるものである。この結果、1年半後には前項で述べられたような、ライフスタイルのイメージがビジョンの根幹に据えられた。行政施策の論議では、往々にして縦割りの個別の事業種目が一人歩きし、この枠を超えた施策の論議になりにくい。しかし、生活者の視点からは、空間は"縦割りに"はなっていない。ライフスタイルの共通イメージがビジョンの根幹に据えられると、"縦割り"の施策の限界をこえて、地域での総合的な予算・事業運用が求められることになり、N町の行政マンはこのことをよくわきまえて、主体的、弾力的に予算の配分を等を行った。

3) 産業経済計画：どんな仕事がしたいのか

各人のライフスタイルのイメージが明らかになってくると、それに応じた家計収入計画が策定できるようになる。N氏のように、畑で自家製の野菜をつくることがライフスタイルの中に位置づけられれば、野菜購入のための予算は減額できる。これまで、いわゆる"自給自足経済"には発展から取り残されたイメージが付きまとっていた。しかし、たとえば野菜や魚は、都会の家庭経済では"買わなければ生きて行けない"のであり、逆に農村では野菜や魚を"買わないことで、より豊かな生活ができる"のであることに住民たちは気づいていった。農村は、自然とその自然に依拠して祖先が営々としそ築きあげ維持してきた基盤から

なる"ストック"が存在していて、これを再評価して活用することで金銭の"フロー"を小さくすることができ、その分だけ名目上の"家計所得"の必要額を低くおさえることができるのである。そうすれば、労働時間とワークスタイルが根本的に変わってくる。野菜や魚を自給調達することは、N氏の家族にとっては労働以上に遊びであると感じているのである。

こうした論議を通じて、ワークスタイルについても住民各自のイメージはしだいに鮮明になっていった。90％の世帯が兼業農家で、その本業は近隣の都市での多様な職場での仕事である。ビジョンを論議するなかで、"大型機械を運転して村中の農地を耕してまわりたい"、"馬やポニーを都会の人と一緒に育てて楽しむ仕事をしたい"、"自分は本当は果樹を専業にやりたい"、"実は民宿をして都会の人との交流を仕事にしたい"、"地域の伝統食を現代風にアレンジして「おふくろ食堂」を始めたい"、"おいしいコーヒーが飲める喫茶店を町立美術館に併設して経営したい"、"ブナ林を中心としてエコツーリズムを始めてみたい"等の本音が出てくる。こうした欲求を各自がそれぞれ胸のうちに秘めていても、実現は頭から無理と考えていたために、口にしにくかったのだ。しかし、地域内で新たな経済活動をしたいという個々の住民の要求を、全体としてどのようにして実現して行くかを論議していくなかで、住民たちは希望を口にするようになっていったのである。町づくりは人づくりといわれるが、中心的存在として町づくりをリードしていくのは、町内でこうした活動の場をつくりたいと考えている若い人なのだ。一人一人の要求の実現を町会体が支援するなかで、町内の人々の信頼関係が打ち立てられ、多くの違ったキャラクターのリーダーが育ち、それぞれのプロが育っていった。

8章　農村の未来像

　N町の経済は米と畜産を主とする農業であるが、自由化の影響で米も、野菜も、酪農・畜産も、売上が低下しつつある。N町でのビジョンの論議の中で、多様な職業機会を創設しつつ、農業振興については有機農業の推進、地域農業の組織化、加工部門の充実、都市の消費者との密接な連携の3本柱で乗り切ろう、ということになった。

4）子育て計画：どのように、どのような子どもを育てたいのか

　子育ての在り方についての論議を、N町のリーダーたちは、まちづくり委員会のなかで積極的に仕掛けていった。農村部から去る若い世帯も、逆に農村部にU.I.J.ターンしてくる世帯も、いずれも教育問題をもっとも重視する傾向があるからである。とりわけ、幼・少年期をN町で過ごすことの意義を徹底的に論議した。このなかで、育児・教育空間としてのN町は、潜在的にきわめて高い資源を有していることを確認した。同時に、現在のN町の状況は、その可能性を充分に引き出せていないことも確認した。移入者は、潜在する育児・教育環境に魅力を感じており、逆に移出者は、そこに可能性を見いだせないまま、不安や不満を感じて出て行くのである。

　住民たちは、学習会でグラウンドワークの専門家S氏から、1999年に実施された「子どもの遊びと地域意識」の関係の調査データ（図8-1、図8-2、図8-3）を紹介された。これによれば、少年期の"外での遊び"が現在の大人の子ども時代に比べて格段に減少していることを踏まえたうえで、少年期の"外での遊び"の多少と"地域への愛着"とが強い相関関係を有していること、そしてこの相関関係は大人になっても持続して、"まちづくりへの関心"にまで影響しているらしいというのである。

　教育の論議は、教育委員会、教師、住民、子どもらを巻き込んで、様々な側面から活発に行われた。N町のまちづくり委員会での結論の一つは、"できるだけN町の豊かな自然のなかで、子どもたちを自由に遊ばせよう"ということであった。このために、これまで子どもらから奪われていた"三つの間―空間、時間、仲間"を取り戻していくことを基本方針とした。

　空間については、"子どもビオトープ"を随所につくった。これは野生動植物としての子どもの成長の場となる空間のことである。河川、水路、池、雑木林、原っぱ、単独樹木、そして水田についても、各集落にある無農薬水田のうち、一定面

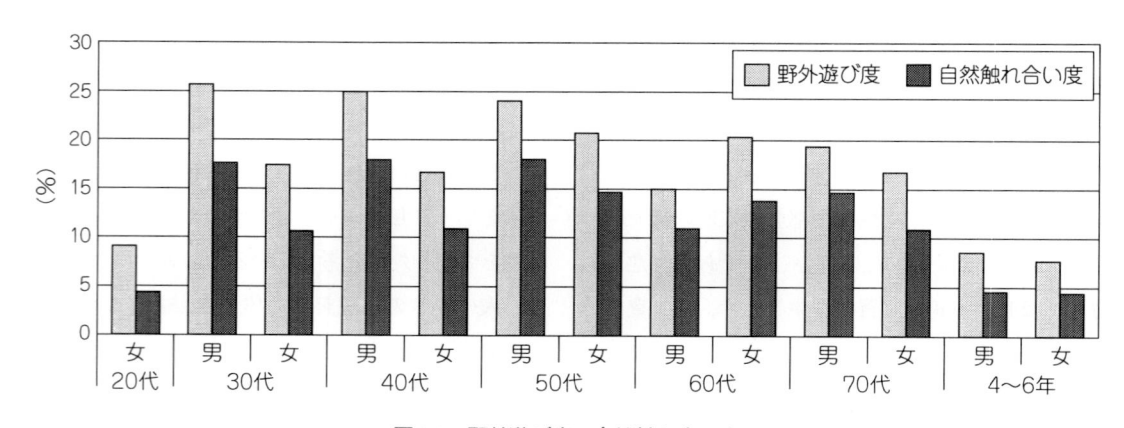

図8-1　野外遊び度、自然触れ合い度

【子供】

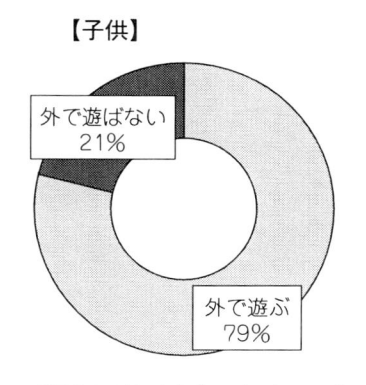

外で遊ばない 21%
外で遊ぶ 79%
「甲良町が好き」というグループ

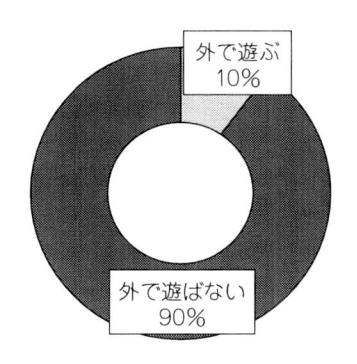

外で遊ぶ 10%
外で遊ばない 90%
「甲良町が好きではない」グループ

図8-2 地域意識と野外での遊びの関係

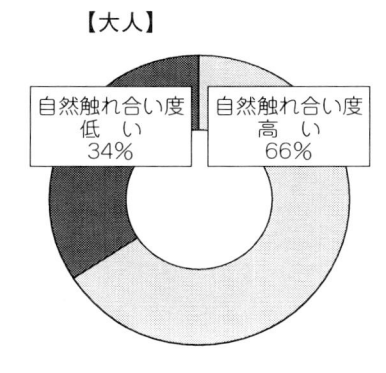

【大人】

自然触れ合い度 低い 34%
自然触れ合い度 高い 66%
町づくりへの関心が高いグループ

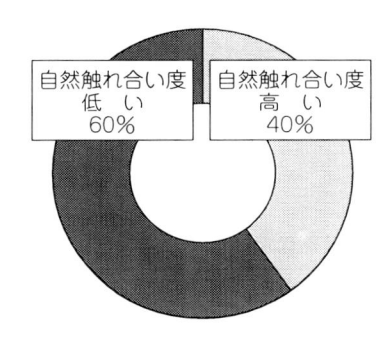

自然触れ合い度 低い 60%
自然触れ合い度 高い 40%
町づくりへの関心が低いグループ

図8-3 地域意識と自然触れ合い度の関係

積はこどもが自由に入って遊べる水田として位置づけた。時間については、学校での時間を大幅に削減し、放課後地域で過ごす時間を保証した。そして下校後、一定時間はまったくフリーの時間とし、次に述べる地域のクラブの開始時間までを、自由遊び時間として設けた。仲間については、空間・時間の保証でかなり解決できるとしつつも、少子化の傾向から仲間となる子どもの絶対数が少なく、また外遊びの文化の伝承も途絶えつつある実態を重視して、子どもから大人まで参加する各種のクラブを各地域または町全体で結成し、これに各人が希望に応じて参加するようにした。その運営には町行政が支援をすることとなった。N町教育委員会では、総合的学習の時間を地域クラブ活動の時間に充当したり、これまで多かった学校行事の時間を削減したりして、指導要領との整合性をとる工夫をした。こうした取り組みに県の教育委員会も興味と理解を示した。N町では学級崩壊はもちろんなかったが、5年後の点検では、むしろ教室内の児童の学習意欲は高くなり、懸念された"学力"の低下もなく、図8-1～図8-3に相当する調査では"外での遊び"をしている子どもや、"N町が好き"という子どもの割合のいずれもきわめて高い評価が得られた。

ポニーでの通学も、N町での教育の一環として重視された。小学校3年生まではスクールバス通学だが、この4年生から中学卒業まで、全児童にポニーがあてがわれ、平均2kmの道程をポニーに乗って通学するようになる。各集落内と学校に共同草地と畜舎があり、子どもたちが共同で飼育する。10年前に始まったこの『ポニー通学の町』や『子どものビオトープ：三つの間づくり』が、N町を予育ての町としての評価を高め、都会から移住してくる家族が急増し、ここ10年間で老齢化率が30％から21％に戻った。

このような教育のなかで、伝統文化および地域農業とのかかわりを一層重視する方策も導入された。N町には各集落に伝統芸能が存続している。これに、学校と地域クラブの両面で接することができるようにしたのである。また自校方式の給食の食材は、可能な限りN町産のものとした。さらに、毎年交替で作目別に農家の農地を"学校農園"として指定し、児童生徒がプロの農家の指導のもと、営農にかかわることができるようにした。この場合、単に農作業への労働参加に止まらず、当該農地の作付け計画や農作業計画、灌水や施肥など作物の生育状況の判断とこれへの適切な対応方針、収穫適期の判断と作業計画、作物をとりまく農地生態系への理解、市場価格情報と販売戦略、産直農家における都市住民との交流など、農家の保持する豊かな自然理解や適切な判断力、消費者や消費地との関係のなかで地域農業のおかれている現状などが、児童生徒に伝達されるような実習となることが期待されている。これは、学校独自が保有する学校農園で、農業の非専門家である教師の指導を受ける以上に、誇り高い農業者の姿、農業の楽しさと厳しさ、そして自然との共生を持続しつつ行う生産活動の奥の深さ等を、五感で感得することができるようになっていき、N町で農業を自分の職業としたい若者がしだいに増える要因の一つになったのである。

5．ビジョン実現のための基盤整備

1）水辺のビオトープネットワークの修復

まず、N町では健全な地域生態系が回復していることである。このための物理的対策の中心は、水辺のビオトープネットワークの修復である。このためには水路の近自然工法による自然復元と、河川・ため池ー水路ー水田のネットワークの再形成が求められる。ただし、いったんコンクリート構造の水路になったものを、土や石構造の水路に戻すことは容易なことではない。工事費を支払ってでも農業用水路をコンクリート構造にしたことには、これを主として利用管理する農家にとって、それなりのインセンティブがあったからである。その第一は、維持管理労力の節減である。土や石構造の水路は堤が崩れやすく、毎年多大な補修労力を必要とするからである。第二は、漏水の防止による水の節約である。土構造の水路は乾くと亀裂が入って、それが漏水の原因となるからである。補修労働はこのためでもある。第三に、土地面積の節約である。土構造に比べてコンクリート構造は、同量の流水をより小さい断面で流すことができるので、水路敷きに必要な土地の節約になる。節約された土地は道路や宅地に転用することができる。こうした三つの節約による効果が、工事費よりも大きいと判断されたから、水路をコンクリート構造にする事業が導入されたのである。農業用水路を利用管理する農家の私経済の範疇からは、確かにこのとおりであるから、水路を土や石の構造にするには、これより強いインセンティブが働かねばならない。その重要な要因は、農家の価値観の変化である。農家が狭義の私経済の追求という視野を広げて、農業用水路の多面的機能の

写真8-5 自然の素材を用いて復元された精進川（札幌）（左が改修前、右が復元後のようす）
（谷田貝ほか、淡水生物の保全生態学、信山社、1999）

重要性に気づき、その確保の必要性を認めるようになることである。こうした農家が増えれば、水辺のビオトープネットワークの復元が地域で進展することになるのである。

渓流に設けられた取水工の改築も実施された。1980年代にここで実施された工事では、堰の上下流をコンクリートの護岸で固めてあり、これが渓流の生態系に影響を与えていた。2010年に岩を用いて生態系の復元工事を実施した結果、堰の渓流生態系への影響は最小限におさえられるようになった（写真8-5、写真8-6）。

2）有機性資源堆肥化と土壌試験室

健全な地域生態系の形成には、化学物質多投の慣行農法から環境保全型農法への転換が不可欠である。そこで、家畜糞尿、家庭生ゴミ、野菜残渣、ワラ、ビール滓等の有機性廃棄物を原料とする堆肥製造システムの建設を行った。計画によれば、町内で発生する有機性廃棄物の量から生産される堆肥の量は、町内農地に施肥できる量よりも30％程多い。システムは順次生産量を増やして行くが、町内還元がしきれない分は、袋詰め堆肥として近くの都市部に販売した。なお、慣行農法から環境保全型農法への移行にあたっては、県農業

写真8-6 その後、本来の景観に戻った
（提供：杉山忠一）

試験所や大学農学部の指導助言を受けるとともに、N町独自に土壌試験室を設けて、毎年各圃場の土壌成分の検査を行っている。

3）生産・生活基盤の整備

農業基盤の整備については、1980年代に実施された圃場整備事業と灌漑排水事業を前提にして、その時代の農地や水路のデザインを見直して、地域の将来イメージにマッチしたものに変えることにした。2010年に土地改良法が改正されて『農村計画法』へと名称が変わり、土地利用の計画・規制制度が整備されたことにより計画づくりへの住民参加が義務づけられ、自然の回復と地域文化の

保全、および農村地域の活性化が農村整備事業の目的に追加された。自然の回復が追加された理由は、環境保全型農法を全面的に展開することになって、土構造の水路や河畔林等の自然が農業生産基盤として再評価されたためであった。自然と農業が対立する概念ではなく、地域で共生するものとして捉えられるようになったのである。

生活基盤整備として重視されたのは下水道であった。清流が本町のもっとも大事な財産であるとの認識から、10年掛りで全町に下水道が整備された。トイレの水洗化によって、孫が夏休みに帰ってくるようになったと多くの住民から喜ばれた。

道路については、単に町を通過するだけの車を町内に入れないようにし、町内の道路を緑豊かで安全な生活道路に変えてゆくと共に、"シャッター通り"といわれて寂れていた商店街の活性化に取り組んだ。

4）馬の遊歩道の整備から乗馬文化と乗馬産業起こしへ

"馬の遊歩道"は、20世紀の日本の農村では考えられなかった「公共施設」であった。しかし、市民の間に乗馬の趣味が多いヨーロッパでは、1980年代にすでに農村整備の種目に数え上げられていたのである。馬などの大型動物との日常的なかかわりにおいては、"遊び"の意味だけでなく"癒し"（セラピー）の効果をも認められることがわかるようになって、日本でも1990年代後半から試みられるようになった。N町でも、まちづくりの一環として、10年前に馬の遊歩道を整備し、これの多面的な機能の発揮を図ることになった。地域と馬とのかかわりの発展は、児童生徒によるポニーでの登下校に始まって、病院や福祉施設でのセラピー、グリーンツーリズムとしての都市住民の乗馬体験、乗馬文化・情報交流、鞍加工や蹄鉄、乗馬服、乗馬靴等の製造販売など、乗馬に関する各種の産業を起こし、さらに教育、文化、観光、福祉、畜産業、工業、商業、情報、交流等、極めて多面的分野に及ぶ可能性を秘めている。

そのためにも、安全でかつ魅力的な乗馬コースの整備が重要であった。飼育場や乗馬広場はもちろんであるが、町中から田園へ、そして林間や水辺、平地とともに傾斜地やラフのコース等、N町の最も魅力的な景観を楽しむことができるコースどりが必要なのである。安全の面からは、やはり自動車の走る道路との交差点である。N町では極力こうした交差点を通らないようにするとともに、3カ所の交差点では、アンダーパスを設けて、立体交差とした。現在N町には、民間経営の乗馬クラブが3カ所、福祉関係の乗馬セラピー施設が2カ所、2小学校と1中学校に小牧場、5集落に共同ポニー飼育施設、全部で馬が約40頭、ポニーが20頭いる。子どもたちは週に1〜2回交替で、ポニーで登下校する態勢がつくられている。

5）建築物のデザインと集落空間の美化

建築物のデザインについての規制条例がN町で導入されたのは2005年である。まちづくり委員会では、村の美しい景観をつくるうえで建築物については、高さや形状を伝統的なデザインに統一することとして規制し、建築素材を地元産にし、また地元の大工さんに設計施工してもらうよう誘導することが決められた。また、街路に面した壁面や路側、角地や公共用施設の前空間に、努めて花や草木を飾る運動を実施した。景観上、ネガティブなものの撤去や改修も条例に基づき積極的に進めた（**写真8-7**）。

当初は"個人の自由の束縛ではないか"と難色を示す住民も、しだいに町の雰囲気が魅力的に

写真8-7　ガレージ上の緑化（提供：杉山恵一）

なってくるにつれて、これを容認し、さらには積極的に参加するようになったという。

6）グランドデザインと土地利用計画

以上のような総合的な街づくりに向けての基盤整備の前提として、将来を見越して統一的な理念とデザインコンセプトに基づくグランドデザインと、これを町全域の秩序ある土地利用として担保するための土地利用計画が策定された。日本での不備が指摘されていた土地利用の計画・規制の制度は、2010年に大改正がなされたとはいえ、2020年の段階でもなお不充分ではあるため、町の条例で町内の土地利用の計画・規制を実施できるようにした。

むすび

筆者は、農村こそが人間活動が豊かに展開できる空間であると考えている。人間は社会的存在である前に、自然的存在である。すなわち、人間は自然との共生空間を構築することなくして、コミュニティを形成できないのではないか。とするならば、その歴史的モデルを農村に求める以外にはないと思うのである。もちろん、農村の空間構造を無批判に受け入れるという訳ではない。現代の科学技術の健全な成果を加味して、新しい農村像をそれぞれの風土に合わせて築いていくことが必要となってくるのではないだろうか。

2020年のN町は、人間と自然との共生の場として計画されている。そこでの人間の生活は、自然的存在としての人間の求める空間が豊かにあって、とりわけビオトープが子どもの生活環境を健全に育んでいる。全ての住民が、何らかの意味で環境保全型の農林業生産に関わることで、域内の物質循環の基礎が形成され、生態系保全が日常生活の構造に組み込まれている。また、農村住民の主体性をもったグリーンツーリズムの展開は、住民の副業機会の確保だけの意味に留まらず、町内の自然を守り、町並みを美しくする上でも大切な動機と経済の条件となっている。情報通信・交通手段の発達で都会にしか立地しえなかった職業が、N町の魅力を認めて参入してきた。

日本の農村の多数が、こうした農村に移行するとき、それは20世紀後半の都市が抱えた多くの問題の糸口を与えることになった。ゴミ問題、教育問題、失業問題、福祉問題、食料問題、環境問題等、そのどれひとつをとっても、農村の健全な活性化なくしては解決し得ないことに国民が気付いたのである。

もっとも、2020年の段階で、そうした農村がほとんどできていなかったとしたら……。

参考文献

千賀裕太郎（1995）：よみがえれ水辺・里山・田園、岩波ブックレット.
千賀裕太郎（2000）：中山間地域の地域づくり論－地域の有機的性格とグラウンドワークの意義、地域開発 2000.6.
千賀裕太郎（1996）：地域は一つの有機的総合体である、人と国土.

自然復元特集7
農村ビオトープ —農業生産と自然との共存—

2000年(平成12年) 8月30日　第1版1刷発行

　　　編　　集　　自然環境復元協会
　　　監　　修　　杉山惠一・中川昭一郎
　　　発 行 者　　今井　貴・四戸孝治
　　　発 行 所　　㈱信山社サイテック
　　　　　　　　〒113-0033　東京都文京区本郷6－2－10
　　　　　　　　TEL 03(3818)1084　FAX 03(3818)8530
　　　発　　売　　㈱大学図書
　　　印刷・製本／エーヴィスシステムズ

© 2000　杉山惠一・中川昭一郎　Printed in Japan
ISBN4-7972-2536-x　C3040